中等职业教育国家规划教材
全国中等职业教育教材审定委员会审定

局域网组成实践

（第3版）

卢小平　主编

電子工業出版社
Publishing House of Electronics Industry
北京·BEIJING

内 容 简 介

本书以小型局域网为对象，较为全面地介绍了局域网组建的基本知识和基本技能。

全书共分 7 章。第 1 章为计算机网络基础知识，介绍计算机网络特别是局域网的概念、基本组成、ISO/OSI 参考模型及 TCP/IP 协议等；第 2 章为局域网的设计与布线，介绍局域网的规划、小型局域网的设计、局域网的布线施工及网络接通测试等；第 3 章为网络操作系统的安装与配置，介绍网络操作系统、网络控制器的安装与配置、网络服务器的系统管理和维护等；第 4 章为应用服务器的配置与管理，介绍 DNS、DHCP、FTP、Web 等基本概念及其服务器的配置与管理等；第 5 章为客户机的配置与安全管理，介绍客户机的主要配置，如客户机 IP 地址和子网掩码的设置、DNS 服务器设置及客户机资源共享等；第 6 章为局域网的优化，介绍交换机的主要功能及其配置，以及使用交换机优化网络的基本方法等；第 7 章为无线局域网技术，介绍 WLAN 的协议标准、拓扑结构、常用网络产品及网络组建等。

本书是教育部审定通过的中等职业教育国家规划教材，也可作为计算机培训教材或工程技术人员的参考书。

图书在版编目（CIP）数据

局域网组成实践 / 卢小平主编. —3 版. —北京：电子工业出版社，2011.4
中等职业教育国家规划教材
ISBN 978-7-121-13215-5

Ⅰ. ①局…　Ⅱ. ①卢…　Ⅲ. ①局域网-中等专业学校-教材　Ⅳ. ①TP393.1

中国版本图书馆 CIP 数据核字（2011）第 053654 号

责任编辑：郝黎明　　特约编辑：田学清
印　　刷：河北虎彩印刷有限公司
装　　订：河北虎彩印刷有限公司
出版发行：电子工业出版社
　　　　　北京市海淀区万寿路 173 信箱　邮编　100036
开　　本：787×1092　1/16　印张：12　字数：307.2 千字
版　　次：2002 年 6 月第 1 版
　　　　　2011 年 4 月第 3 版
印　　次：2025 年 8 月第 15 次印刷
定　　价：19.00 元

凡所购买电子工业出版社图书有缺损问题，请向购买书店调换。若书店售缺，请与本社发行部联系，联系及邮购电话：（010）88254888，88258888。

质量投诉请发邮件至 zlts@phei.com.cn，盗版侵权举报请发邮件至 dbqq@phei.com.cn。

本书咨询联系方式：（010）88254617，luomn@phei.com.cn。

前 言

《局域网组成实践》（第 1 版）于 2002 年出版，它是按照教育部“面向 21 世纪职业教育课程改革和教材建设规划”工作部署，经由教育部批准立项的国家规划教材。教材以教育部批准通过的《局域网组成实践教学大纲》为依据，定位于小型局域网的组建，重点介绍局域网的规划与设计、局域网的布线与施工、网络操作系统的安装与设置、Web 服务器的安装与设置、局域网客户机的安装与设置及 Internet 接入技术等。

两年以后，在广泛听取意见和建议的基础上，编者对教材进行修订，并于 2004 年出版《局域网组成实践》（第 2 版）。主要修订内容包括网络操作系统的升级、新增无线局域网组建等，并对原书中存在的某些错误和纰漏进行了更正和修改。

承蒙广大读者的厚爱，以及出版社的鼎力支持，现再次对教材进行修订。此次修订的基本思路，一是紧跟计算机网络技术发展的步伐，适时升级局域网组成的硬件技术与软件系统；二是总结局域网组建的实践经验，重新梳理和整合了小型局域网组成的学习内容；三是汲取近年来职业学校教学改革的经验，突出了“任务驱动”及“学做合一”的职教理念。

本教材的参考教学时数为 60 学时，主要内容包括计算机网络基础知识、局域网的设计与布线、网络操作系统的安装与配置、应用服务器的配置与管理、客户机的配置与管理、局域网的优化、无线局域网技术等。本课程的绝大部分学习内容为实践性教学项目，建议教学活动主要安排在实训场所进行。

本教材由北京信息职业技术学院卢小平担任主编并编写第 1 章，陈春燕编写第 2、6、7 章，武健编写第 3、4、5 章。由于编者水平有限，书中难免存在一些缺点和错误，殷切希望广大读者批评指正。

编 者

2011 年 3 月

目　录

第 1 章　计算机网络基础知识 …… (1)
1.1　计算机网络的基本概念 …… (1)
1.1.1　计算机网络的定义与功能 …… (1)
1.1.2　局域网与广域网 …… (2)
1.1.3　局域网的拓扑结构 …… (4)
1.2　局域网的基本组成 …… (5)
1.2.1　服务器与客户机 …… (6)
1.2.2　传输媒介 …… (6)
1.2.3　网卡 …… (7)
1.2.4　集线器与交换机 …… (7)
1.2.5　路由器 …… (8)
1.2.6　宽带路由器 …… (8)
1.2.7　网络操作系统 …… (8)
1.3　计算机网络的协议 …… (9)
1.3.1　OSI 参考模型及协议标准 …… (9)
1.3.2　TCP/IP 协议标准 …… (11)
1.3.3　IP 地址与子网掩码 …… (12)
1.4　局域网技术 …… (14)
1.4.1　局域网的参考模型 …… (14)
1.4.2　IEEE 802.3 协议标准 …… (15)
1.4.3　局域网的常用产品和标准 …… (16)
1.5　局域网中的服务器与客户机 …… (16)
1.5.1　客户机与服务器 …… (16)
1.5.2　客户机/服务器（Client/Server）模式 …… (17)
1.6　本章小结 …… (18)
习题 1 …… (18)
第 2 章　局域网的设计与布线 …… (19)
2.1　局域网的规划 …… (19)
2.1.1　需求分析 …… (19)
2.1.2　局域网的规划 …… (21)
2.2　小型局域网设计 …… (22)
2.2.1　小型局域网中的网络设备 …… (22)
2.2.2　局域网的拓扑结构设计 …… (27)

2.2.3 IP 地址规划设计 ……（30）
2.3 局域网布线设计 ……（31）
2.3.1 布线标准 ……（31）
2.3.2 综合布线 ……（32）
2.4 局域网布线施工 ……（39）
2.4.1 敷设网线的施工要求 ……（39）
2.4.2 网线接头的安装 ……（42）
2.5 网线测试与连通 ……（45）
2.5.1 EIA/TIA-568 TSB-67 规范 ……（45）
2.5.2 测试方案与文档 ……（46）
2.5.3 网络的连通 ……（47）
2.6 小型办公局域网设计实例分析 ……（47）
2.6.1 确定用户需求 ……（48）
2.6.2 确定网络规划方案 ……（49）
2.6.3 设备选择 ……（50）
2.6.4 布线设计 ……（50）
2.6.5 局域网的连接与测试 ……（51）
2.7 本章小结 ……（54）
习题 2 ……（54）
第 3 章 网络操作系统的安装与配置 ……（56）
3.1 网络操作系统概述 ……（56）
3.2 网络服务器的安装与配置 ……（56）
3.2.1 Windows Server 2003 安装前的准备 ……（56）
3.2.2 从光盘安装 Windows Server 2003 系统 ……（58）
3.2.3 配置 Windows Server 2003 初始环境 ……（62）
3.3 网络服务器的系统管理 ……（65）
3.3.1 活动目录 ……（65）
3.3.2 用户账号、组及计算机账号管理 ……（71）
3.3.3 文件系统 ……（79）
3.3.4 共享资源 ……（79）
3.3.5 网络打印机的安装与设置 ……（81）
3.3.6 磁盘管理 ……（83）
3.4 网络服务器的系统维护 ……（86）
3.4.1 性能监视器 ……（86）
3.4.2 事件查看器 ……（87）
3.4.3 任务管理器 ……（88）
3.5 本章小结 ……（89）
习题 3 ……（89）
第 4 章 应用服务器的配置与管理 ……（90）
4.1 创建与管理 DNS 服务 ……（90）

4.1.1 DNS 简介 …… (90)
4.1.2 创建 DNS 服务 …… (92)
4.1.3 DNS 测试 …… (95)
4.2 创建与管理 Web 服务 …… (97)
4.2.1 Web 概述 …… (97)
4.2.2 创建多个 Web 站点和网页发布 …… (98)
4.2.3 Web 的安全管理 …… (101)
4.3 创建与管理 FTP 服务 …… (103)
4.3.1 建立 FTP 站点 …… (103)
4.3.2 目录管理 …… (104)
4.3.3 自定义 FTP 站点信息 …… (105)
4.4 创建与管理 DHCP 服务 …… (106)
4.4.1 DHCP 服务的安装 …… (106)
4.4.2 DHCP 服务器的配置 …… (107)
4.5 本章小结 …… (110)
习题 4 …… (110)
第 5 章 客户机的配置与安全管理 …… (111)
5.1 局域网客户机的配置 …… (111)
5.1.1 客户机 IP 地址和子网掩码的设置 …… (111)
5.1.2 客户机 DNS 服务器的设置 …… (112)
5.1.3 客户机的资源共享 …… (112)
5.1.4 从客户机映射网络驱动器 …… (113)
5.1.5 从客户机上使用网络打印机 …… (114)
5.2 局域网客户机的安全管理 …… (115)
5.2.1 使用安全策略保护计算机 …… (115)
5.2.2 使用组策略增强域内客户机的安全 …… (120)
5.2.3 使用审核策略监视网络资源的使用 …… (122)
5.3 本章小结 …… (125)
习题 5 …… (125)
第 6 章 局域网的优化 …… (126)
6.1 交换机的功能 …… (126)
6.1.1 CSMA/CD …… (126)
6.1.2 交换机的功能 …… (127)
6.1.3 交换方式 …… (128)
6.2 交换机的配置 …… (129)
6.2.1 设备管理与配置 …… (129)
6.2.2 配置模式 …… (133)
6.2.3 端口配置 …… (135)
6.3 交换机的管理 …… (137)
6.3.1 交换机的基本配置 …… (137)

6.3.2 系统文件管理 ……（139）
6.3.3 TFTP 服务器 ……（141）
6.4 VLAN 技术 ……（144）
6.4.1 VLAN 概述 ……（144）
6.4.2 在单交换机上组建安全隔离的部门间网络 ……（148）
6.4.3 在多交换机上组建安全隔离的部门间网络 ……（150）
6.5 本章小结 ……（155）
习题 6 ……（155）
第 7 章 无线局域网技术 ……（157）
7.1 无线局域网的特点与应用范围 ……（157）
7.1.1 无线局域网的特点 ……（157）
7.1.2 无线局域网的应用范围 ……（158）
7.2 无线局域网的通信协议 ……（159）
7.2.1 无线局域网标准 ……（159）
7.2.2 无线局域网的安全机制 ……（161）
7.3 无线局域网的常用网络设备 ……（162）
7.3.1 无线网卡 ……（162）
7.3.2 无线接入点 ……（163）
7.3.3 无线路由器 ……（163）
7.3.4 无线天线 ……（164）
7.3.5 无线局域网设备选择 ……（164）
7.4 无线局域网的拓扑结构 ……（165）
7.4.1 Ad hoc 对等结构 ……（165）
7.4.2 Infrastructure 基础结构 ……（165）
7.5 无线局域网的架构 ……（169）
7.5.1 无线局域网的规划设计 ……（169）
7.5.2 组建基础结构无线小型办公局域网 ……（170）
7.6 本章小结 ……（182）
习题 7 ……（182）

第 1 章　计算机网络基础知识

信息时代正在深刻地改变着人类的学习方式、工作方式及生活方式。计算机网络是信息时代人们学习、工作和生活的基础性设施。局域网技术则是应用最为广泛的计算机网络技术。本书的目的在于让读者学习计算机网络的基础知识，掌握局域网组网技术的基本技能与工程规范，培养学生的计算机网络技术（尤其是局域网技术）应用能力与实践能力。

1.1　计算机网络的基本概念

1.1.1　计算机网络的定义与功能

1. 计算机网络的定义

计算机网络是计算机技术和通信技术共同发展的产物。从一般意义来讲，计算机网络是利用通信设备和通信线路，将分布在不同地理位置上的具有独立工作能力的计算机互相连接起来，按照网络协议进行通信，实现信息交换和资源共享的计算机系统。

图 1.1 所示为一个简单的计算机网络。其中，服务器和客户机就是分布在不同地点的具有独立工作能力的计算机，交换机是一种网络通信设备，整个网络依据网络协议进行工作。

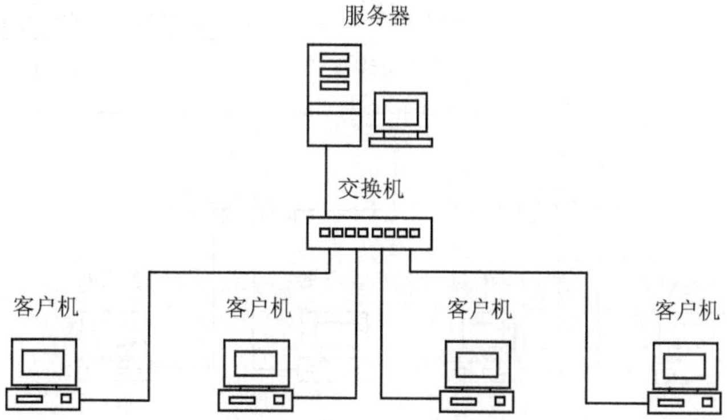

图 1.1　简单的计算机网络

2. 计算机网络的功能

计算机网络的功能主要体现在以下几个方面。

（1）信息交换。

利用计算机网络提供信息交换，用户可以在网上传送电子邮件，发布新闻消息，进行远程电子购货、电子金融贸易、远程电子教育等。

（2）资源共享。

借助计算机网络能够实现资源共享，也就是共享网络中的所有硬件和软件，包括计算机处理能力、数据、应用程序、硬盘、打印机等。

（3）协同处理。

协同处理是指计算机网络在网上各主机间均衡负荷，把在某时刻负荷较重的主机的任务传送给空闲的主机，利用多个主机协同工作来完成靠单一主机难以完成的大型任务。

1.1.2 局域网与广域网

计算机网络有多种分类标准，最常用的也最能反映网络技术本质的分类标准，是根据网络范围和计算机之间互联的距离，将计算机网络分为局域网和广域网。

1. 局域网

局域网是指在一个有限的局部范围内连接的计算机、网络设备及外部设备的计算机网络。局域网的范围一般在数千米以内，以一个单位或一个部门的小范围为限，由这些单位或部门单独组建。企业、公司、学校等使用的网络就是典型的局域网。

根据网络中用户的多少，通常可将局域网划分为小型局域网（用户少于 100）、中小型局域网（用户在 100～254）和大中型局域网（用户多于 254）。图 1.2 所示为小型局域网示意图。

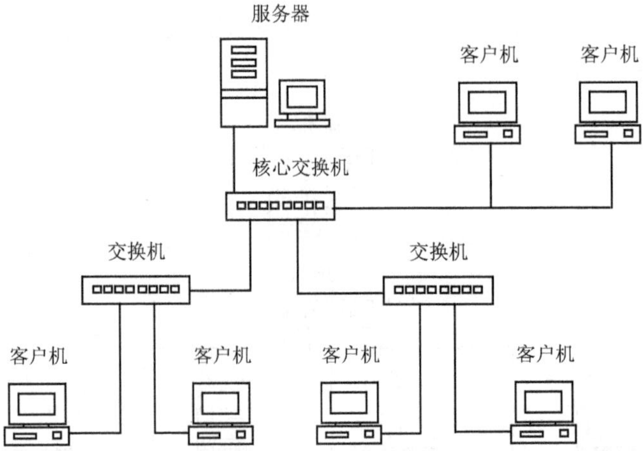

图 1.2 小型局域网示意图

局域网中往往由一台（或多台）计算机作为服务器，提供资源共享、文件传输、网络安全与管理等服务。局域网具有比较严谨的网络管理结构，它组网比较便利，传输效率高，而且扩充成本较低。

局域网的主要特点如下。

（1）数据传输速度高，局域网上计算机之间的数据传输速度非常快，一般带宽不小于 10Mbps，最快可以达到 10Gbps；

（2）距离较短，通常各计算机之间的距离不超过 25km，这是由通信线路所允许的最大传输距离决定的；

（3）误码率很低，局域网上的数据传输误码率很低，一般在 10^{-11}～10^{-8}；

（4）协议简单，结构灵活，建网成本低，周期短，便于管理和扩充。

2．广域网

广域网是在一个广泛的地理范围内所建立的计算机通信网，其范围可以超越城市、国家，甚至全球，能实现大范围内的资源共享。图 1.3 所示为广域网示意图。

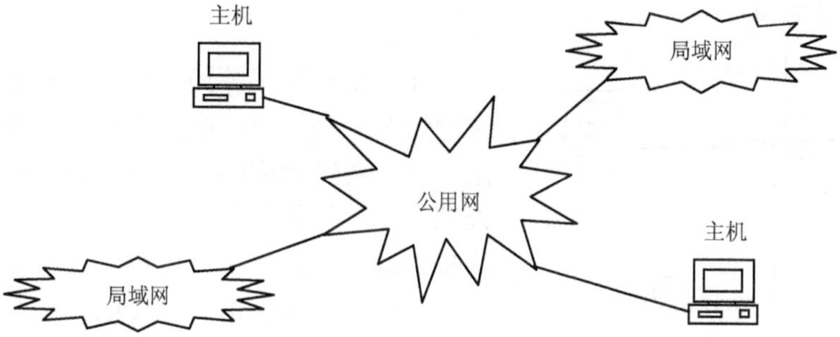

图 1.3　广域网示意图

广域网由通信子网与资源子网两部分组成。通信子网实际上是一个数据网，可以是一个专用网或公用网；资源子系统是联在网上的各种计算机、终端、数据库等，这不仅指硬件，也包括软件和数据资源。

在实际应用中，局域网可与广域网互联，这时局域网就成为了广域网上的资源子系统。

广域网的通信子网主要包括公共传输网络和专用传输网络。公共传输网络一般由政府电信部门组建、管理和控制，网络内的传输和交换装置可以提供（或租用）给任何部门和单位使用；专用传输网络主要是由组织或团体自己建立、使用、控制和维护的私有通信网络。

为了实现不同系统的互联和相互协同工作，广域网的运行必须遵循一定参考模型及相应的一系列国际标准协议。这些参考模型及相应的标准协议对于建立开放系统互联具有重要的指导作用。

广域网的主要特点如下。

（1）覆盖范围广，可达数千千米甚至全球；

（2）主干带宽大，但提供给单个终端用户的带宽小；

（3）数据传输距离远，往往要经过多个广域网设备转发，延时较长；

（4）管理、维护困难。

Internet 是世界上最大的广域网，它连接着全球数百万个局域网，容纳了数以亿计的计算机，是信息社会的重要支柱。

1.1.3 局域网的拓扑结构

通常，我们把网络中的计算机作为一个节点来对待，网络中各节点的相互连接形式就称为网络的拓扑结构。

局域网的拓扑结构主要有星型、总线型和混合型拓扑结构等。

1. 星型拓扑结构

星型拓扑结构以一台设备作为中央节点，该中央节点与各从节点（服务器、客户机等）采用点到点的方式进行连接。

图 1.4 所示即为星型拓扑结构。中央节点可以直接与各从节点通信，而各从节点只能通过中央节点才能相互通信。中央节点执行集中式通信控制策略，通常由集线器或交换机来充当。

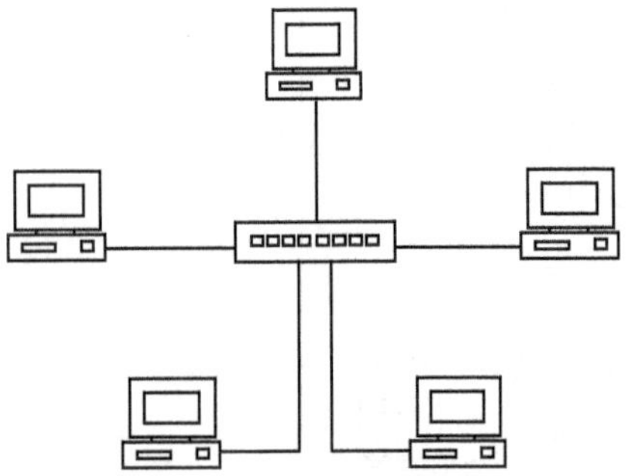

图 1.4 星型拓扑结构

在一个星型拓扑局域网中，网络上的所有信息必须通过中央节点。中央节点负责接收从节点的信息，再转发给相应的从节点，所以它有中继和数据处理功能。任何一个从节点与中央节点都是点对点连接，故访问控制比较简单。星型结构采用相同的方法来发送和接收信息，类似于一个电话系统。当某节点提出访问网络的请求时，只要线路空闲，就可在这两个节点之间建立连接。

星型拓扑结构的优点如下。

（1）网络故障容易诊断。集线器位于网络中央，利用附加在集线器中的网络诊断设备，可以比较准确地诊断与定位网络故障。

（2）系统易于扩充。通过集线器的端口可以容易地增加与删除节点，当节点增加太多时，可以通过添加集线器的方法，使网络不断延伸。

（3）故障易于隔离。网络上任何节点的故障都不会影响其他站点。

但星型拓扑结构也有缺点。由于每个节点与中央节点之间都需要一条连线，所以费用较高，当计算机数量较多时，网络布线就变得非常复杂；另外，中央节点是网络的关键性设备，若它发生故障，将导致整个网络瘫痪。

2. 总线型拓扑结构

总线型拓扑结构中，网络上所有节点都通过网卡直接连接到一条主干线缆上，如图 1.5 所示，这条主干线缆称为总线（Bus）。

称做总线的主干电缆通常为一条同轴电缆或光纤。当网络上某个节点传送一条报文时，就发出一个电信号，该电信号从源节点出发，同时沿着两个方向传送，直到抵达电缆的尽头，并在那里被终端发射器吸收。当总线上有信号传送时，总线上的每个节点都可以检测到该信号，并做出应答与否的选择。

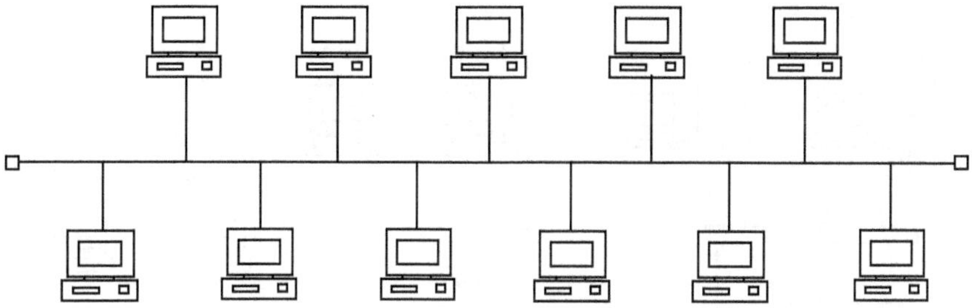

图 1.5 总线型拓扑结构

总线型拓扑结构的优点如下。

（1）费用较低。所有节点都连接到一根数据总线上，因此，只需要较小长度的线缆，而不需要另外的互联设备。

（2）安装简易。布线简便，只要将计算机插上网卡，再连接到总线即可。

（3）运行可靠。总线结构简单，而且使用无源组件，因此硬件系统的可靠性高。

（4）便于扩充。需要增加新的节点时，可以在总线的任何一点接入，如果总线长度不够，可以使用中继器来增加一个附加段。

总线型拓扑结构也有缺点，由于缺乏集中控制机制，因此很难准确定位故障地点，因而故障诊断困难；总线型结构中，每个部件上的故障，都有可能导致整个网络瘫痪；另外，总线型网络由于主干线公用，如果传输的信息量很大，就会产生“瓶颈”问题。所以，单纯的总线型拓扑结构在实际应用中很少采用。

3. 混合型拓扑结构

混合型拓扑结构是由星型结构和总线型结构的网络结合在一起的网络结构，这样的拓扑结构更能满足较大网络的拓展，解决星型网络在传输距离上的局限，而同时又解决了总线型网络在连接用户数量上的限制。这种网络拓扑结构同时兼顾了星型网络与总线型网络的优点，在两者缺点方面得到了一定的弥补。

上述三种网络拓扑结构中，星型结构和混合型结构在局域网中得到了广泛的应用。总体上看，混合型结构的可扩展性能最好，适用于各节点分布在不同楼层，甚至不同建筑物之间的中大型局域网；星型结构次之，适用于各节点分布在同一楼层的小型局域网。

1.2 局域网的基本组成

典型的中小型局域网示意图如图 1.6 所示。与小型局域网不同，中小型局域网的拓扑结构更加复杂，通常分为核心层、汇聚层和接入层三层结构，划分成多个不同的网段，每一层使用的网络设备也明显增多。

局域网的组成也可简单划分为硬件和软件两大部分。硬件包括服务器、客户机、传输媒介、网卡、集线器及交换机等，软件包括通信协议、网络操作系统及应用软件等。

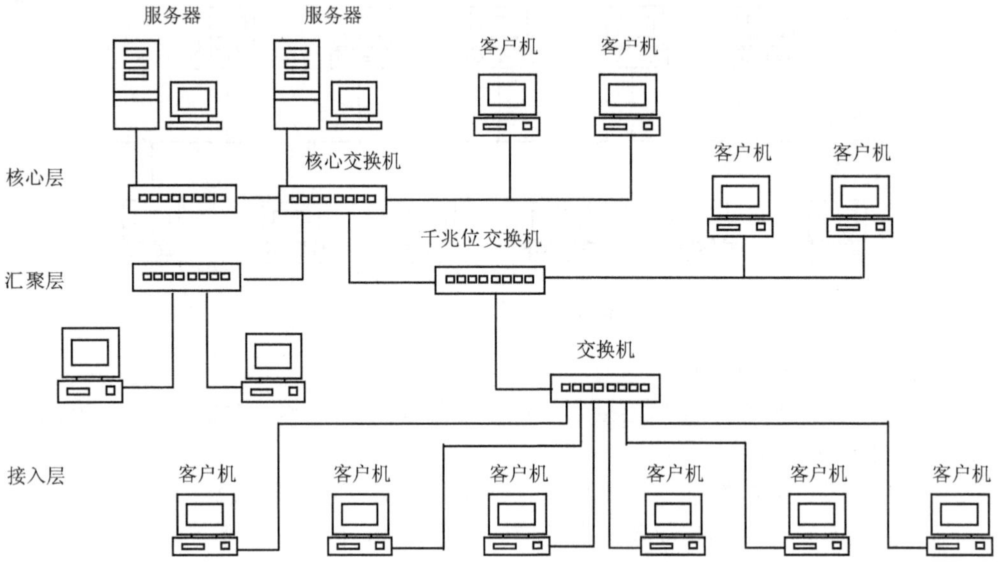

图 1.6 典型的中小型局域网示意图

1.2.1 服务器与客户机

一般来说，网络上的计算机可以分为两大类，一类称为服务器，另一类称为客户机。前者通常放置在专门的房间或机柜中，由网络管理员来操作与维护，而后者是普通用户的计算机，由用户自己操作使用。

服务器是局域网的核心，它运行网络操作系统，为网络提供通信控制、管理和共享资源。服务器通常使用专用的服务器，当然在简单局域网中也可由配置比较高的计算机来充当服务器。服务器能够向网络用户提供非常丰富的网络服务，如文件服务、Web 服务、FTP 服务和 E-mail 服务等，服务器能够提供的服务，取决于其所安装的软件。

客户机也称为工作站，它是相对于服务器存在的。一般来说，客户机要先登录到服务器，然后才能接受服务器提供的服务及共享资源。

1.2.2 传输媒介

局域网中的数据传输媒介是联网线缆。联网线缆决定了网络的传输速率、网络段的最大长度、传输的可靠性及网络的复杂性。局域网中常用的联网线缆有双绞线和光纤线缆。

双绞线分为两种，即屏蔽双绞线（STP）和非屏蔽双绞线（UTP）。双绞线与普通电话线非常相似，线芯是铜质线，只是内部为八芯，分成四股，每两芯彼此绝缘而又按照规定的紧密度拧成一股，而四股之间也按照规定的紧密度拧在一起，最后，将这四对双绞线用坚韧的护套包起来，形成电缆。每一对双绞线作为一根通信线使用，可减小各对导线之间的相互电磁干扰。

双绞线的主要优点是价格低廉，易于安装，对干扰和串音具有一定的抵抗力。因此，双绞线在局域网中得到了最为广泛的应用。

光纤是一种具有优异品质的传输媒介，在局域网中正在得到日益广泛的应用。光纤中传输的是光脉冲信号，由于可见光的频率非常高（约为 10MHz 的量级），所以，光纤通信的传输带宽远远大于其他传输媒介的带宽。

光纤的主要优点是：传输频带非常宽，通信容量大；传输损耗低，传输距离远；抗电磁干扰能力强；无串音干扰，保密性好。但光纤的费用较高，因而多用于主干线路的敷设。

1.2.3 网卡

网卡也称为网络适配器，它插在计算机主板的扩展槽中，是计算机与局域网连接的接口。无论是服务器还是客户机，都通过网卡连接到局域网上。

需要指出的是，每一块网卡都有一个 ID 号，也叫 MAC 地址，它是全球唯一的，每一块网卡的 ID 号都不同。所以，在任何网络中，能够标明并识别网络中的计算机身份的，唯有这台计算机中的网卡 ID 号。

网卡能够监听网络上所有正在传输的报文，并根据网卡上的 ID 号过滤出该客户机应接收的报文。当客户机准备好接收时，网卡会将这些报文传送给客户机进行处理；当客户机需要向服务器发出请求时，网卡则在网络信息流中寻找一个间隙，将报文插入信息流中。

对于服务器而言，可以选用专门的服务器网卡，它不同于普通桌面网卡，网卡上自带处理器和专用芯片，可以减少占用计算机内存和 CPU 的时间。某些服务器网卡还可以实现高级容错、带宽会聚功能，以提高多媒介信息的传输质量。

1.2.4 集线器与交换机

集线器和交换机均处于网络中的一个星型节点，是对节点相连的工作站进行集中管理的重要设备。集线器是一个共享设备，其实质是一个中继器，主要功能是对接收到的信号进行再生放大，以扩大网络的传输距离。

交换机是一种高效率的网络连接设备，随着技术的发展和费用的降低，交换机在局域网中正在取代集线器，在连接设备中占据重要地位。

集线器工作在 OSI（开放系统互联）参考模型中的第一层（即物理层），它是共享方式，即同一网段的计算机共享固有的带宽，传输通过冲突检测进行，同一网段上的计算机越多，传输冲突也越多，传输速率就越低。

交换机则工作在 OSI 参考模型的第二层（即数据链路层），它的作用是对封装数据包进行转发，并减少冲突域，隔离广播风暴。交换机的端口上具有独一无二的 MAC 地址，且每个端口都能够在其地址表中记忆若干个 MAC 地址，从而建立一张端口号与 MAC 地址相对应的地址表。当交换机从某一端口收到封装数据包时，便立即在其内存中的地址表中进行查找，以确定目的 MAC 地址所在的端口，然后将数据包转发过去。因此，交换机不像集线器那样将数据包发送到所有端口，而是发送到对应端口，从而使不相关的端口可以并行通信，提高了传输速率。

随着第三层交换技术的出现，工作在 OSI 第三层（即网络层）的交换机产品已得到广泛应用，交换机在局域网中扮演着越来越重要的角色。

1.2.5 路由器

在局域网内部，网络设备的连接完全可以由交换机来承担。但是，当该局域网需要与其他广域网或 Internet 连接时，路由器就成了必不可少的网络连接设备。

路由器工作在 OSI 的第四层（即传输层），其主要作用是连接不同类型的网络。这样的路由器工作在网络边界，也就称之为边界路由器。随着路由技术的广泛应用，现在的路由产品已经发生了很大变化，不仅有用于网络边界的边界路由器，还有用于局域网内部不同网段之间的节点接入路由器、用于宽带接入连接的宽带路由器等。

1.2.6 宽带路由器

宽带路由器是随着互联网宽带接入的广泛应用而出现的新产品。宽带路由器的功能是实现共享上网，通过一个宽带路由器，就可以使网络中的各个用户独立地使用一条互联网接入线路自由上网，而不受其他用户或设备的影响。

除了宽带接入的广域网接口外，宽带路由器通常还提供若干与局域网用户连接的交换端口。因此，宽带路由器实际上兼顾了网外宽带接入和网内设备交换的功能。事实上，目前的宽带路由器还集成了许多实用功能，如 DHCP 服务、防火墙、VPN 等，有些还集成了打印服务器功能。

1.2.7 网络操作系统

网络操作系统在局域网中占据着非常重要的地位，它指运行在各种服务器上的操作系统。目前比较流行的网络操作系统主要有 Windows 系统平台（如 Windows Server 2003）、UNIX、Linux 等。

1. Windows Server 系列

微软公司出品的 Windows 系列网络操作系统一直是使用最为广泛的操作系统。目前正在使用的产品有 Windows Server 2000、Windows Server 2003、Windows Server 2008 等。Windows Server 2003 是 Windows Server 2000 的升级，它继续保持了 Windows Server 2000 系列稳定性强、扩展性好及易于管理的优点，同时，在安全性和可靠性方面有较大的提高。Windows Server 2008 增加了很多新的特性，更加稳定、安全，功能更加强大。此外，Windows Server 2008 采用 Hyper-V 虚拟化技术解决方案，Hyper-V 本身非常小巧，且不包含任何第三方驱动，所以安全可靠、执行效率高，能充分利用硬件资源，使虚拟机系统性能更接近真实系统性能。Windows Server 2008 还提供许多安全技术，如网络访问保护（NAP）技术、监视证书颁发机构、防火墙增强、服务器和域隔离、只读域控制器等，大幅度地改善了企业网络的安全性。

2. UNIX 系列

UNIX 操作系统是一种典型的 32 位多用户、多任务的网络操作系统。UNIX 在安全性和稳定性等方面都有非常突出的表现，例如，使用 UNIX 的服务器很少出现死机、系统瘫痪等现象，它对文件和目录权限、用户权限及数据都有非常严格的保护措施。从应用的角度来看，UNIX 的不足之处是一般用户很难掌握，因为 UNIX 系统自身非常庞大，不同功能之间的关联性很强，因此，目前 UNIX 主要还是用于大型网络。

3. Linux 系列

Linux 是典型的自由软件，它由芬兰赫尔辛基大学的学生 Linus Torvalds 于 1991 年开发，并在互联网上公开其源程序。简单地说，Linux 是一个跨平台、多任务、高效、轻型而稳定的网络操作系统。Linux 作为一种开放的系统，它的发展得到了广泛支持，被认为是一种高性能、低费用、可以替换其他昂贵操作系统的系统。目前运行在 Linux 上的应用程序也越来越丰富，像 Oracle、Informix、Dell、HP 等大公司也宣布提供对 Linux 的支持。可以说，Linux 正在成为操作系统领域最具潜力的竞争者。

1.3 计算机网络的协议

1.3.1 OSI 参考模型及协议标准

OSI（Open System Interconnection，开放系统互联）参考模型及协议标准，是由国际标准化组织（ISO）为规范全球范围计算机网络通信而制定的。尽管由于各种原因，该标准没有能够被实际采纳，但是，自 1977 年提出 OSI 参考模型以来，它在全球计算机网络技术发展进程中的作用是非常重大的，目前，绝大多数网络制造商在它们的产品中所使用的协议，都是以该协议标准为参考模型而建立的。因此，学习 OSI 参考模型及协议标准具有重要的意义。

OSI 参考模型共有 7 层结构：物理层、数据链路层、网络层、传输层、会话层、表示层和应用层，如图 1.7 所示。

7 应用层 Application Layer
6 表示层 Presentation Layer
5 会话层 Session Layer
4 传输层 Ttransport Layer
3 网络层 Network Layer
2 数据链路层 Data Link Layer
1 物理层 Physical Layer

图 1.7　OSI 参考模型分层结构

OSI 参考模型的目标是为两个系统间的通信提供标准，消除两个系统间通信的技术障碍，便于单一系统内部操作的描述，定义两个系统间信息交换的连接点，当现行标准不能满足所有要求时，提供一种合理的变通范围。

1．物理层

物理层的任务是为其上一层提供一个物理连接，以便透明地传送比特流。

物理层的主要功能包括提供物理连接，完成比特流传输通路的建立、维持和释放，提供各种服务元素对传输通路进行监督，提供故障状态报告，规定机械、电气、功能和过程特性等。网络中的连接线缆（如双绞线、同轴电缆、光纤、网卡）等设备的电气特性就是由物理层决定的。

2．数据链路层

数据链路层的任务是在两个相邻的节点之间无差错地传送帧。数据链路层对其上一层（即网络层）隐蔽了物理现实，使网络层的连接与具体的网络技术无关。

数据链路层所提供的服务包括数据链路层的连接和释放、数据链路服务、数据单元的透明传送、数据单元和服务质量的控制等。

3．网络层

网络层的任务是在网络节点间提供路由选择，以使发送站的传输层所传送下来的数据包能够正确地传输到目的站的传输层。这就是传输层的寻址功能。

此处的“网络”二字是OSI的专用名词，不同于通常的网络概念，这一点必须清楚。

对于一个通信子网来说，最多只有到网络层为止的最低三层结构。对于由广播信道构成的通信子网，网络层非常简单，甚至可以没有。

4．传输层

传输层的任务是以经济可靠的方式在两个端系统（即发送站和目的站）之间建立传输连接，以便透明地传送报文。传输层位于通信子网和资源子网之间，起桥梁作用。传输层以上的各层就不再管信息传输的问题了，所以，传输层是网络体系结构中最为关键的一层。

5．会话层

会话层的任务是组织并协调两个互相通信的应用进程之间的会话，并管理它们之间的数据交换。也即会话层不再参与具体的数据传送，而是对数据传送进行管理。

6．表示层

表示层负责信息表示方法的转换。表示层将欲交换的数据从适用于某一用户的抽象语法，变换为适用于OSI系统内部使用的传送语法。

有了表示层，用户可以把精力集中在他们要交谈的问题上，而不必过多地考虑对方的某些表示特性。

7．应用层

应用层是 OSI 参考模型的最高层。应用层直接面向用户，提供完成特定网络服务功能所需的各种应用层协议。在 OSI 的 7 层结构中，应用层是最复杂的，所包含的应用层协议也最多，有些协议尚在研究与开发之中。

在 OSI 参考模型中，各层的数据格式不一样。物理层中的数据格式是二进制的比特（Bit）流，数据链路层中的数据格式是帧（Frame），网络层中的数据格式是数据包（Packet），传输层中的数据格式是段（Segment），以上各层中的数据格式分别为各层的协议数据单元（PDU）。当数据从一层传送到另一层时，支持各层的协议软件就负责相应的格式转化，如图 1.8 所示。数据格式转化的基本规律是：当数据经由上层传往下层时，在原数据上增加一个“头部”，即进行数据“封装”；反之，经由下层传往上层时，扔掉一个“头部”，即进行数据“拆封”。

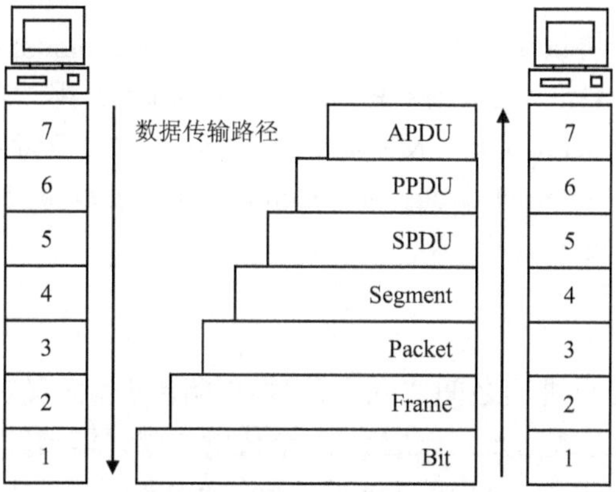

图 1.8　OSI 参考模型中的数据流

OSI 参考模型的协议称为协议栈。在协议栈中，每一层只和另一栈的同层通信，只处理来自另一栈的同层的信息。但是，这并不意味着由两个节点的同层直接对话，而是必须经历一个由上层到最底层，然后再到相应上层的过程，从而实现两层之间的对话。

1.3.2　TCP/IP 协议标准

TCP/IP（Transmission Control Protocol/Internet Protocol，传输控制协议/互联网络协议）协议标准是目前全球计算机网络通信中应用最为广泛的协议。TCP/IP 并非国际标准，但是由于其应用的广泛性，已经成为事实上的国际标准。TCP/IP 协议的开发始于 20 世纪 70 年代，是用于 Internet 的第一套协议，目前已被广泛应用于局域网之中。

TCP/IP 参考模型与上面介绍的 OSI 参考模型有较大区别，如图 1.9 所示。TCP/IP 协议是一个 4 层模型，即网络接口层、互联层、传输层和应用层。

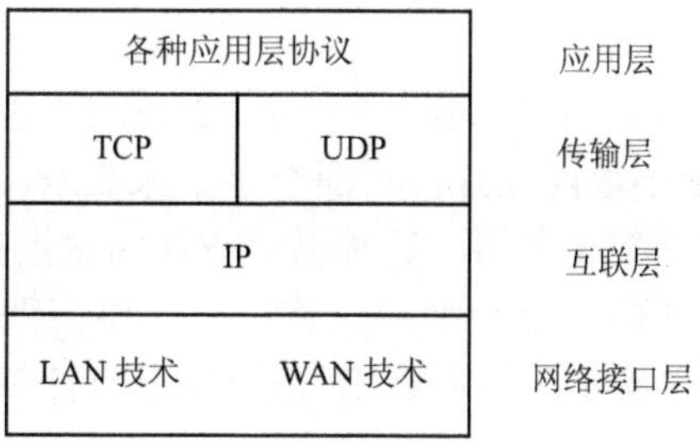

图 1.9　TCP/IP 参考模型

1. 网络接口层

网络接口层负责数据帧的发送和接收，它定义了将数据组成正确帧的规程和在网络中传输帧的规程。

2. 互联层

互联层定义了网络中传输的数据包格式，它将数据包封装成 Internet 数据报，并运行必要的路由算法。该层有 4 个互联协议，即网际协议 IP、地址解析协议 ARP、网际控制报文协议 ICMP 和互联组管理协议 IGMP。其中，IP（Internet Protocol）主要负责在主机和网络之间寻址和数据包管理；ARP（Address Resolution Protocol）用于获得同一物理网络中的主机硬件地址；ICMP（Internet Control Message Protocol）主要负责发送报文，并报告有关数据包的传送错误；IGMP（Internet Group Management Protocol）被 IP 主机拿来，向本地多路广播路由器报告主机组成员。

3. 传输层

传输层协议为两个用户进程之间建立、管理和拆除可靠而又有效的端到端连接。传输协议的选择根据数据传输方式而定。该层有 2 个传输协议，即传输控制协议 TCP 和用户数据报协议 UDP。其中，TCP（Transmission Control Protocol）为应用程序提供可靠的通信连接，适用于一次传输大批数据的情况，并适用于要求得到响应的应用程序。UDP（User Datagram Protocol）提供了无连接通信，且对传送包没有可靠的保证，适用于一次传输小量数据，可靠性则由应用层来负责。

4. 应用层

应用层定义了应用程序使用互联网的规程，应用程序通过这一层访问网络。该层有许多标准的 TCP/IP 工具和服务，如 FTP、Telnet、SNMP 和 DNS 等。

1.3.3 IP 地址与子网掩码

在互联网上连接的所有计算机都以独立的身份出现，也称做主机。为了实现各主机间的通信，每台主机都必须有一个唯一的网络地址，才不至于在传输数据时出现混乱。Internet 的网络地址是指接入 Internet 网络的计算机的地址编号。所以在 Internet 中，网络地址唯一地标识一台计算机，这个地址叫做 IP 地址，即用 Internet 协议语言表示的地址。

IPv4 仍然是现行的 IP 协议，其 IP 地址是一个 32 位的二进制地址，为了便于记忆，将它们分为 4 组，每组 8 位，由小数点分开，用四个字节来表示，如 202.116.0.1。用小数点分开的每个字节的数值范围在 0～255 之间。这种书写方法叫做点数表示法。

IP 地址可确认网络中的任何一个网络和计算机，而要识别其他网络或其中的计算机，则要根据这些 IP 地址的分类来确定。一般将 IP 地址按节点计算机所在网络规模的大小分为 A，B，C 三类。

1．A 类地址

A 类地址用于超大规模的网络。A 类地址的最高位为 0，紧跟着的 7 位表示网络号，剩下的 24 位表示主机号。所以 A 类地址的表示范围为 0.0.0.0～126.255.255.255。其中，网络号范围是 1～126，主机号范围是 0～16777215。A 类地址虽然只有 126 个网络号，但是，每个网络中却可以包含 16777216 个主机。事实上，拥有如此数量主机的网络几乎不存在，所以，A 类地址的使用将造成很大的浪费（后面介绍的子网掩码可以解决这个问题）。

2．B 类地址

B 类地址用于大中型规模的网络。B 类地址的第一字节为 128～191，前 2 个字节表示网络号，后 2 个字节表示主机号。所以 B 类地址的表示范围为 128.0.0.0～191.255.255.255。其中，网络号范围是 128.1.0.0～191.254.0.0，主机号范围是 0～65535。B 类地址共有 16384 个网络号，每个网络最多可以包含 65536 个主机。

3．C 类地址

C 类地址用于小型网络。C 类地址的第一字节为 192～233，前 3 个字节表示网络号，最后 1 个字节表示主机号。所以 C 类地址的表示范围为 192.0.0.0～223.255.255.255。其中，网络号范围是 192.0.1.0～223.255.254.0，主机号范围是 0～255。C 类地址共有 2097152 个网络号，每个网络最多可以包含 256 个主机。C 类地址多分配给小型网络，如一般的局域网和校园网，并可以把所属的用户分为若干的网段进行管理。

在使用 IP 地址时，还应当知道下列地址有特殊用途而被保留下来，一般不得使用。

（1）全 0 的网络号码；

（2）全 1 的网络号码；

（3）全 0 的主机号码；

（4）全 1 的主机号码；

（5）全 0 的 IP 地址，即 0.0.0.0；

（6）网络号码 127，用做本地软件回送测试之用。

实际上，还存在着 D 类地址和 E 类地址。但这两类地址用途比较特殊，D 类地址称为多目地址，供特殊协议向选定的节点发送信息时用；E 类地址保留给将来使用。

在 Internet 中，一台计算机可以有一个或多个 IP 地址，就像一个人可以有多个通信地址一样，但两台或多台计算机却不能共用一个 IP 地址。如果有两台计算机的 IP 地址相同，则无法正常工作。

TCP/IP 上的每台主机都需要一个子网掩码。它是一个 4 字节的地址，用来“封装”或“屏蔽”IP 地址的一部分，以区分网络号和主机号。当网络还没有划分为子网时，可以使用默认的子网掩码；当网络被划分为若干个子网时，就要使用自定义的子网掩码了。

子网掩码的默认值用于一个还没有划分子网的网络。即使是在一个单段网络上，每台主机也都需要这样的默认值。它的形式依赖于网络的地址类型。在它的 4 个字节里，所有对应网络号的位都被置为 1，于是每个 8 位体的十进制值都是 255；所有对应主机号的位都置为 0。例如：A 类 IP 地址的默认子网掩码为 255.0.0.0，B 类 IP 地址的默认子网掩码为 255.255.0.0，C 类 IP 地址的默认子网掩码为 255.255.255.0。

利用子网掩码可以判定数据包的目的地址。将子网掩码和 IP 地址值做“与”的操作，它用来确定一个数据包是传给本地还是远程网络上的主机。如果发现源 IP 地址和目的 IP 地址相匹配，IP 协议就知道数据包属于本地网络上的某台主机，否则数据包将被送到路由器上。

前面提到的 A 类地址可以包含 16777216 台主机，这对于实际使用的网络是不可能的，所以说 A 类地址会造成巨大的浪费。通过子网掩码划分子网的方式可以解决这种浪费现象。

一个网络可以看做是由多个物理网段组成的（实际情况也往往如此），通常把这些网段称之为子网。划分子网的优点很多，包括可以将复杂的物理网段连接成一个网络、突破每个网段主机的最大数量限制等。

将一个网络划分成若干个子网，需要使用不同的网络号或子网号。例如，现在有一个 C 类地址 194.149.184，所有 IP 地址在 194.149.184.1～194.149.184.254 范围内的主机都处于同一个网络之中。但是，如果现在因管理的需要欲将其分成 5 个子网，怎么办？我们知道默认子网掩码为 255.255.255.0，现在把其中的第 4 个字节中的前三位再拿出来充当子网掩码，将子网掩码的第 4 字节由 00000000 修改为 11100000（即将子网掩码修改为 255.255.255.224），这样，网络号就从 1 个变成了 8 个，划分 5 个子网自然不成问题了。

由此可见，子网掩码的位数越多，获得的子网数量也越多，但每个子网中的主机数就越少。由于每个子网的全 0 和全 1 的两个地址需留做广播地址使用，所以，子网数量的增加也需付出小小的代价，即主机资源有所损失。

绝大多数 IP 地址都是公网地址，用户不能自己设置，需由 ISP 等机构统一分配和租用。还有一部分 IP 地址为“私有 IP 地址”，它们不会在公网上出现。这些私有 IP 地址主要有如下三种。

A 类地址中：10.0.0.0～10.255.255.255

B 类地址中：172.16.0.0～172.31.255.255

C 类地址中：192.168.0.0～192.168.255.255

组建局域网时，内部可采用这三类私有 IP 地址，无论多大的网络基本上都够用了。而对外提供服务的服务器群组，就必须通过申请公网 IP 地址来解决了。

1.4 局域网技术

1.4.1 局域网的参考模型

局域网是目前应用最为广泛的一种重要的计算机网络。对于局域网的研究，可以追溯到 20 世纪 70 年代，1975 年美国施乐公司推出的以太网（Ethernet）是局域网发展历史上的一个重要里程碑。目前广泛应用的局域网主要是在以太网基础上发展起来的，以至于人们经常将局域网称为以太网。

由于局域网不存在路由选择问题，因此局域网可以不要网络层，局域网的参考模型就只相当于 OSI 最低的两层，如图 1.10 所示。

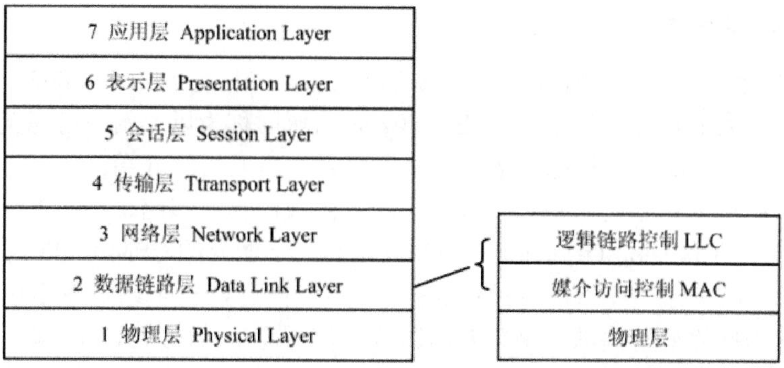

图 1.10　局域网的参考模型

在局域网的参考模型中，通常将数据链路层划分为两个子层，即媒介访问控制子层（MAC）和逻辑链路控制子层（LLC）。所谓媒介访问控制是指把媒介的带宽有效地分配给网络上的各个节点。MAC 的主要功能是数据封装（或拆卸）与发送（或接收），实现与维护 MAC 协议，比特差错检测，寻址等。LLC 的主要功能是建立与释放数据链路层的逻辑连接，提供与高层的接口，差错控制，给帧加上序号等。在 LLC 的上面看不到具体的局域网，也就是说局域网对 LLC 是透明的，只有下到 MAC 才能看出局域网的标准类型。

在局域网的链路层中，LLC 子层的帧结构和 MAC 子层的帧结构是不同的，LLC 帧在向下传送时，加上适当的首部就成为了 MAC 帧。

1.4.2　IEEE 802.3 协议标准

1．IEEE 802 及其委员会

目前实际使用的局域网所采用的标准为 IEEE 802。IEEE 802 是美国电气与电子工程师学会 IEEE 制定的局域网标准，它的大部分内容已经成为 ISO 国际标准。IEEE 802 委员会共有 12 个分委员会，如表 1.1 所示。

表 1.1　IEEE 802 的 12 个分委员会

分委员会	工作内容
802.1	概述、体系结构和网络互联及网络管理和性能测量
802.2	逻辑链路控制，提供 OSI 的数据链路层的两个子层中上面一个子层的功能，逻辑链路控制是高层协议与任何一种局域网 MAC 子层的接口
802.3	CSMA/CD，定义了 CSMA/CD 总线网的 MAC 子层和物理层规范
802.4	令牌总线型网，定义了令牌总线型网的 MAC 子层和物理层规范
802.5	令牌环型网，定义了令牌环型网的 MAC 子层和物理层规范
802.6	城域网，定义了城域网的 MAC 子层和物理层规范
802.7	宽带技术
802.8	光纤技术
802.9	综合语音数据局域网
802.10	可互操作的局域网的安全
802.11	无线局域网
802.12	新型高速局域网

2. IEEE 802.3 标准

IEEE 802.3 标准是在以太网基础上形成的。当然，严格地说 IEEE 802.3 标准与以太网略有不同，但是，人们还是习惯于将 IEEE 802.3 局域网称为以太网。考虑到实际使用的局域网中，IEEE 802.3 局域网占据绝对多数，本书将重点对其进行介绍。

IEEE 802.3 标准的核心技术是“带有冲突检测的载波侦听多路访问机制”（Carrier Sense Multiple Access with Collision Detection，CSMA/CD）。下面介绍 CSMA/CD 的基本原理。

局域网一般都是广播型网络，网络上各站点共享信道，一个站点发出信息，其他站点都能收到。广播型网络要解决的一个重要问题就是信道竞争，CSMA/CD 就是解决信道竞争的一种技术，被描述为“在讲话前先听”的协议。协议采用随机争用传输媒介的方式，它规定：要发送信息的站点在发送前先侦听传输媒介是否有空，若有空就发送，若没有空就继续侦听。发送时若发生冲突，首先检测到冲突的站点就发送一个特殊的“拥挤”信号，通知所有站点已发生冲突并暂停发送，等待一段时间后再尝试。

CSMA/CD 的优点是方法简单，网络便于管理，极适用于中小型的局域网。它的缺点是当网络上的用户较多时，冲突的机会将增大，整个网络的速度就会变得很慢。但是，这个问题也可以通过一定的方式加以解决。例如，将一个大的网络划分为若干小的子网。

1.4.3 局域网的常用产品和标准

IEEE 802.3 标准自 1982 年出现以来，在近 30 年里不断发展，以其低廉的端口费用和优越的性能，占据了局域网市场 85%以上的份额，使得 CSMA/CD 协议在局域网协议中居于统治地位，也使以太网成为局域网的代名词。

常用局域网产品和标准如表 1.2 所示。以太网从早期 10Mbps 带宽的 10BASE-T 发展到后来的 100Mbps 带宽的快速以太网，以及 1000Mbps 带宽的千兆以太网，显示了强大的生命力。

表 1.2 常用局域网产品和标准

局域网产品	传输媒介	拓扑结构	最大区段长度	传输速率	IEEE 标准
10BASE-T	UTP	星型	100m	10Mbps	802.3I
100BASE-TX	UTP	星型	100m	100Mbps	802.3u
100BASE-FX	光纤	星型	2000m	100Mbps	802.3u
1000BASE-T	UTP	星型	100m	1000Mbps	802.3ab
1000BASE-LX	光纤	星型	5000m	1000Mbps	802.3z

1.5 局域网中的服务器与客户机

1.5.1 客户机与服务器

通常情况下，在谈及局域网的组成时，客户机与服务器，更多的是当做硬件来使用。

服务器负责向网络上的用户提供丰富的网络服务，如文件服务、FTP 服务、E-mail 服务、数据库服务等。充当服务器的计算机多为专业服务器，但有时也可以是配置较高的普通计算机。客户机也常常称为工作站，指由用户直接操作的计算机，客户端软件能够建立客户机与服务器的连接，将用户的请求定向并传送到服务器。客户机正是因为能够登录到服务器，因而才能共享服务器所提供的各种资源和服务。

但是，严格意义上讲，客户机与服务器的概念，源自于客户机/服务器（Client/Server）模式，而这正是目前局域网普遍运用的工作模式。

1.5.2　客户机/服务器（Client/Server）模式

客户机/服务器模式如图 1.11 所示。准确地说，客户机/服务器（Client/Server）并不是一种特定的硬件产品或服务器技术，它是一种体系结构。Server 是一个向请求进程提供服务的逻辑进程，它可以是一个进程，也可以由多个分布进程所组成。向一个 Server 请求进程服务的进程称为该服务的 Client。通信事务是由 Client 对 Server 进行的。Server 应当按照请求进程的要求执行服务并返回结果。

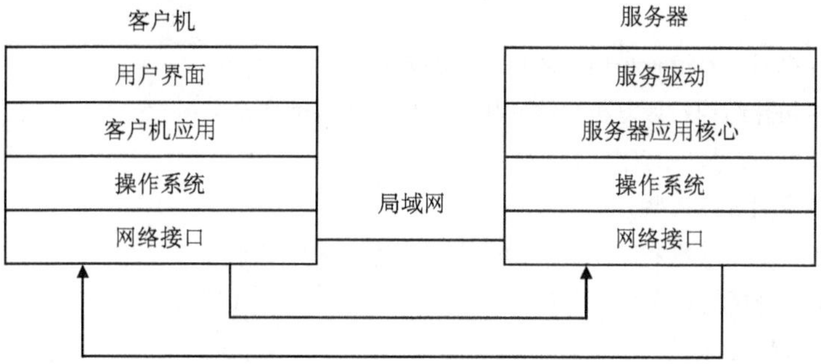

图 1.11　客户机/服务器模式示意图

客户机和服务器之间的通信可以涉及许多机制，如局域网、广域网及操作系统中任务间的通信。客户机/服务器模式独立于它们之间的物理连接及上述的这些通信机制。

当某台计算机支持一个特定的服务器进程时，通常也称该计算机为服务器；同样的道理，也可以称某些计算机为客户机。可见，服务器和客户机既可以指软件进程，也可以指硬件计算机。这一点希望大家注意，客户机和服务器也可以处在同一个机器上。此外，一个服务器也可以是另一个服务器的客户机。

客户机/服务器模式具有以下特点。

（1）减少了网络的流量。使用客户机/服务器模式，客户机和服务器相互协调工作，最大限度地发挥客户机和服务器两方面的资源效用。

（2）提供较短的响应时间。主要原因有两点：一方面是网络流量减少了；另一方面，由于相当多的运算、数据处理是在比客户机更强大的服务器上完成的，这比在客户机上完成要有效得多。

（3）可以充分利用客户机和服务器双方的能力，组成一个分布式应用环境。

（4）把应用程序与它们处理的数据隔离起来，可以使数据具有独立性。

（5）由于客户机管理用户界面，每个服务器可以支持更多的用户。

1.6 本章小结

本章是全书的第 1 章，着重介绍计算机网络的基础知识，包括计算机网络的概念、局域网的基本组成、计算机网络的参考模型及局域网的协议等内容。学习这些知识的主要目的有两个，一是对局域网的组成有一个概括性的了解，侧重于从硬件的角度了解局域网的基本组成部分，例如拓扑结构、传输媒介、网卡、交换机和路由器等；二是对局域网的运行规则有一个概括性的了解，侧重于网络参考模型与协议标准，例如 OSI 的 7 层模型概念、TCP/IP 协议、IEEE 802.3 标准、IP 地址和子网掩码等。总之，本章的教学目标是使学生建立起局域网的准确概念及对局域网基本框架的整体性理解。

习题 1

1. 什么是计算机网络？请列举出计算机网络的要点。
2. 什么是网络拓扑结构？计算机网络的拓扑结构有哪些类型？
3. 什么是局域网？局域网有哪些特点？
4. 局域网的基本组成有哪些？
5. 网卡、集线器、交换机和路由器在 OSI 参考模型中分别处于哪一层？
6. OSI 参考模型分层的意义是什么？
7. TCP/IP 协议有什么特点？
8. 子网掩码的作用是什么？
9. 简述 CSMA/CD 技术的基本原理。
10. 简述客户机/服务器模式的意义。

第 2 章　局域网的设计与布线

随着计算机网络技术的迅速发展，局域网技术在各行各业得到了越来越广泛的应用。局域网组建的首要任务是网络规划、局域网组网设计及网络综合布线。具体内容涉及局域网的需求分析、局域网拓扑结构设计、网络设备的选型、局域网 IP 地址规划、网络布线标准、综合布线的施工、网络的连通与测试等。本章将主要围绕中小型局域网的组建，来介绍局域网的规划、设计与布线工作。

2.1　局域网的规划

局域网的规划就是针对用户组建局域网的需求，提出一套完整的设想方案。局域网规划的内容包括网络系统的需求分析、网络拓扑结构设计、布线系统设计、网络硬件设备的选择、网络操作系统选择、应用软件选择、网络管理、投资概算等。网络规划对建造一个功能完善、安全可靠、性能先进的网络系统是必不可少和至关重要的。

网络规划的基本原则如下：

（1）决策者要直接参与网络的规划工作；

（2）根据实际需求提出网络应具备的功能、性能和安全指标；

（3）合理设计网络规模，并留出可扩充的余地；

（4）拟定的网络结构要合理，采用的设备和技术要先进。

2.1.1　需求分析

需求分析的目的是明确要组建的局域网的应用目标，也就是这个局域网要干什么？建成什么样？按说需求分析应由用户先提出需求报告，再由规划人员进行规划设计。但是，由于一般情况下用户缺乏网络应用技术的知识，无法确切地描述所需局域网的功能、性能和相应的技术指标。因此，为了满足用户当前和将来的业务需求，网络规划人员要进行深入细致地调查研究，完成对网络系统的可行性研究和需求分析。

1．可行性研究

可行性研究的目的是将用户的总体要求确定下来。规划人员根据用户最初的介绍，与用户一起进行深入的探讨。探讨的主要内容包括：

（1）现行业务系统的功能要求和建网的原因；

（2）采用现有计算机网络技术实现用户需求的可行性；
（3）组网技术条件和难点的分析；
（4）投资与效益分析；
（5）可行性研究的结论。

2. 环境要求分析

环境指的是用户使用局域网进行业务活动的工作环境，也即局域网所覆盖的工作区。因此，工作区各工作点的位置、相互间的距离、业务量的大小、建筑物的情况等，都将对局域网的规模、拓扑结构、设备选择等产生直接影响。环境分析的主要内容包括：
（1）局域网计算机工作点的数量和具体地理位置；
（2）拟定的信息中心（放置网络服务器的房间）所在位置；
（3）信息中心和各节点之间敷设电缆的施工条件；
（4）周围环境对网络数据传输的干扰及其程度；
（5）每个工作点所在建筑物的施工条件。
环境要求分析可以为接下来确定网络的拓扑结构、终端设备的数量、传输媒介的种类、布线施工方案等工作奠定基础。

3. 功能需求分析

功能需求分析的目的是明确用户在局域网上开展哪些业务活动、业务活动的性质及利用网络完成什么具体工作等，从而得出建造具有什么样功能的局域网的结论。
功能需求分析需要非常细致和具体，因为业务活动的内容关系到网络的功能，某些工作的具体要求又关系到网络的性能。规划设计人员要通过对这些业务工作的分析得出网络设计所需的数据。功能需求是局域网设计是否成功的关键。规划人员要尽可能多地了解和掌握用户的需求内容，任何遗漏和数据失准，都可能造成网络设计的不足和失败。通过使用者描述，由规划设计人员分析得出的局域网功能需求包括：
（1）服务器、客户机的配置要求；
（2）网络操作系统要求，网络服务项目要求；
（3）数据的流量和传输率的要求，用以确定传输线路的带宽；
（4）共享设备的名称、规格、数量；
（5）共享数据的性质和数量，用以配置相应的数据库系统和相应的应用软件；
（6）数据安全的要求，用以确定硬件、软件的解决方案。
如果在组网的同时还需要编制用户的信息管理系统软件，则规划人员还必须和软件设计人员共同分析研究，保证以上数据满足信息管理系统的需求。

4. 成本/效益分析

成本/效益分析是从经济的角度，分析建造局域网的投资成本与网络投入使用后取得经济效益的关系。成本/效益分析需要从以下几个方面进行考虑。
（1）成本估算。成本估算包括服务器、客户机、交换机、网卡、网线、连接部件、不间断电源等硬件设备的费用，网络操作系统、网络服务软件、应用软件等软件费用，还有设备安装及网络布线的施工费用。

（2）网络开通后的运行和维护费用。

（3）效益估算。效益估算包括网络运行后创造的直接效益，以及因提高工作效率、节省人力、改善工作环境带来的间接效益。

把这几部分的费用计算出来，根据总体的支出和收益，便可以对投资回收期及局域网生命周期的效益做一个总体把握了。

根据用户的网络应用需求分析，结合网络规划建设原则，确定网络建设的具体目标和要求达到的标准。

2.1.2　局域网的规划

通过以上分析，拟建的局域网的总体轮廓已经较为清晰。接下来应当从低成本、高效益的目的出发，本着先进性、安全可靠性、开放性、可扩充性和最大限度地资源共享的原则，进行局域网的规划。规划要以书面报告的形式提交给用户，主要包括以下内容。

1．场地方面

场地规划的内容是为设备、线路选择合适的位置。具体需要考虑如下因素。

（1）网络服务器等中心设备摆放的位置。要避开有强磁干扰、有害气体、强烈震动等因素的周边环境。物理位置要尽量在网络覆盖范围的中心位置。

（2）线路敷设从起点到终点的途径。走线应该尽可能缩短距离，在建筑物内的线路敷设应尽量隐蔽，还要考虑与原有水、气、电、暖、通信等管道线路的关系。

（3）网络终端设备的位置。

2．网络设备与材料方面

网络所需的设备材料较多，品种规格也较复杂，要根据需求分析来规划所需设备的品种、数量、规格。需要考虑到的项目有：

（1）网络服务器的规格、型号与配置标准；

（2）终端客户机的数量与配置标准；

（3）交换机、路由器等连接设备的规格与数量；

（4）双绞线、光纤等传输媒介，以及相应接头的规格与数量；

（5）安装、测试所需的仪器与工具。

3．网络系统及软件配置方面

支持网络正常运行需要操作系统和应用软件，应该考虑的主要内容包括：

（1）网络操作系统，如 Windows 平台、UNIX 平台及 Linux 平台等；

（2）应用软件，要从业务需求的实际出发，正确、合理地选用。

4．网络管理方面

在网络建设中和网络投入使用后都要有大量的管理工作，其中必须考虑的是：

（1）在网络建设中，应当安排懂专业、善于协调的专人进行管理；

（2）在网络建设中，应当制定网络技术培训计划并加以落实；

（3）网络建成后，需要配备专人进行系统资源管理、设备线路的维护；
（4）为保证网络的正常运行，还需要建立完善的管理制度。

5. 资金方面

在网络规划时要充分考虑网络建设及成本维护，做好工程预算，主要内容包括：
（1）网络建设的设备、材料和施工费用，以及配置软件的费用；
（2）人员培训费用；
（3）运行及维护费用。

2.2 小型局域网设计

本章以计算机数量比较少、功能要求比较单一的小型企业局域网（主要参照 100BASE-T 标准）为例，学习小型局域网组建的设计过程，包括认识网络设备、了解各种网络设备的作用、掌握网络连接的方法等一系列过程，从而掌握网络设计的基本方法。

小型局域网的拓扑结构一般是星型结构。小型局域网中的设备主要有两大方面，一是在网络中工作的客户机和服务器，二是网络连接设备，包括网卡、传输媒介（网线）、集线器或交换机。网络连通后，还需要选择并安装网络操作系统，并进行服务器和客户机的设置，这样就可以实现通信和网络管理了。

2.2.1 小型局域网中的网络设备

无论是组建何种网络，在物理上通常都是由服务器、客户机、网卡、交换机及各种网线等组成的。网络硬件设备可分为网络节点设备和网络连接设备。网络节点设备是网络的基础，也是用户比较熟悉的硬件设备，主要分为服务器和客户机两类。网络连接设备的作用是连接网络节点设备，同时起到一个转换、控制信息的作用，现在最常用的设备有网卡、交换机和路由器等。

一个小型的局域网，一般拥有几台到几十台计算机作为客户机，选择性能较好的计算机作为服务器。每台计算机都安装上网卡，然后用双绞线把它们都和交换机连接起来，如图 2.1 所示。

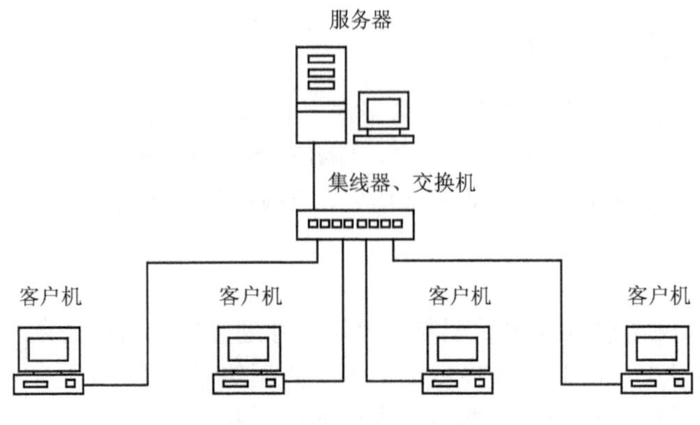

图 2.1 小型局域网示意图

这个局域网虽然非常简单，但具备了局域网的基本特性。通过了解它的拓扑结构、设备构成、连接方法，也就初步掌握了建立局域网的基本方法。下面分别从连接网络所需设备、拓扑结构和网络布线等方面，学习小型局域网设计方法。

1．网卡

网卡的全名为 Network Interface Card（网络适配器），简称网卡。它是连接计算机与网络的硬件设备，是局域网最基本的组成部分之一。

网卡工作于 OSI/RM 的第一层（即物理层），是计算机和传输媒介的接口。它为计算机网络提供最基本的硬件支持，承担计算机之间的数据发送和接收任务。

网卡按其传输速率分为 10Mbps 网卡、100Mbps 网卡、10/100Mbps 自适应网卡及 1000Mbps（千兆）网卡等。随着 10Mbps 网络的日渐没落，100Mbps 网卡应用较为普及。千兆网卡的最大传输速率为 1000Mbps，千兆网卡的网络接口有两种主要类型，一种是普通的双绞线 RJ-45 接口，另一种是多模 SC 型标准光纤接口，如图 2.2 所示。

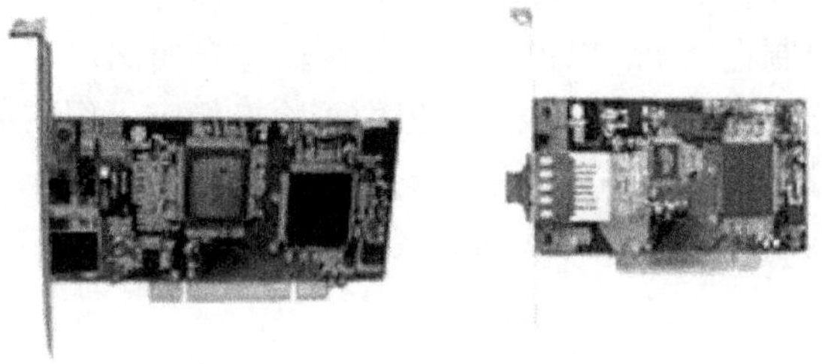

双绞线RJ-15接口　　多模SC型标准光纤接口

图 2.2　千兆网卡的网络接口

网卡也可按其总线方式分为 PCI 总线网卡和 USB 总线网卡。PCI 网卡是现在应用最广泛、最流行的网卡，它具有性价比高、安装简单等特点。PCI 网卡又分为 PCI2.1 标准和 PCI2.2 标准，PCI2.1 标准的工作频率为 33MHz，数据传输速率为 133Mbps，PCI2.2 标准的工作频率为 66MHz，最大数据传输速率高达 533Mbps。USB 总线的网卡一般是外置式的，具有不占用计算机扩展槽和可以热插拔的优点，因而安装更为方便，尤其适用于没有内置网卡的笔记本计算机用户。USB 总线分为 USB2.0 和 USB1.1 标准，USB1.1 标准的传输速率的理论值只有 12Mbps，而 USB2.0 标准的传输速率就高达 480Mbps。

了解了网卡的作用及常用网卡的不同类型后，用户可以根据自己的需要来选购适合自己的网卡。在选购时，需要注意一些问题，如网卡的带宽、总线类型、接口和防伪等。

（1）带宽。建议普通用户选用 10/100Mbps 自适应网卡，服务器选用 1000Mbps 网卡。

（2）总线类型。主板上 PCI 插槽还有空余，建议选购 PCI 网卡，也可选用 USB 接口网卡。

（3）接口。一块正规的网卡产品，其元器件安装应工整规范、布线整齐、焊点均匀无毛刺，厂商牌号、型号等信息标注清晰，接口、插口、指示灯　应俱全，相当规范。

（4）防伪。每块网卡都有全球唯一的 ID 编号，即 MAC 地址。具有相同 MAC 地址的产品在同一局域网中将因冲突而无法使用。如果购买的几款网卡上所标注的 MAC 地址都相同，那么肯定是劣质产品。

2．双绞线

在图 2.1 所示的小型局域网的示意图上，可以看到每台计算机之间都通过线缆进行连接，这种线缆就是双绞线。

双绞线是局域网中使用最为广泛的一种传输媒介。双绞线可分为屏蔽双绞线（STP）和非屏蔽双绞线（UTP）两种。其中局域网中使用较多的是五类和超五类非屏蔽双绞线。五类非屏蔽双绞线由四对相互缠绕的线对构成，把两根绝缘导线按一定密度互相绞合在一起，可降低信号干扰的程度，使每一根导线在传输中发射的电波被另一根线上发出的电波抵消。五类非屏蔽双绞线导线的颜色分别为白绿、绿、白橙、橙、白蓝、蓝、白棕、棕。双绞线内，除了有导线外，一般还有一根尼龙绳，用于增加双绞线的抗拉强度。另外，双绞线的最外层有一层塑料保护套，用于保护内部的导线。

双绞线是一种柔性的传输媒介，因此非常适于墙内、转角等位置的布线。双绞线与适合的网络设备相连，可以实现 100Mbps 传输速率的网络通信。在大多数应用下，双绞线的最大布线长度为 100m，但是按通常的经验，考虑到网络设备中和配线架要额外布线，所以双绞线的布线长度最好限制在 90m 以内。与其他传输媒介相比，双绞线在传输距离、信道宽度和数据传输速度等方面均受到一定限制，但由于价格便宜，组网灵活，支持星型结构的连线，因此，双绞线是目前局域网中使用最广泛的传输媒介。

双绞线与其他设备连接时，需要相应的连接器（RJ-45），图 2.3 所示为 RJ-45 水晶头。

图 2.3 RJ-45 水晶头

双绞线的连接顺序，依据所要连接网络的不同而不同，可分为直通线和交叉线。直通线中双绞线两头的 RJ-45 水晶头按相同顺序连接，同时采用 T568A 或 T568B 接法。而交叉线中的两个接头的接法必须不同，一头为 T568A，另一头则为 T568B。

T568A 和 T568B 是指用于 8 针配线模块插座/插头的两种颜色码。图 2.4 所示为 T568A 和 T568B 线序图。

直通线一般用来连接异型设备，如计算机和交换机之间的连接。交叉线一般用来连接同型设备，如两台计算机之间直联，两台交换机之间的级联。

选购非屏蔽双绞线时，要根据网络的整体性能决定双绞线的类别，同时注意双绞线的质量，可以从以下几点考虑。

（1）速度测试：如果有条件，建议对双绞线进行速度测试，这是反映双绞线质量优劣的最直观办法。

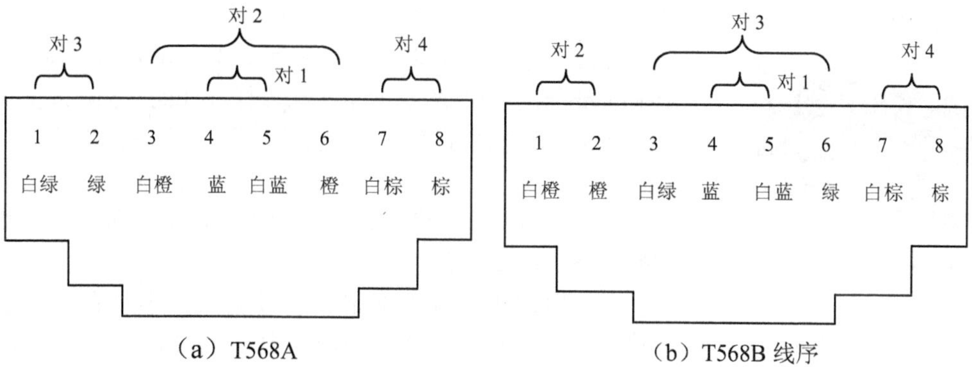

图 2.4　T568A 和 T568B 线序图

（2）检查外部标志：通常情况下，双绞线外皮上有种类标志，如 CAT5 表示五类 UTP。

（3）柔韧程度：为了方便布线，双绞线应该比较柔韧，容易弯曲，不易断裂。

（4）双绞线的绕距：双绞线由 4 对逆时针相互缠绕的铜线组成，如果在标志为 CAT5 的外皮中发现绕距为 10cm，那此双绞线一定是三类线。

（5）外皮的抗高温性：正规双绞线的外皮在 43℃～44℃时都不会出现软化的现象。可以取一截外皮，在室外的阳光下照射一段时间，如果变得比较柔软，说明其质量欠佳。

（6）外皮的阻燃性：购买双绞线时，可以索取 1cm 左右的线皮用火烧，优质双绞线外皮会逐渐熔化，但不会燃烧。

3. 光纤

光纤即光导纤维的简称，是一种细小、柔韧，并能传输光信号的介质。与铜质介质相比，光纤不会向外界辐射信号，具有高安全性；在传输过程中，信号衰减极低，具有高可靠性，而且传输距离远。概括来说，光纤通信有以下优点：传输频带宽，通信容量大，损耗低，不受电磁干扰，是目前发展和应用最为迅速的信息传输媒介。

为使用光纤传输信号，光纤两端必须配有光发送机和光接收机，由光发送机产生光束，将电信号转变成光信号，再把光信号导入光纤，在光纤的另一端由光接收机接收光纤上传输来的光信号，并将它转变成电信号，经解码后再处理。

根据光在光纤中的传播方式，可将光纤分为两种类型：多模光纤和单模光纤。其中，模是指以一定角度进入光纤的一束光。多模光纤采用发光 LED 作为光源，其纤芯较粗，数据传输率低，传输距离短，成本较低，主要用于建筑物内或地理位置较近的区域。单模光纤通常使用 ILD 作为发光元件，成本较高，其优点是传输频带宽，容量大，传输距离长，常用于建筑物之间或地理分布较远的场合。

光纤的最大问题是与其他传输媒介相比价格昂贵，多用于局域网的主干线。

4. 集线器

集线器（Hub）的主要功能是对接收到的信号进行再生整形放大，以扩大网络的传输距离，同时把所有节点集中在以它为中心的节点上。它工作在 OSI 参考模型的物理层。

集线器通常按照端口数量来划分，常用的有 8 口、16 口、24 口等，端口的多少也是影响集线器价格的主要因素。图 2.5 所示为 8 口集线器。

图 2.5　8 口集线器

集线器也有带宽之分，通常可分为 10Mbps、100Mbps、10/100Mbps 三种，基本上与网卡一样（1000Mbps 以上带宽的一般都由交换机来提供）。目前使用较多的是后两种。需要指出的是，这里所指的带宽是指整个集线器所能提供的总带宽，而非每个端口所能提供的带宽，因为集线器中所有端口都是共享集线器的背板带宽的。

集线器属于纯硬件网络底层设备，既不具有类似于交换机的“智能记忆”能力和“学习” 能力，也不具备交换机所具有的 MAC 地址表，所以它发送数据没有针对性，是采用广播方式发送的。所有连接到集线器的设备共享同一介质，其结果是它们共享同一个冲突域、广播和带宽，因此集线器和它所连接的设备组成了一个单一的冲突域。如果一个节点发出一个广播信息，集线器会将这个广播传输给所有同它相连的节点。当网络中有两个或多个节点同时进行数据传输时，将会产生冲突。当网络中节点过多时，冲突将会很频繁。所以，利用集线器联网并不合适，同时也限制了以太网的可扩展性。

随着交换机价格的不断下降，集线器仅有的价格优势已不再明显，正处于被淘汰的边缘。

5. 交换机

交换机也称交换式集线器，是为使各计算机能够相互高速通信而专门设计的独享带宽的网络，常见的交换机外形如图 2.6 所示。随着价格的不断降低，交换机作为高性能的集线设备，已逐步取代集线器成为局域网的数据传送枢纽。交换机工作在 OSI/RM 的第二层（数据链路层），对数据包进行转发时，能减少冲突，隔离数据风暴，数据传输效率远高于使用集线器。一些高档的交换机还能工作在 OSI 模型的第三层（网络层），具有路由功能。

图 2.6　交换机外形

集线器采用的是共享带宽的工作方式，即同一网段上所有的计算机共享同一个信道，而信道中只允许一台计算机发送信号，这就是 CSMA/CD 机制。交换机的工作方式与集线器完全不同。

在交换机的以太网中，每台计算机的网卡和交换机的端口，都有一个唯一的 MAC 地址。交换机的端口可以记忆若干个 MAC 地址，从而建立该端口与 MAC 相对应的地址表。当端口收到一个信号数据包后，便立即在地址表中进行查找，确定数据包的目的 MAC 的网卡连接在哪个端口上，然后将该数据包发至该端口。由于每个端口都是将收到的数据包发送到唯一的目的端口，而不是像集线器那样将数据包发送到所有端口，使得交换机的其他端口可以同时并行工作。它既为通信中的计算机双方提供了独占的线路，又实现了多条线路同时工作。因此，在网络传输密集的场合，交换机的效率要远高于集线器。

交换机拥有许多端口，每个端口都有自己的专用带宽，可以连接不同的网段；各个端口之间的通信是同时的、并行的，大大提高了信息吞吐量；提供了许多网络互联功能，能经济地将网络分成小的冲突网域，为每个工作站提供更高的带宽；对工作站是透明的，简化了网络站点的增加和网络变化的操作。

不同交换机因工作方式、传输方式、传输速率、MAC 地址数等技术指标的不同，其功能多少、性能强弱也存在较大的差异。一般将功能多、性能强的交换机称为高端交换机，反之称为低端交换机，高端交换机通常用于局域网的骨干交换机。

局域网交换机最主要的指标是端口的配置、数据交换能力、包交换速度等因素。因此，在选择交换机时要注意以下事项：

（1）交换端口的数量；

（2）交换端口的类型；

（3）系统的扩充能力；

（4）骨干线连接手段；

（5）交换机总交换能力；

（6）是否具有路由选择能力；

（7）网络管理能力。

交换机应用中几个值得注意的问题：

（1）客户机/服务器的瓶颈问题。

交换机本身的处理速度可以达到很高，但是由于遵循 CSMA/CD 机制，在当前的“客户机/服务器”模式的网络中，多台工作站会同时访问服务器，因此非常容易形成服务器瓶颈。因此，许多厂商在交换机中设计了一个或多个高速端口，方便用户连接服务器或高速骨干网。用户也可以通过设计多台服务器或追加多个网卡来消除瓶颈。

（2）网络中的广播问题。

每台交换机的端口都支持一定数目的 MAC 地址，这样交换机能够“记忆”该端口一组连接站点的情况。交换机端口记忆的 MAC 是有限的，当地址表中没有数据包目的 MAC 时，就向所有端口发出广播，对应的网卡收到广播信号后立即回应。此时端口向对应端口发出数据包，并将对方的 MAC 加到地址表中。为了保证地址表中的 MAC 永远是利用率最高的，交换机只将记忆的 MAC 保存一段时间（默认为 300s），若某个 MAC 在保存时间内不再出现，将被从地址表中清除。因此，用户使用时一定要注意交换机端口的连接端点数，不要超过厂商给定的 MAC 数。

6. 客户机和服务器

客户机和服务器都是连接在局域网中的计算机。在小型局域网中，服务器要承担网络的管理和控制功能，同时提供绝大部分共享服务，因此，用于服务器的计算机在规格和性能上应该比客户机高一些。

2.2.2　局域网的拓扑结构设计

在网络中，层次设计用于将设备应用到以分层方式构建的网络。分层设计提高了效率，优化了功能，加快了速度。

局域网设计按功能层次划分，一般分为三层：核心层、汇聚层和接入层，其通用结构如图 2.7 所示。

接入层为用户提供对网络的访问接口，是整个网络的可见部分，也是用户与该网的连接场所，可完成强大的各业务类型接入。

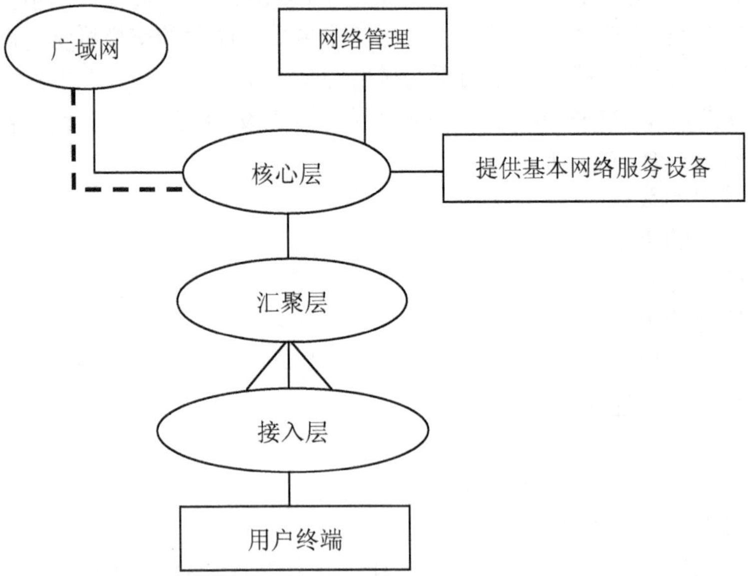

图 2.7　局域网系统通用结构

汇聚层用于把大量接入层的路径进行汇聚和集中，并连接至核心层。

核心层是一个网络的核心，不仅要求实现高速的数据转发，而且要求性能高，容量大，具备高可靠性和高稳定性。通常核心层都有设备的备份设计及线路的备份设计。

不同层次的定位，也为相应的设备选型提供了依据。大型的局域网络通常分为三层结构，但小型网络通常只存在两层结构，核心层和汇聚层合二为一。

小型局域网设计通常采用层次化的星型拓扑结构。层次化的星型拓扑结构的突出特点是结构简单、易于管理与维护、安全性高。在网络运行过程中，如果某台客户机发生了故障，它也是只影响这一台计算机与局域网的联系，而不会波及网络中其他的计算机。

层次化的星型拓扑结构的中心是交换机。因此，在具体进行网络拓扑结构的应用设计时，需要考虑客户机的分布情况、敷设网线的环境、选用的传输媒介等多种因素，重点安排好交换机的布局，使交换机到工作站、交换机到交换机之间的位置和距离更加合理。

如图 2.8 所示，在小型局域网设计中，采用星型结构的局域网拓扑图。由于网络比较简单，将结构设计成两层，接入级和核心级。接入级交换机连接各个客户机，核心级交换机把接入层的路径进行集中汇聚并连接服务器，形成网络的数据传输主干。

星型网络拓扑结构设计的要点是选择网络交换机。根据不同的网络层次结构，需要采用工作组级交换机、部门级交换机和企业级交换机等不同种类的交换机。

（1）工作组级交换机。

工作组级交换机作为骨干交换机，一般支持 100 个信息点以内的小型网络，其特征是端口数量少，带宽较低，为几台到几十台计算机联网提供交换环境，对带宽的要求不太高。工作组交换机一般没有网络管理的功能。

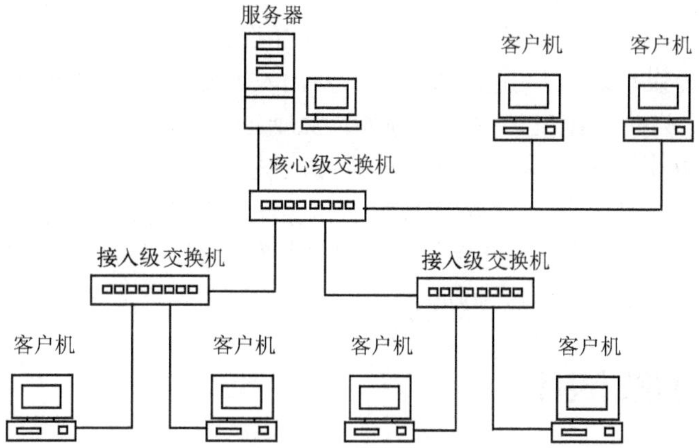

图 2.8　两层星型结构的局域网

（2）部门级交换机。

部门级交换机作为骨干交换机，一般认为可支持 300 个信息点的中型网络。这类交换机可以是固定配置，也可以是模块配置，一般除了常用的 RJ-45 双绞线接口外，还带有光纤接口。部门级交换机一般具有较为突出的智能型特点，支持基于端口的 VLAN（虚拟局域网），可实现端口管理，可任意采用全双工或半双工传输模式，可对流量进行控制，有网络管理的功能，可通过 PC 的串口或经过网络对交换机进行配置、监控和测试。

图 2.9 所示为一种常见的部门级交换以太网。部门级交换机实现干线连接机制，用来连接群组交换机，也用来为群组用户提供对部门服务器的访问通道，对这些服务器的访问越过了群组的界限。工作组交换机的作用是支持一个特定的群组，使对内部的共享服务器的访问更加方便。

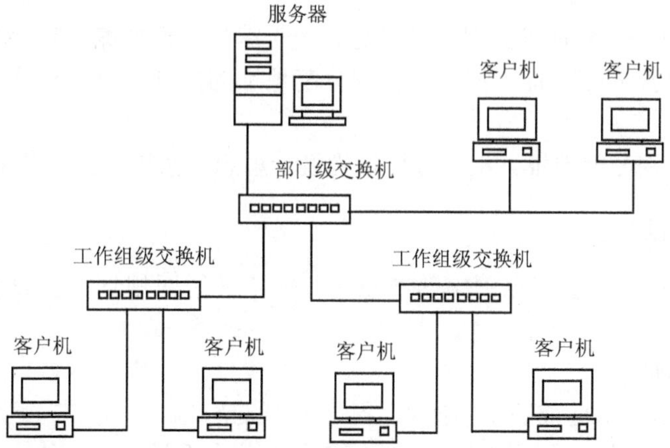

图 2.9　部门级交换以太网

（3）企业级交换机。

企业级交换机一般采用模块化的结构，作为企业网络骨干构建高速局域网，支持 500 个信息点以上的大型网络。企业级交换机可以提供用户化定制、优先级队列服务和网络安全控制，并能很快适应数据增长和改变的需要，从而满足用户的需求。对于有更多需求的网络，企业级交换机不仅能传送海量数据和控制信息，更具有硬件冗余和软件可伸缩性特点，以保证网络能可靠运行。企业级交换机一般为千兆交换机。

在进行拓扑结构设计时，一定要从实际需要出发，综合考虑各种影响因素，实现总体结构的合理和实用。为此，在设计中应掌握如下原则：

（1）网络中因拓扑结构改变而受影响的区域应被限制到最小程度。

（2）采用分层星型结构时，上级交换机的传输速率及功能应当高于下级的交换机。

（3）局域网中使用的网线（包括各级使用的网线）要尽可能短，因为使用双绞线时从交换机到网卡的最大距离不能超过 100m。

2.2.3 IP 地址规划设计

众所周知，在 Internet 和 Intranet 上使用 TCP/IP 时，每台主机必须具有唯一的 IP 地址，且具有合法 IP 地址的主机之间才能进行互相通信。而一个局域网在搭建之前，首先要对局域网内的 IP 地址做出合理的规划。

1. IP 地址规划的基本原则

IP 地址的合理规划是网络设计中的重要环节，IP 地址的好环，将影响到网络的性能、网络扩展、网络的管理，也必将影响到网络应用的进一步发展。

（1）唯一性。一个 IP 网络中不能有两个主机采用相同的 IP 地址。

（2）连续性。连续地址在层次结构网络中易于进行路径叠合，可大大缩减路由表，提高路由算法的效率。

（3）扩展性。地址分配在每一层次上都留有余量，以备网络规模扩展。

2. 地址分配策略

（1）按部门/机构分配地址。对各部门进行统一编号，根据编号顺序分配 IP 地址。

（2）按物理位置分配地址。按物理位置分配地址的原则是物理位置相邻的子网分配相邻的地址区。

（3）按拓扑结构分配地址。根据分层结构设计思想，按拓扑结构分配地址。

3. IP 地址的规划

组建一个局域网，需要根据网络的节点进行网络的子网规划，主要有无子网编址和带子网编址两种。

（1）无子网编址。

无子网编址是指使用标准的子网掩码，不对网段进行细分，如 C 类网段 192.168.1.0，采用 255.255.255.0 作为标准子网掩码。外部将所有节点看做单一网络，不需要知道内部结构，此方案适用于小型规划网络。

（2）带子网编址。

带子网编址是指将标准的网络掩码进行进一步扩展，即打破标准子网掩码固定的网络位格式，进行子网的划分。这种方案对外仍是一个网络，而对内部而言则分为不同的子网。划分子网后，各子网的广播将被隔离，各子网之间不能直接访问，需要路由器或三层交换机转发实现数据通信，从而提高网络的性能和安全性。

2.3　局域网布线设计

上面是一个小型局域网的设计过程，介绍了小型的局域网设计方法。下面，将在此基础上来进一步学习局域网布线设计。

局域网的布线与施工是网络组建中较为关键的环节。只有布线设计合理，才能满足网络使用的要求，节省资金，保证施工的质量。布线设计与网络的拓扑结构及所使用的传输媒介有联系，与服务器、客户机、连接设备的物理位置也存在密切联系。局域网的布线要以网络整体规划设计为依据，详细勘察施工现场。针对网络使用要求和建筑物的实际情况进行设计，绘制布线图，提出技术要求，并对遇到的各种问题提出具体解决方案。

布线施工是组网工作中一项非常重要的工作。施工现场的环境多种多样，要从实际情况出发来制订布线和设备安装的施工方案，操作中要依据设计方案，遵循相应的技术规范，同时注意日后使用和维护的方便易行。

网络布线的测试是保证局域网连通的重要手段。测试工作要与施工同步进行，布线施工后还要进行全面测试。要认真查找故障并分析原因，并及时采取措施加以排除。

2.3.1　布线标准

局域网一般采用结构化综合布线方法。目前综合布线系统标准主要有美国电子工业协会 EIA 和美国电信工业协会 EIA/TIA 制定的一系列标准。

1．主要布线标准

（1）EIA/TIA-568　商用建筑电信布线标准；

（2）EIA/TIA-569　商用建筑通信通道和空间标准；

（3）EIA/TIA-607　商用建筑中有关通信接地标准；

（4）ISO/IEC11801　建筑物通用布线标准；

（5）EN50173　综合布线系统设计欧洲标准；

（6）CECS92/95/97　建筑与建筑群综合布线系统工程设计规范；

（7）UTP 布线系统有关非屏蔽双绞线标准；

（8）安装与设计规范：国家建筑电气设计规范、工业企业通信设计规范、市内电话线路工程施工与验收技术规范。

目前，在国际或国内大多采用 EIA/TIA-568 和 ISO11801 标准。

2．TIA/EIA-568 布线标准要点

（1）目的。

① 规范一个通用语音和数据传输的电信布线标准，以支持多设备、多用户的环境；

② 为服务于商业的电信设备和布线产品的设计提供方向；

③ 能够对商用建筑中的结构化布线进行规划和安装，使之能够满足用户的多种电信要求；

④ 为各种类型的线缆、连接件及布线系统的设计和安装建立性能和技术标准。

（2）范围。

① 标准针对的是“商业办公”电信系统。

② 布线系统的使用寿命要求在10年以上。

③ 标准内容为所用介质、拓扑结构、布线距离、用户接口、线缆规格、连接件性能、安装程序等。

（3）几种布线系统的涉及范围和要点。

① 水平干线布线系统涉及水平跳线架、水平线缆。要点为线缆出入口/连接器、转换点等。

② 垂直干线布线系统涉及主跳线架、中间跳线架。要点为建筑外主干线缆、建筑内主干线缆等。

③ UTP布线系统。UTP布线系统传输特性划分为五种线缆。

- 五类：指100M/Hz以下的传输特性。
- 四类：指20M/Hz以下的传输特性。
- 三类：指16M/Hz以下的传输特性。
- 超五类：指155M/Hz以下的传输特性。
- 六类： 指200M/Hz以下的传输特性。

目前主要使用五类和超五类线缆。

④ 光缆布线系统。在光缆布线中分水平干线子系统和垂直干线子系统，它们分别使用不同类型的光缆。

- 水平干线子系统：62.5/125μm多模光缆（入出口有2条光缆），多数为室内型光缆。
- 垂直干线子系统：62.5/125μm多模光缆或10/125μm单模光缆。

布线系统标准是一个开放型的系统标准，它能广泛应用。因此，按照布线系统进行布线，会为用户今后的应用提供方便，也保护了用户的投资，使用户投入较少的费用，便能向高一级的应用范围转移。

2.3.2 综合布线

综合布线是指按照标准的、统一的和简单的结构化方式编制和布置各种建筑物内各种系统的通信线路，包括网络系统、电话系统、监控系统、电源系统、照明系统等。综合布线系统多采用分层星型拓扑结构，根据其组成部分的不同，可分为六个子系统：工作区子系统、水平干线子系统、管理间子系统、垂直干线子系统、建筑群（楼宇）子系统、设备间子系统，如图2.10所示。

这六个子系统有机地组合在一起，构成一个完整的、开放的布线系统，基本上覆盖了一个楼宇或一个建筑群的所有弱电系统。每一个子系统都是一个独立的模块，更改其中的任何一个子系统都不会影响其他子系统。这种模块化的设计，在需要增加配线时，不会因此而影响到整个布线系统，所以在保护以前的布线设施的同时又使系统具有很大的灵活性。

1. 工作区子系统

工作区是根据实际需要设置终端设备（计算机或电话机）的独立区域，是工作人员利用终端设备进行工作的地方。通常情况下，每 5～10m^2 可以设计配置一个终端，实际设计中可以按照 9m^2 一个数据点和一个语音点来计算信息点数，也可以根据用户的要求设置。

工作区子系统包括从工作站终端设备到水平布线系统的信息插座的整个区域，如图 2.11 所示。相对来说，工作区子系统布线简单，为终端设备的添加、移动和变更提供了方便。

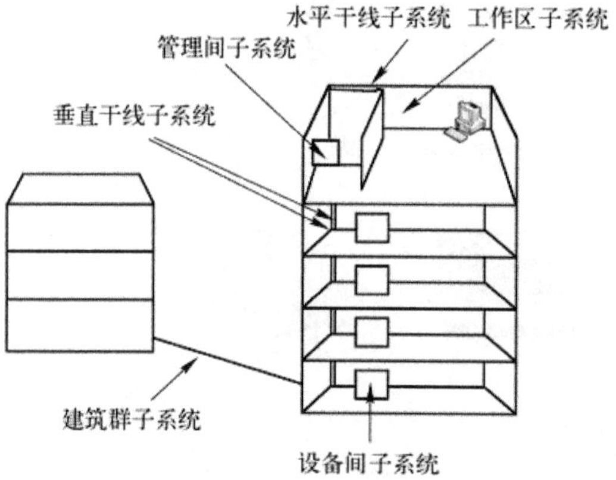

图 2.10　综合布线系统

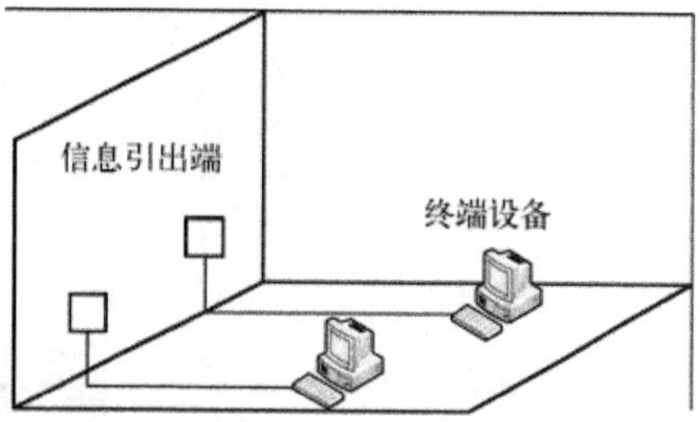

图 2.11　工作区子系统

（1）工作区子系统设计要点。

① 从信息插座到终端设备的双绞线长度一般不要超过 5m。

② 信息插座设计在距离地面 30cm 以上的位置。

③ 工作区内线槽要布得合理、美观。

（2）工作区子系统设计操作步骤。工作区子系统设计比较简单，一般可以分成三个步骤。

① 确定信息点数量。工作区信息点数量主要根据用户的具体需求来确定。如果用户不能明确信息点数量，可根据建筑物平面图计算实际空间，通常，一个 5～10m^2 的工作区可设置两个信息插座，一个语音信息点，一个计算机信息点。

② 确定信息插座的数量。信息插座是终端（工作站）与水平干线子系统连接的接口，如图 2.12 所示。信息点的数量确定后，信息插座的数量就很容易确定了。如果配置单孔信息插座，则信息插座与信息点数量相当。如果配置双孔信息插座，则信息插座数量应为信息点数量的一半。

③ 确定信息插座的安装方式。工作区的信息插座分为暗埋式和明装式两种。暗埋式的插座底盒嵌入墙面或地面，明装式的插座底盒直接在墙面上安装。用户可根据实际需要选用不同的安装方式。通常情况下，新建筑物采用暗埋式安装信息插座；已有的建筑物采用明装式安装信息插座。

2. 水平干线子系统

水平干线子系统也称为配线子系统，由工作区的信息插座、信息插座到楼层配线设备的水平电缆或光缆、楼层配线设备和跳线组成，如图 2.13 所示。水平干线子系统总是处在一个楼层中，并端接在信息插座或区域布线的中转点上，功能是将工作区信息插座与楼层配线间的水平分配线架连接起来。

（a）六类 RJ-45 插座模块

（b）六类 RJ-45 屏蔽插座模块

（c）地面插座

图 2.12　信息插座

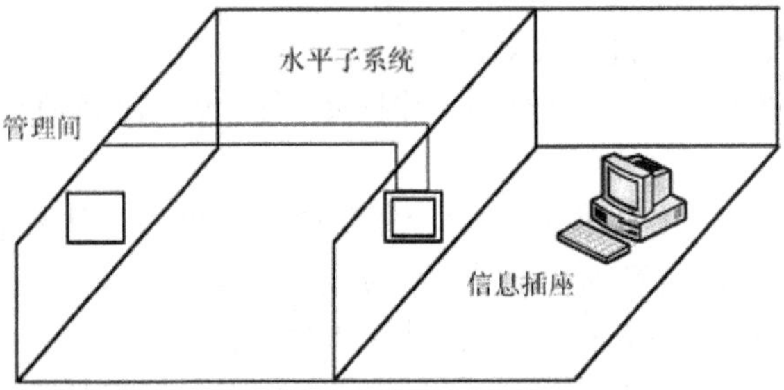

图 2.13　水平干线子系统走线示意图

（1）水平干线子系统的设计要点。

① 根据建筑物的结构、布局和用途确定水平布线方案。

② 确定电缆的类型和长度，水平干线子系统通常为星型结构，一般使用双绞线布线，长度不超过 90m。

③ 用线必须走线槽或在天花板吊顶内布线，最好不走地面线槽。

④ 确定线路走向和路径，选择路径最短和施工最方便的方案。

⑤ 确定槽、管的数量和类型。

（2）水平干线子系统布线方案。水平布线，是将电线缆从管理间子系统的配线间接到每一楼层的工作区的信息输入/输出（I/O）插座上。设计者要根据建筑物的结构特点，从路由（线）最短、造价最低、施工方便、布线规范等几个方面考虑。但由于建筑物中的管线比较多，往往要遇到一些矛盾，所以，设计水平子系统时必须折中考虑，选择最佳的水平布线方案。

一般可采用三种类型：直接埋管式；先走吊顶内线槽，再走支管到信息出口的方式；适合大开间及后打隔断的地面线槽方式。现对上述方式进行讨论。

① 直接埋管线槽方式。直接埋管布线方式即将一系列金属布线管密封在混凝土中。这些金属管道或金属线槽从水平间向信息插座的位置辐射。根据通信和电源布线的要求、地板厚度和占用的地板空间等条件，直接埋管布线方式可能要采用厚壁镀锌管或薄型电线管。这种方式在老式的设计中非常普遍。

② 先走线槽再走支管方式。先走吊顶内线槽再走支管布线是指，由楼层管理间引出来的线缆先走吊顶内的线槽，到各个房间后，经分支线槽从槽梁式线缆管道分叉后将线缆穿过一段支管引向墙壁，沿墙而下到房间信息插座的布线方式。这种方式通常用在大型建筑物或布线系统比较复杂而需要有额外支持物的场合。

③ 地面线槽方式。地面线槽方式就是弱电井出来的线走地面线槽到地面出线盒，或由分线盒出来的支管到墙上的信息出口。由于地面出线盒或分线盒或柱体直接走地面垫层，因此这种方式适用于大开间或需要打隔断的场合。

（3）水平干线子系统线缆选择。在水平干线布线系统中常用的线缆有四种：

① 100W 非屏蔽双绞线（UTP）电缆；

② 100W 屏蔽双绞线（STP）电缆；

③ 50W 同轴电缆；

④ 62.5/125μm 光纤电缆。

目前的实际网络布线工程中，水平线缆一般采用超五类非屏蔽双绞线。

订购电缆时，必须考虑以下三点：

① 确定介质布线方法和电缆走向；

② 确认到设备间的接线距离；

③ 留有端接容差。

电缆的计算公式有三种，现将这三种方法提供给读者参考：

① 订货总量（总长度 m）＝所需总长＋所需总长×10%＋n×6

其中：所需总长指 n 条布线电缆所需的理论长度；

所需总长×10%为备用部分；

n×6 为端接容差。

② 整幢楼的用线量＝$N C$

N 为楼层数；

C 为每层楼用线量，C＝［0.55×（L＋S）＋6］×n；

L 为本楼层离水平间最远的信息点距离；

S 为本楼层离水平间最近的信息点距离；

n 为本楼层的信息插座总数；

0.55 为备用系数；

6 为端接容差。

③ 总长度＝A＋B/2×n×3.3×1.2

A 为最短信息点长度；

B 为最长信息点长度；

n 为楼内需要安装的信息点数；

3.3 为系数 3.3，将米（m）换成英尺（ft）；

1.2 为余量参数（富余量）。

用线箱数＝总长度/1000＋1

双绞线一般以箱为单位订购，每箱双绞线长度为 305m。设计人员可用这三种算法之一来确定所需线缆长度。

3. 管理间子系统

管理间子系统是连接垂直干线子系统和水平干线子系统的设备。管理间为连接其他子系统提供手段，其主要设备是配线架、交换机和机柜、电源。

现在，许多大楼在综合布线时都考虑，在每一楼层都设立一个管理间，用来管理该层的信息点，摒弃了以往几层共享一个管理间子系统的做法，这也是布线的发展趋势。作为管理间子系统，应根据管理的信息点的多少安排使用房间的大小。如果信息点多，就应该考虑用一个房间来放置；信息点少时，就没有必要单独设立一个管理间，可选用墙上型机柜来处理该子系统。

管理间子系统的设计主要包括管理交接方案、标志、机柜内设备的布局、绘制详细连接图。管理交接方案提供了交连设备与水平线缆、干线线缆连接的方式，从而使综合布线及其连接的应用系统设备、器件等构成一个有机的整体，并为线路调整管理提供方便。

管理间子系统设计要点：

（1）在管理子系统与其他子系统连接的交接区应有良好的标记系统。

（2）配线架的配线对数由管理的信息点数决定。

（3）利用配线架的跳线功能，可使布线系统具有灵活、多功能的特点。

（4）配线架一般由光配线盒的铜配线架组成。

（5）管理子系统应有足够的空间放置配线架和网络设备（交换机等），便于将来扩充。

（6）有交换机的地方要配有专用稳压电源。

（7）保持一定的温度和湿度，保养好设备。

4. 垂直干线子系统

垂直干线子系负责连接管理子系统到设备间子系统，提供建筑物干线电缆，一般使用光缆或选用大对数的非屏蔽双绞线，由建筑物配线设备、跳线，以及设备间至各楼层管理间的干线电缆组成，如图 2.14 所示。

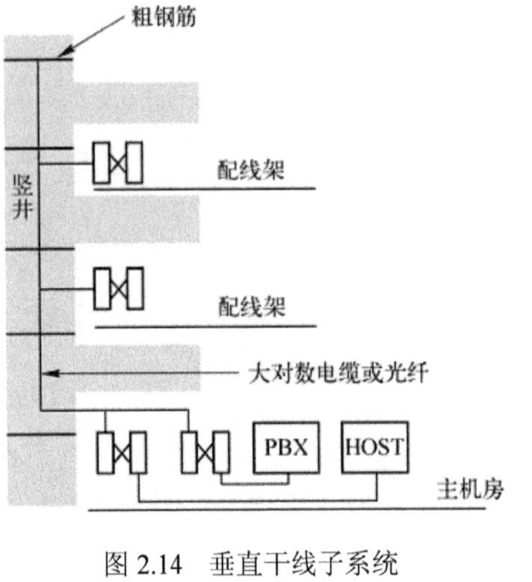

图 2.14 垂直干线子系统

（1）垂直干线子系统设计要点。

① 确定每层楼的干线电缆要求，根据不同的需要和经济因素选择干线电缆类别。

② 确定干线电缆路由，原则是最短、最安全、最经济。

③ 绘制干线路由图，采用标准中规定的图形与符号绘制垂直子系统的线缆路由图，确

定好布线的方法。

④ 确定干线电缆的尺寸，每段干线电缆长度要有备用部分（约 10%）和端接容差。

⑤ 布线要平直，走线槽，不要扭曲；两端点要标号；室外部分要加套管，严禁搭接在树干上；双绞线不要拐硬弯。

（2）垂直干线子系统设计方法。确定从管理间到设备间的干线路由，应选择干线段最短、最安全和最经济的路由，在大楼内通常有如下两种方法。

① 电缆孔方法：干线通道中所用的电缆孔都是很短的管道，通常用直径为 10cm 的钢性金属管做成。它们嵌在混凝土地板中，这是在浇注混凝土地板时嵌入的，比地板表面高出 2.5～10cm。电缆往往捆在钢绳上，而钢绳又固定到墙上已铆好的金属条上。

② 电缆井方法：电缆井方法常用于干线通道。电缆井是指在每层楼板上开出一些方孔，使电缆可以穿过这些电缆并从某层楼伸到相邻的楼层。电缆井的大小依所用电缆的数量而定。与电缆孔方法一样，电缆也是捆在或箍在支撑用的钢绳上，钢绳靠墙上的金属条或地板三角架固定住。离电缆井很近的墙上的立式金属架可以支撑很多电缆。

电缆井的选择性非常灵活，可以让粗细不同的各种电缆以任何组合方式通过。电缆井方法虽然比电缆孔方法灵活，但在原有建筑物中开电缆井安装电缆造价较高，它的另一个缺点是使用的电缆井很难防火。如果在安装过程中没有采取措施去防止损坏楼板支撑件，则楼板的结构完整性将受到破坏。在多层楼房中，经常需要使用干线电缆的横向通道才能从设备间连接到干线通道，以及在各个楼层上从二级交接间连接到任何一个配线间。

5．建筑群子系统

建筑群子系统是将一个建筑物中的电缆延伸到另一个建筑物的通信设备和装置，通常由光缆和相应设备组成，单幢建筑物的综合布线系统可以不考虑建筑群子系统，如图 2.15 所示。

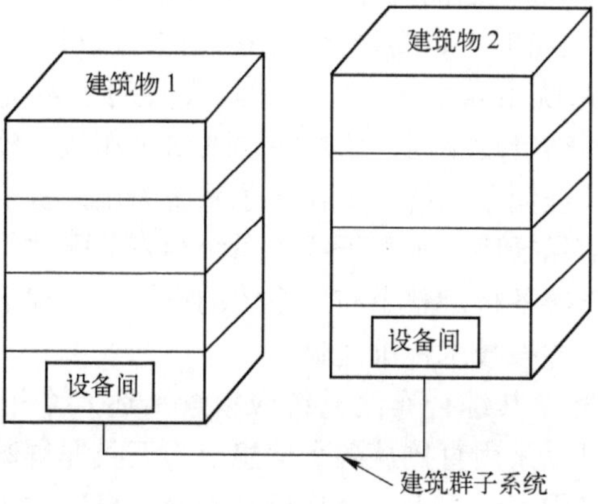

图 2.15　建筑群子系统示意图

（1）建筑群子系统的设计要点如下。

① 建筑群数据网主干线缆一般应选用多模或单模室外光缆。

② 建筑群主干线缆宜采用地下管道方式进行敷设，设计时应预留备用管孔，以便以后扩充使用。

③ 当采用直埋方式时，电缆通常埋在离地面60cm以下的地方。

（2）建筑群子系统中电缆敷设方法有以下三种。

① 架空电缆布线：架空安装方法通常只用于现成电线杆，从电线杆至建筑物的架空进线距离以不超过30m为宜。

② 直埋电缆布线：直埋电缆布线指根据选定的布线路由在地面上挖沟，然后将线缆直接埋在沟内。直埋布线法具有较好的经济性和安全性，总体优于架空布线法，但更换和维护电缆时不方便，且成本较高。

③ 地下管道电缆布线：地下管道布线是一种由管道和入孔组成的地下系统，它把建筑物进行互联。地下管道能对电缆起到很好的保护作用，因此线缆受损的机会减小，而且不会影响建筑物的外观及内部结构。

6. 设备间子系统

设备间是大楼的电信设备和计算机网络设备，以及建筑物配线设备安装的地点，也是进行网络管理及管理人员值班的场所。

（1）设备间子系统设计要点。

① 设备间应处于干线综合体的最佳网络中间的位置，以使干线路径最短。

② 设备间应尽可能靠近建筑物电缆引入区和网络接口。

③ 设备间的位置应便于接地装置的安装。

④ 设备间建设标准要按机床标准建设。

⑤ 设备间要有良好的工作环境。

（2）设备安装。

① 机架或机柜前面的净空不应小于800mm，后面的净空不应小于600mm。

② 壁挂式配线设备底部离地面的高度不宜小于300mm。

③ 在设备间安装其他设备时，设备周围的净空要求按该设备的相关规范执行。

综上所述，综合布线系统由六个子系统组成。设备间子系统是网络管理的重要场所；管理间子系统分布在各个网络管理单元，管理各层的水平布线，连接相应的网络设备；水平干线子系统将工作区引至管理间子系统；工作区子系统为用户提供一个既符合标准，又可以满足高速数据传输的标准信息插座。垂直干线子系统则将分配线架与主配线架用星型结构连接起来。建筑群子系统则连接各楼。整个布线系统的设计必须保证各类线缆不超过其允许的最大传输距离，施工应规范并按技术标准测试。

对于大型楼宇或园区网，其综合布线系统应包含上述六个子系统。对于小型的系统，例如一个实验室的网络，可以采用直接从各个信息点将五类非屏蔽双绞线直接引到交换机，不再区分各子系统。如果采用多级、多个交换机，则交换机间的电缆相当于垂直子系统，也可直接用五类双绞线引到交换机的端口，只要保持线缆长度在100m之内，就可以稳定地运行100Mbps以太网。

2.4　局域网布线施工

2.4.1　敷设网线的施工要求

布线施工是落实布线设计的过程。网络布线施工与电、暖、水、气等管线的施工区别很大，它的主要特征是：所有的电缆从信息口到信息点是一条完整的电缆，中间不能有接头；每条电缆的长度要尽量缩短，以提高信号的质量；某些部位（如交换机、集线器）连接电缆的数量较多，要处置得当；还要考虑线路本身的安全和线路中传输信号的安全。

布线施工的基本原则如下：

（1）严格控制每段线路的长度，不能突破设计的长度。

（2）注意和供电、供水、供暖、排水的管线分离，用以保护网线的安全。

（3）敷设的位置要安全、隐蔽、美观，要方便日后的使用和维修。

1．新建筑物预留网络管线通道的施工

新建筑物的布线施工是与建筑物的施工同时进行的。网络布线的主要内容有垂直干线（如使用电缆井）、水平干线（如敷设在管道层、楼道的天花板内的线槽，或埋设在墙体内的金属管），以及支线（敷设在墙体内的金属管或塑料管）等。施工中要注意如下几点技术要求。

（1）电缆井的施工要求。

① 作为网络垂直干线通道的电缆井，要将位置尽量靠近楼房的中央。

② 预留的电缆井的大小，按标准的算法，至少应当为电缆的外径之和的 3 倍。此外，还必须保留一定的空间余量，以确保在今后系统扩充时不致需要安装新的管线。

③ 电缆井内每层至少要安装一个金属桥架，用于捆扎网线。

④ 位于主干线节点的楼层，需在电缆井处设配线间，配线间的最小安全尺寸是 1.2m×1.5m，门的大小至少为高 2.1m，宽 0.9m，向外开。配线间安装接线架，以保证接线设备的安装。

（2）预埋暗管的施工要求。

① 暗管宜采用金属管或阻燃硬质 PVC 管，预埋在墙体中间的暗管内径不宜超过 50mm，楼板中的暗管内径为 15～20mm。直线布管每隔 30m 处应设置暗线箱等装置，以方便穿线安装和日后维护。

② 暗管转弯时，弯曲角度应大于 90°，且每根暗管的转弯角不得多于两个，更不能有 S 弯出现。在弯曲布管时，每隔 15m 处应设置暗线箱等装置。

③ 暗管转弯的曲率半径不小于该管外径的 6 倍，当暗管外径大于 50mm 时，转弯的曲率半径不应小于管外径的 10 倍。图 2.16 所示为暗管弯曲角度要求。

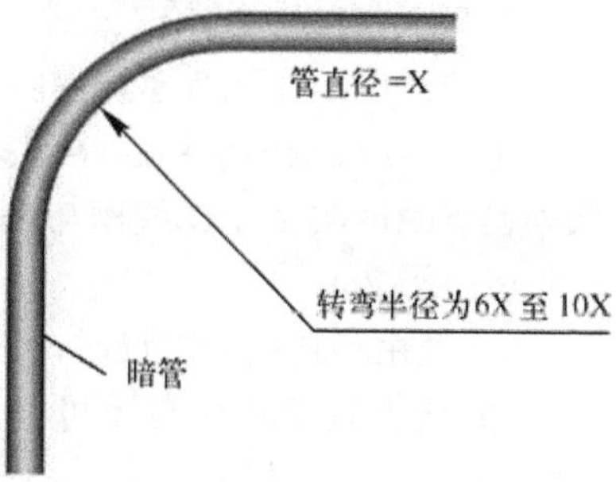

图 2.16　暗管弯曲角度要求

④ 暗管的端口应光滑，并加有绝缘套管，管口伸出地面的长度应为25～50mm。

⑤ 干线管路和支线管路的交界处、管线直径改变处应设置暗箱或暗盒。

⑥ 直径为25mm的预埋管宜穿设两条网络布线电缆。管内穿放多条电缆时，直线管路的管径利用率宜为50%～60%，弯管路的管径利用率宜为40%～50%。

（3）敷设线槽的施工要求。

① 安装在管道层或天花板内的线槽，需要金属桥架支撑，水平敷设时桥架的间隔一般为1.5～3m，垂直敷设时桥架的间隔应小于2m。

② 使用金属线槽敷设时，线槽接头处、每间隔3m处、离开线槽两端口0.5m处、转弯处，需设置支架或吊架。

③ 塑料线槽的固定点的间距一般为1m。

④ 线槽内放置线缆的数量不宜过多。全封闭的线槽截面利用率宜为25%～30%，可开启的线槽截面利用率宜为60%～80%。

2．现有建筑物敷设网络管线通道的施工

现有建筑物的布线施工，要从建筑物的实际情况出发。一般来说，垂直干线的施工可以凿通楼板，安装金属线槽。水平干线则可以使用线槽敷设在管道层、楼道的天花板内，或固定在墙体上。支线一般使用塑料线槽固定在墙体上。具体施工要求如下。

（1）垂直通道的施工要求。

① 作为网络垂直干线通道，要尽量靠近楼房的中央。每层的孔位上下垂直对齐，并处于贴墙的位置。

② 通道内安装金属线槽。线槽的截面应大于要通过的电缆外径之和的20%。此外，还应保留一定的空间余量，以确保今后系统扩充时不致需要安装新的管线。

③ 金属线槽要用膨胀螺栓与墙体固定，每隔2m设置一个固定点。

④ 位于主干线节点的楼层，需要有接线架。接线架如处于室外，要加盖配线间。

（2）埋设地下暗管的施工要求。

暗管宜采用金属管，一般用于建筑物之间的地下埋设。

① 管径应是要通过的电缆的外径之和的2～3倍。直线布管每隔40～50m处应设置暗井，以便于穿线安装的施工和日后的维护。

② 暗管的转弯角度应大于90°，且转弯处设置较大的暗井，以保证网线有合理的转弯曲率半径。

③ 暗管端口应光滑，并加有绝缘套管，管口伸出地面的长度应为20～50mm。

（3）敷设线槽的施工要求。

安装线槽是在现有建筑物中布线的主要方法。

① 干线线槽要使用膨胀螺栓与墙体固定，水平敷设时，应尽量靠近建筑物的顶部。最低处也需距地面2米。线槽与墙体的固定点，间隔一般为1.5～3m。垂直敷设时，固定点的间隔应小于2m。

② 使用塑料线槽敷设时，固定点的间距一般为1m。

③ 线槽宜使用全封闭可开启的线槽。布线时截面利用率也不宜过高，一般应掌握在60%～80%。

④ 为保证网线线缆的转弯半径，在线槽分线或转弯部位应使用专用的接插辅件，以避

免线缆受损，并保证线路弯转自如。

⑤ 室内支线的线槽可以使用窄塑料槽，用水泥钉与墙体固定。槽内安放一到两条网线。

⑥ 机房布线敷设的线槽，在客户机密集的区域，可以使用带栅空的线槽，以便于灵活地从干线中分出连接每台机器的支线。

3. 敷线施工的过程和要求

上述网络管线通道的敷设安装，为网线的敷设做好了准备。接下来，线槽中敷线也要按部就班地进行，要符合敷设的要求。

（1）敷线的一般原则。

① 线缆布放前应核对规格、程式、路由和位置是否与设计规定相符合。

② 按主干线、干线、支线的先后顺序进行敷设。

③ 布放的线缆应平直，不产生扭绞、打圈等现象，不应受到外力挤压和损伤。

④ 每条网线的两端要做好标记，以便对号入座。

⑤ 信号电缆、电源线、双绞线缆、光缆及建筑物内其他弱电线应分离布放。

⑥ 布放线缆应有冗余。在二级交换间、设备间，双绞线预留长度一般为 3～6m，工作区为 0.3～0.6m，有特殊要求的应按设计要求预留。

⑦ 布放线缆，在牵引过程中吊挂线缆的支点间隔不应大于 1.5m。

敷线的具体步骤是：先敷设主干线，每个节点装好接头后立即进行接通测试，有条件的要测试每个节点信号衰减的情况；敷设干线前，将每根网线的两端做好标记，分组进行捆扎，从干线端点逐步敷向每条支线；敷设完成后将每条网线的两端接上接头，进行接通测试。由于管线通道的不同、每段管线通道放置网线的数量不同，实际安装过程中还会有一些具体的注意事项。

（2）暗管穿线。

暗管大多敷设在墙体内或地下。管径的粗细、管线转弯的多少、预留暗箱暗盒及暗井的多少等，都会直接影响穿线的质量和速度。暗管敷设完成时，应将每根管子的两端封闭，保证管内的清洁，以免杂物掉进管腔。

穿线时应将成束的网线端头对齐，捆紧，加上牵引端头。牵引端头和牵引线连接，通过牵引线的拉力，将网线穿过暗管。牵引线应使用粗细适当的钢索或铁丝，牵引时应使用暗管中间的每个暗盒孔、暗井，使人对网线束直向施力，逐个通过每个暗盒孔、暗井，到达终端口。经过每个暗盒孔、暗井时，要检查牵引端头是否仍旧牢固地抓紧网线的端头，避免在管内脱落。对于单根网线，如果管径较细，距离较长或管子有转弯，也应牵引通过。

对于超过 4m 的竖直管路，网线穿完后，应在上端口将网线全束捆扎，并牢牢固定，避免网线在管路端口承重，划伤网线外皮。

网线从暗管终点穿出后，要留出 300mm 的长度，用以接装端口面板的施工。

（3）线槽敷线。

线槽敷线相对比较简单，只要将分组的网线均匀地摆放在线槽内即可，但也需注意将先进入支线的网线摆放在靠近出口的一侧。网线敷至支线出口，按事先在网线端头做好的标记送入相应的支线线槽。

使用金属线槽进行综合布线时，不同种类的线缆应同槽分室（用金属隔开）布放。金属线槽的接地应符合设计要求。

水平敷设的网线，根据线束的大小，每隔 1.5～3m 应进行捆扎并与墙体固定，用以减轻线槽底部的承重。垂直敷设的网线，每隔 2m 进行捆扎并与墙体固定，用以减轻上部线槽拐角的承重。线槽敷线完成后，不要马上封盖，待测试完成，确认无须返工后再封盖。

终点出口的网线同样要留出 300mm 的长度，用以接装端口面板施工。

（4）地板敷线和其他。

采用活动地板敷线时，活动地板内净空不小于 150mm，活动地板内如果作为通风系统的风道使用，则地板内净高不应小于 300mm。

在工作区的客户机位置和线缆敷设方式未定的情况下敷设临时网线，或在工作区采用地毯下布放线缆时，在工作区内应该设置交接箱，每个交接箱的服务面积应掌握在 $80m^2$ 以下。

2.4.2 网线接头的安装

局域网的所有节点都使用接插件连接，因此所有网线的端点都要安装接头，不同介质的网线接头不同，安装的具体方法也有较大区别。

1. 五类 UTP 的 RJ-45 接头安装

RJ-45 接头安装在双绞线的端头，用于与网卡、交换机、墙上 RJ-45 插孔等设备的连接，RJ-45 接头必须使用剥线钳、测试器、压线钳等专用工具进行安装（见图 2.17、图 2.18 和图 2.19）。

图 2.17　RJ-45 剥线钳

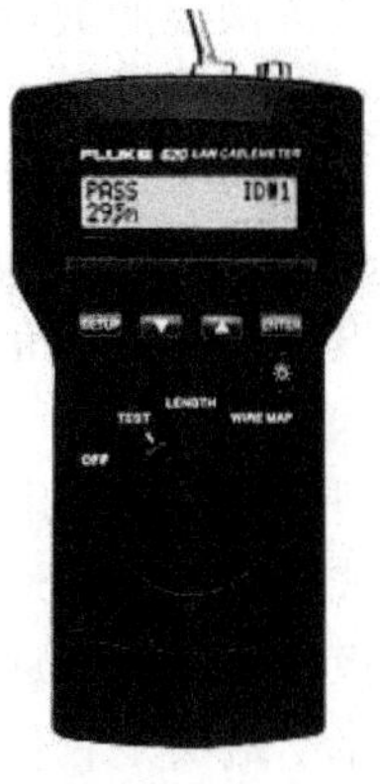

图 2.18　RJ-45 测试器

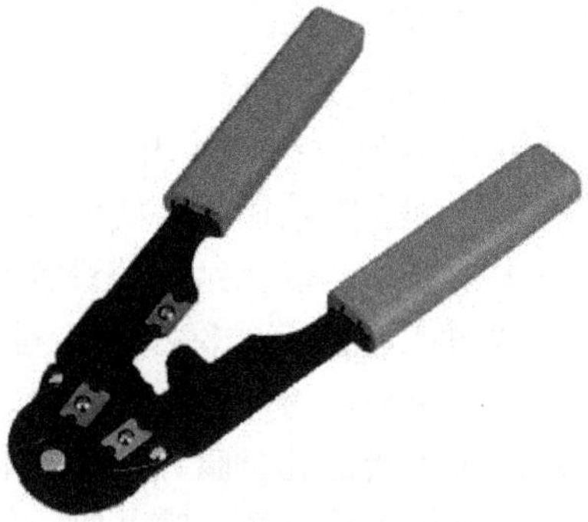

图 2.19　RJ-45 压线钳

制作双绞线时，其排线线序要按国际标准进行，线序标准有 T568A 和 T568B 两种（见图 2.4）。目前，网线的制作主要采用 EIA/TIA568B 标准。

直通线的制作步骤如下。

（1）将双绞线从头部开始用压线钳将外部套层剥掉 20mm 左右，并将 8 根芯线理直；

（2）按照 EIA/TIA-568B 标准将双绞线中的线色按顺序并列排列，不要有差错；

（3）将五类非屏蔽双绞线的两端剪齐，并且使裸露部分保持在 12mm 左右；

（4）将剪齐、并列排列的 8 条芯线对准水晶头开口后并排插入水晶头中，注意一定要使各条芯线都插到水晶头的底部（塑料扣的一面朝下，开口朝右）；

（5）将插入网线的水晶头直接放入网线钳压线缺口中，压下网线钳手柄，使水晶头的插针都能插入网线芯线之中，并与之接触良好；

（6）注意在双绞线压接处不能拧、撕，防止有断线的伤痕；使用 RJ-45 压线钳连接时，要压实，不能有松动；

（7）将做好的双绞线两端的 RJ-45 头分别插入网线测试仪的两端，打开测试仪电源开关，检测制作是否正确。

直通线的具体制作步骤如图 2.20 所示。

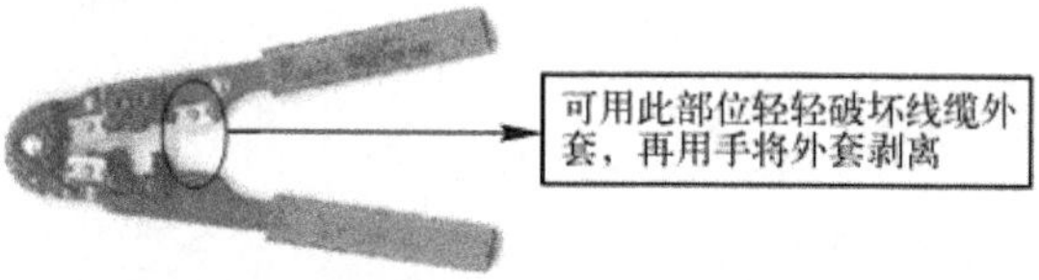

（a）剥线缆外套工具——压线钳

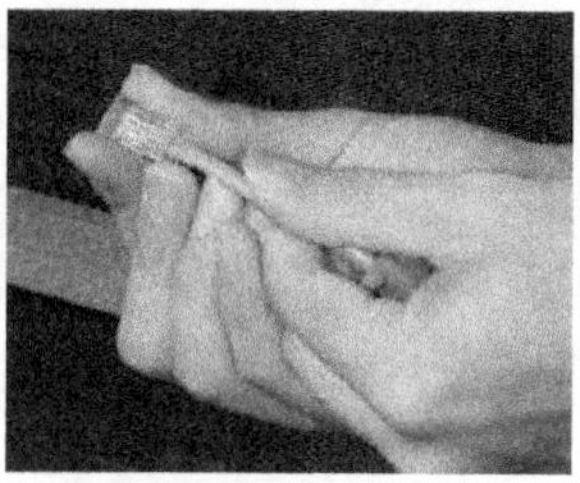

（b）将双绞线头送入水晶头

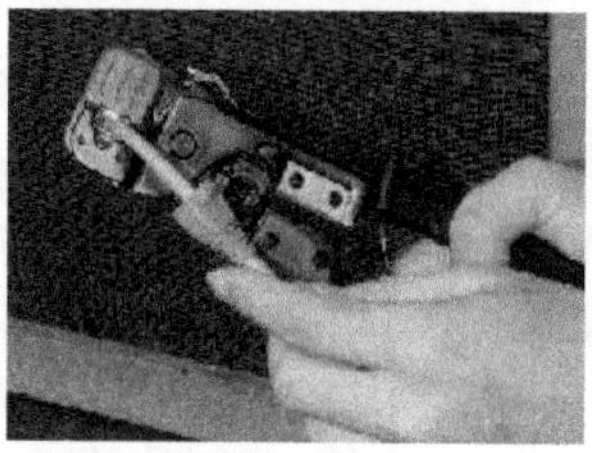

（c）压线

图 2.20　直通线制作步骤

图 2.21 所示为安装好的 RJ-45 接头。需要注意的是，将线插入插头前，必须按规定的顺序排列。图 2.22 所示为 UTP 线对连接示意图。

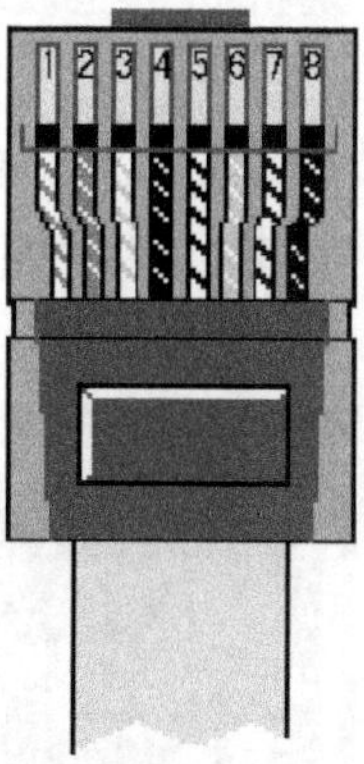

图 2.21　安装好的 RJ-45 接头

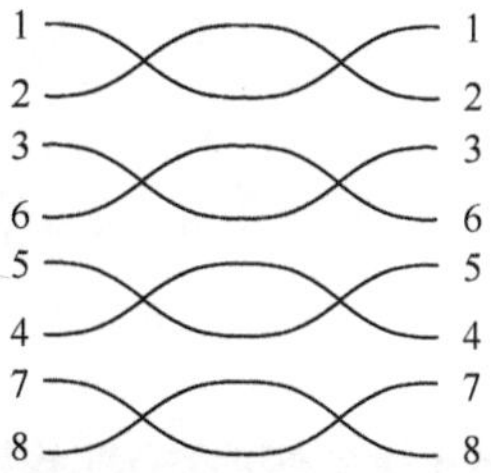

图 2.22　UTP 线对连接示意图

2. 五类 UTP 的信息模块安装

RJ-45 信息面板和模块如图 2.23 和图 2.24 所示。

图 2.23　RJ-45 信息面板

图 2.24　RJ-45 信息模块

安装的过程如下。

（1）把双绞线从布线底盒中拉出，剪至合适的长度，用剥线钳将外皮剥除 15～20mm。

（2）分开网线中的 4 对线对，但线对之间不要拆开，按照信息模块上所指示的线序，稍稍用力将导线一一置入相应的线槽内。

（3）使用打线钳，将插入的线夹紧。

（4）使用测试仪测试。

（5）将模块、面板安装好，固定在接口暗盒上。

图 2.25 所示为 RJ-45 信息模块的打线工具。

RJ-45 信息模块 8 根线的排列方式和 RJ-45 接头一样，也是在同一局域网中，必须使用同一种标准进行安装。

3. 交换机的安装

交换机位于配线间，应安装在专用的机柜内。几个交换机固定在玻璃柜内时，上下要拉开一定距离，以便于和双绞线连接。

双绞线与交换机连接时，要按双绞线事先做好的标记分组，每组线从玻璃柜的后面送入，从每个交换机的下面穿过。然后对照每条线缆的标记，插接在交换机对应的接口上，如图 2.26 所示。

图 2.25　RJ-45 信息模块的打线工具

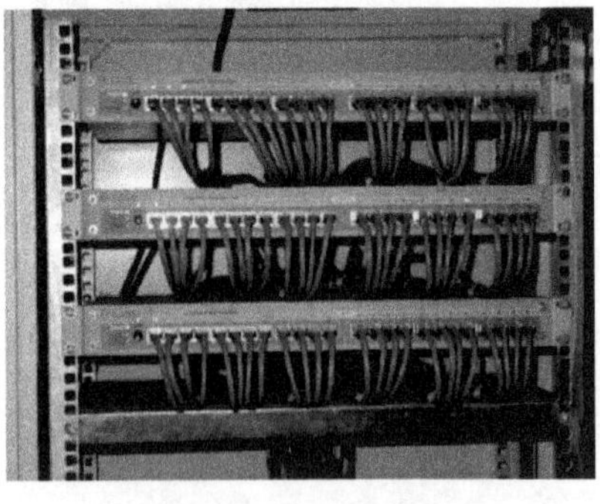

图 2.26　交换机的安装图

2.5　网线测试与连通

敷设完网线并将所有线的终端安装好接头后，布线的具体工作就基本完成了。为了保证局域网的接通，需要对已经布好的网线进行全面的测试，而且应当遵循“随装随测”的原则，对问题做到及时发现、及时解决。

2.5.1　EIA/TIA-568 TSB-67 规范

EIA/TIA-568 TSB-67 规范为现场测试五类 UTP 的技术标准。它定义的测试结构可分为“基本链路”和“通道”两种。基本链路指固定线缆安装部分，不含两端设备跳线；通道指从网络设备跳线到工作区跳线之间 UTP 的整个端到端的连接。

TSB-67 测试的主要内容包括以下几个内容。

1. 布线连接图

这一测试用于验证 UTP 线对连接是否正确，保证 4 对导线端到端的连通性。布线连接图测试的故障主要有开路、短路、反接、串接、串扰等。图 2.27 所示为 UTP 线对错误连接示意图。

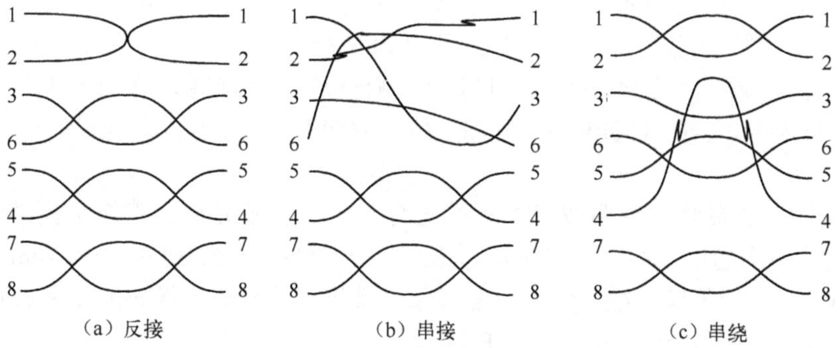

图 2.27　UTP 线对错误连接示意图

2. 线缆长度

基本链路的物理长度不超过 94m（包括 4m 测试仪跳线）。通道线缆的物理长度不超过 100m（包括设备跳线）。

线缆在任何情况下都不能受力，其转弯时的转弯半径要大于双绞线直径的 4 倍。

3. 衰减

衰减测量主要测试 UTP 信号幅度减弱的程度，通常线缆越长、频率越高，则衰减越大。当采用通道线缆测试衰减时，TSB-67 允许的最大衰减值如表 2.1 所示。

表 2.1　TSB-67 通道线缆衰减值（20℃，UTP 长度为 90m）

测试频率	1	4	8	10	16	20	25	31.25	62.5	100
最大衰减值	2.5	4.5	6.3	7.0	9.2	10.3	11.4	12.8	18.5	24.0

4．近端串扰

近端串扰表示 UTP 链路内一对电缆与另一对电缆之间信号的耦合程度。近端串扰用近端串音衰减值（NEXT 值）来进行测量，NEXT 越大越好。TSB-67 的通道线缆 NEXT 值如表 2.2 所示。

表 2.2　TSB-67 通道线缆 NEXT 值

测试频率	1	4	8	10	16	20	25	31.25	62.5	100
NEXT（dB）	60.0	50.6	45.6	44.0	40.6	39.0	37.4	35.7	30.6	27.1

2.5.2　测试方案与文档

测试方案分为全部测试和抽样测试两种。在局域网规模较大的情况下，可以使用抽样测试法。进行抽样测试时，抽样比例不能低于 10%，同时，被测抽样信息点的线对数量应不少于 100 点（对）。如果不足 100 点（对），则进行全部测试。光缆布线必须全部测试。

当采用基本链路或通道形式对水平布线进行测试时，测试仪表应分别满足相应的基本链路和通道二级精度测试仪表的要求，测试原理符合标准要求。测试衰减时，在 1～100MHz 范围内，频率步长不应大于 1MHz。测试近端串扰时，在 1～31.25MHz 范围内，频率步长不应大于 150kHz；在 31.25～100MHz 范围内，频率步长不应大于 250kHz。

光缆布线的光衰减测试也要按相关标准进行。对于多模光纤，建筑群配线架至楼层配线架的光缆长度不应超过 2000m，850nm 波长时最大衰减为 3.5dB/km，1300nm 波长时最大衰减为 1dB/km；对于单模光缆，建筑群配线架至楼层配线架的光缆长度不应超过 3000m，1310nm 和 1550nm 波长时最大衰减为 1dB/km。

测试完成后要编制测试报告。测试报告中需要有测试的时间、地点，操作人员姓名，使用的标准，测试的结果。测试结果应将所有信息点、线缆等分别叙述清楚。

测试记录表的主要内容如表 2.3 和表 2.4 所示。

表 2.3　UTP 基本指标测试记录表

通路编号	开路	短路	串接	反接	电缆长度	频率	NEXT 值	衰减

表 2.4　光缆衰减测试记录表

通路编号	ST 数量	接头数量	波　长	正向衰减 La	反向衰减 Lb	平均衰减　(La+Lb) /2

2.5.3　网络的连通

网络的接通是局域网组建完成的标志。所谓接通就是让局域网中所有的用户都能正常登录到网上，并能与其他用户进行通信。如果事先进行了充分的准备，网络的接通也就是局域网的开通启用。网络工作时会遇到很多问题，例如某个信息点不通，甚至某个信息口不通，这有可能是布线的问题，也有可能是连接设备的问题，还有可能是工作区中计算机的问题。要保证整个局域网的顺利接通，需要做充分的准备工作，循序渐进，按照步骤进行。

故障原因基本可以分为两大部分，一是网络的问题，二就是客户机的问题。因此首先要分清故障是发生在网络上还是在客户机上。确定的办法很多，下面介绍两个简便易行的方法。将一台在别的信息点已经接通的客户机搬来，注意将它连接信息点的双绞线一起带过来。连接到刚才未能接通的信息点上。如果能顺利接通，说明网络没有问题，反之则可以基本确定故障发生在网络上。或是将这台不能接通的客户机搬到已经确认接通的信息点，使用对方的双绞线电缆，进行接通试验，如果同样接不通，则是客户机的问题，接通了则是网络上的故障。另一个方法是，在客户机开机的状态下查看本信息点网线的另一端，它接在配线间的集线器上，如果对应插口的指示灯亮了，可以判断网路基本上没有问题，反之故障就在这段网路上。

2.6　小型办公局域网设计实例分析

随着网络建设的普及，小型企业的网络化建设得到了飞速发展。为了提高企业效率，节省时间和金钱，大部分小型企业的办公室都实现了网络化，下面就以建立一个小型的办公局域网为例，实现局域网设计与规划的具体步骤。

任务：设计与规划小型办公局域网。

任务背景：某公司在商业写字楼办公，属中型商务贸易型企业。公司现有员工 50 人，办公集中于单独的一层。整个公司包括行政部、市场部、技术部三大业务部门，各部门在开放的大开间办公区域内分布。该区域采用隔断式办公家具组成工位，满足各方面业务人员的办公空间要求，各业务人员按所属部门集中分布。公司除大开间办公区域之外，另有总经理办公室 1 间、财务室 1 间、中心机房 1 间和会议室 1 间。在大开间区域，每一个固定工位已经布设好电源插座 1 个、电话插座 1 个，能满足基本的办公事务需求。在独立的办公室，每个办公室已经布置好电源插座 4 个、电话插座 2 个。该公司目前尚未进行网络系统的建设，需要单独设计布线系统并进行相应施工。公司内部各个区间均采用吊顶装修方式，在吊顶上方，主要通道区域已经架设弱电桥架系统，可以用于综合布线系统的建设。公司所处写字楼有完善的物业服务系统，各种电力设施、设备已经布设到位，强、弱电接地设施也已经具备，在进行本网络系统建设时可以直接使用。

2.6.1 确定用户需求

该公司属于集中式办公区域，整体结构简单，由于只有 50 名员工，规模不大，对于网络系统的构建也较为简单，属于小型的局域网系统。

1．用户的基本需求

公司建设小型办公网络系统主要为了实现以下功能。

（1）实现企业各种信息资料的有效管理与共享。

（2）实现企业内部文书、科技、人事、财务档案的有效管理。

（3）同一部门可以进行互访，不同部门之间保证业务进行隔离，并要求网络有高可用性。

（4）企业生产状况、项目进展、行政管理事物的任务安排。

2．环境分析

（1）该公司目前尚未进行网络系统的建设，需要单独设计布线系统并进行相应施工。

（2）公司内部各个区间均采用吊顶装修方式，在吊顶上方，主要通道区域已经架设弱电桥架系统，可以用于综合布线系统的建设。

（3）公司所处写字楼有完善的物业服务系统，各种电力设施、设备已经布设到位，强、弱电接地设施也已经具备，在进行本网络系统建设时可以直接使用。

3．网络规划建设时应遵循的原则

根据用户的网络应用需求分析，该公司在网络规划建设时应遵循如下几个原则。

（1）满足目前并能适应未来 5 年内的发展需求。

（2）有清晰、合理的层次结构，便于维护。

（3）采用先进、成熟的技术，降低系统风险。

（4）网络信息流量合理，不产生瓶颈。

（5）满足当前主流网络设计的原则，能够与其他网络互联。

（6）有较好的扩展性，便于将来升级。

4．网络建设应具体达到的要求和目标

（1）实现公司内部 100Mbps 到桌面的网络数据传输。

（2）为了实现同一部门间的互访，使用 VLAN（虚拟局域网）技术。

（3）采用 TCP/IP 协议对网络进行规划。

（4）考虑到方便移动 PC 工作的需要，在会议室采用无线局域网覆盖区域。

（5）实现 Internet 网络资源的应用。

2.6.2　确定网络规划方案

公司内部规模不大，但也分成多个部门，每个部门独立形成一个子网，同时为了便于网络后期扩展，内部网络系统的结构拓扑采用二层星型拓扑结构构建小型局域网。网络系统的拓扑采用接入级交换机加核心级交换机的组合模式。

核心交换机组成网络系统的主干，在各部门之间进行有效的数据转发，保证网络的总体性能。

考虑到经济性，并结合将来网络的扩展需求，由于经理办公室、行政部和财务部用户数量较少，可将三个部门的计算机连接到同一个可管理的部门级交换机，具体的网络拓扑图如图 2.28 所示，通过 VLAN 技术将三个部门划分成三个虚拟子网，具体实现将在第 6 章介绍。市场部和技术部分别配置一台可管理部门级交换机。

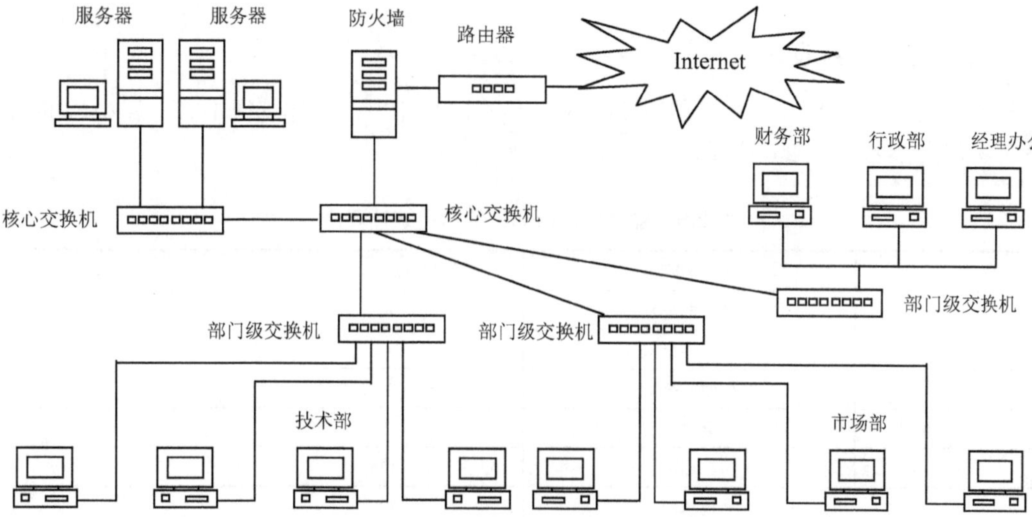

图 2.28　网络拓扑图

根据公司的用户数，本公司的 IP 规划主要以 C 类私有 IP 地址 192.168.X.0 对内部节点进行 IP 地址分配，具体如表 2.5 所示。

表 2.5　IP 地址规划表

序　号	部　门	用　户　数	IP 网段	子 网 掩 码
1	经理办公室	4	192.168.10	255.255.255.0
2	财务办公室	4	192.168.1	255.255.255.0
3	行政办公室	8	192.168.2	255.255.255.0
4	市场部	15	192.168.3	255.255.255.0
5	技术部	22	192.168.4	255.255.255.0
6	会议室	2	192.168.5	255.255.255.0

2.6.3 设备选择

该办公局域网规模不大，且办公环境集中在同一楼层，在楼层的平面布线中，传输媒介选用超五类非屏蔽双绞线。

核心交换机选用具备路由转发能力的三层交换机，为满足将来的发展及当前的内部音频、视频应用需求，要求该核心交换机具备较高的性能；接入层交换机直接连接终端设备，采用具有可管理的部门级交换机。

2.6.4 布线设计

整个公司在同一楼层办公，布线设计主要涉及工作区子系统、水平干线子系统和设备间子系统。

1. 工作区子系统设计

整个公司员工 50 人，同时预留 20 人左右的扩充能力，整体规模不大，属小型的局域网系统，信息点数如表 2.6 所示。

表 2.6 整个公司内部的信息点统计表格

序　号	地点/部门	信 息 点 数	备　注
1	经理办公室	4	
2	财务办公室	4	
5	行政办公室	8	
7	会议室	2	
13	市场部	15	
14	技术部	22	
16	预留扩充	20	
	合计	75	现有员工 50 人

2. 水平干线子系统

对于大开间办公区域，网络线路应从隔断内部走线，最后形成每一个工位 1 个信息点的布局。对于各办公室，线路应从墙内预埋的暗管中走线，最后形成每个房间多个信息点的布局。

3. 设备间子系统

公司内部已经安排机房 1 间，本次系统建设的所有设备均布置在该房间内，上述所有综合布线系统线路均汇集到该房间。

机房内部需要机柜 2 个，其一为网络设备柜，其二为服务器设备柜。

机房内需要 UPS 电源 1 台，电池组 1 套，经与写字楼物业沟通了解，机房内承重能力满足电池组布设需求。

机房内部已有防静电地板，无须再进行布设。

4．网络布线施工图

该小型办公局域网布线施工图如图 2.29 所示。

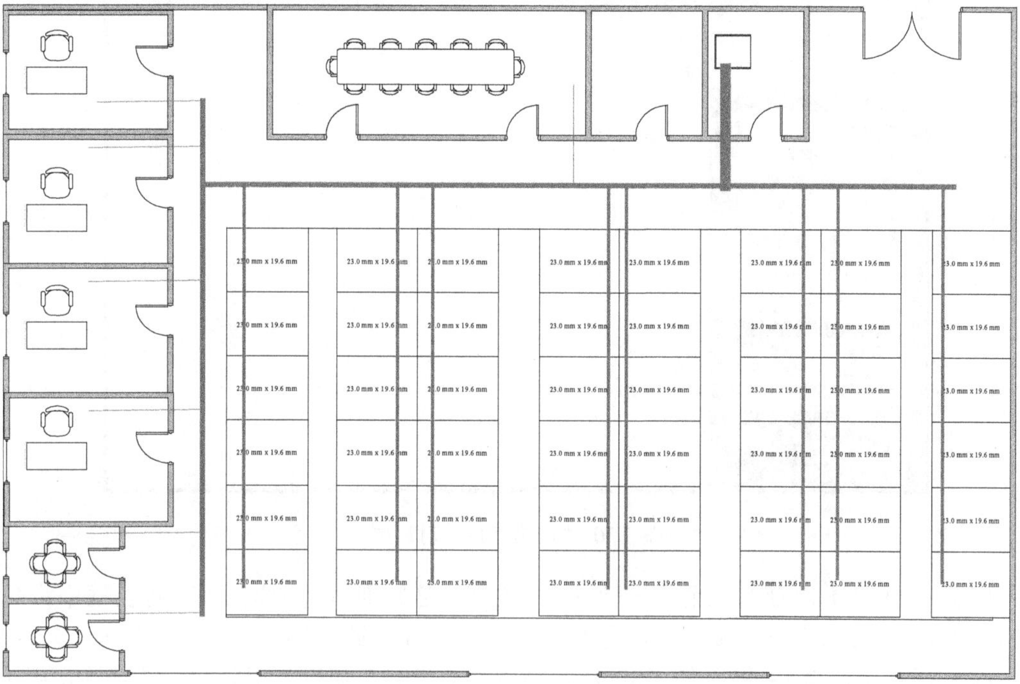

图 2.29　小型办公局域网布线施工图

2.6.5　局域网的连接与测试

局域网设计与施工完成，并进行简单的网络连接与设置之后，即可以实现信息共享了。

1．网卡驱动程序的安装

常见网卡安装后，系统即会自动启动安装驱动程序。如果系统没有内置网卡驱动，则要按照厂家提供的驱动程序或选择一个兼容该型号网卡的驱动程序。

2．网络配置

在 Windows XP 及以上的操作系统都会自动安装 TCP/IP 协议，应对 TCP/IP 的属性进行配置。具体配置方法如下。

（1）用鼠标右击“网上邻居”图标，在弹出的快捷菜单中选择“属性”菜单命令。

（2）打开如图 2.30 所示的“网络连接”窗口，用鼠标右击“本地连接”图标，在弹出的快捷菜单中选择“属性”菜单命令。

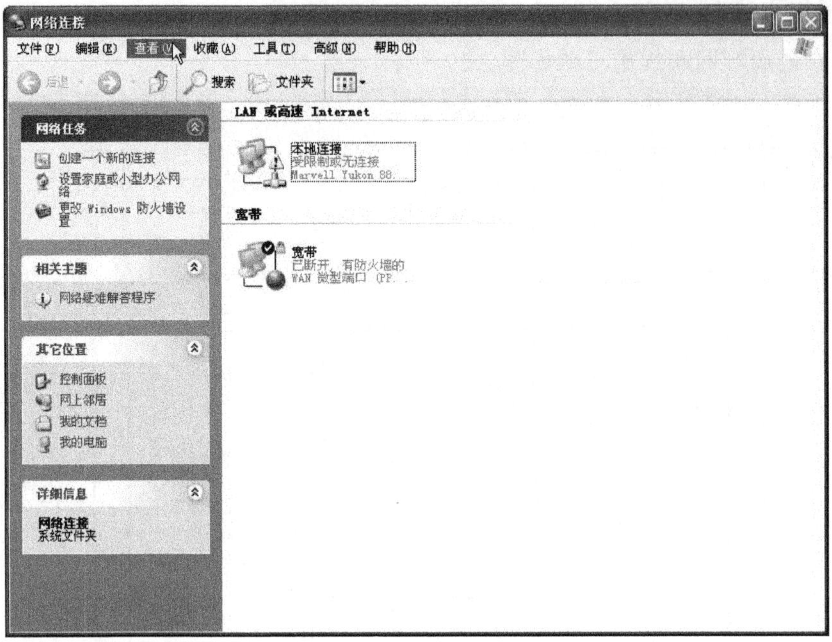

图 2.30 “网络连接”对话框

（3）打开“本地连接属性”对话框。在“此连接使用下列项目”列表框中，选择“Internet 协议（TCP/IP）”选项，如图 2.31 所示，单击“属性”按钮。

（4）打开如图 2.32 所示的“Internet 协议（TCP/IP）属性”对话框，选择“使用下面的 IP 地址”单选按钮，分别在“IP 地址”、“子网掩码”及“默认网关”的文本框中输入 IP 地址、子网掩码及默认网关。

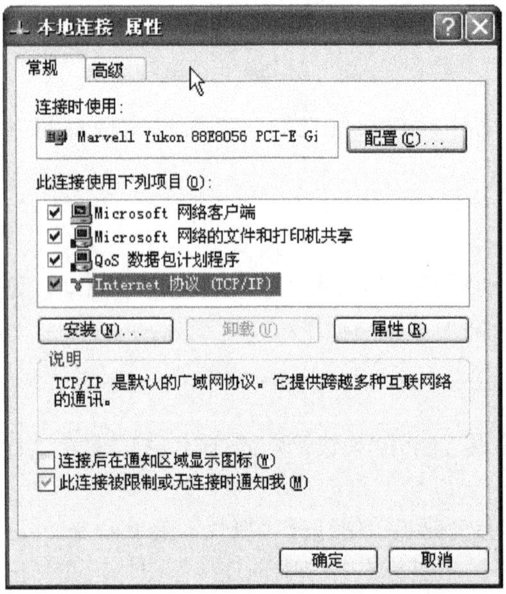

图 2.31 “Internet 协议（TCP/IP）”选项

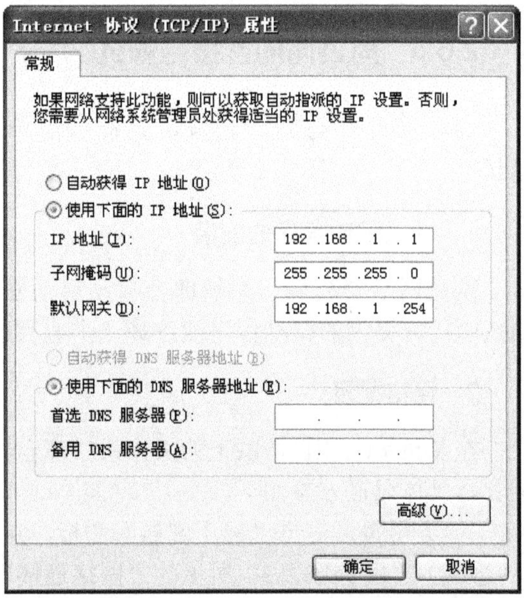

图 2.32 “Internet 协议（TCP/IP）属性”对话框

正常情况下，在客户机完成以上的设置后，重新启动计算机，屏幕上会显示登录的信息框，要求用户输入用户名和口令。如果登录成功，在“网上邻居”下“整个网络”的界面中，可以看到自己的计算机名和其他登录到网上的计算机名。这时如果局域网的系统管理员已经完成了共享资源和用户权限的设置，用户就可以访问服务器上有关的信息了。如果接通的工作没能成功，就需要分析原因，查找故障，对症下药地解决问题。

3．网络连通性测试

TCP/IP 配置完成后，即可利用 ping 命令来测试网络连通性。

命令格式：ping　IP 地址

例如：ping 192.168.1.1

若网络连接正常，则会出现如图 2.33 所示的结果，如果网络不通，则会出现如图 2.34 所示结果。

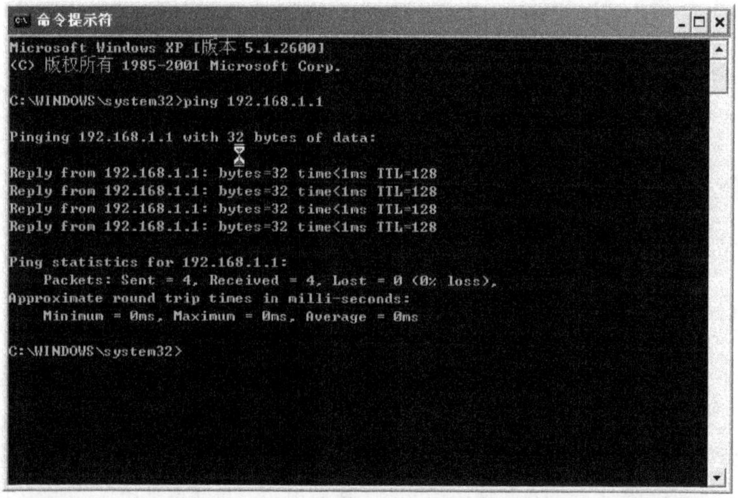

图 2.33　网络能够 ping 通测试结果显示

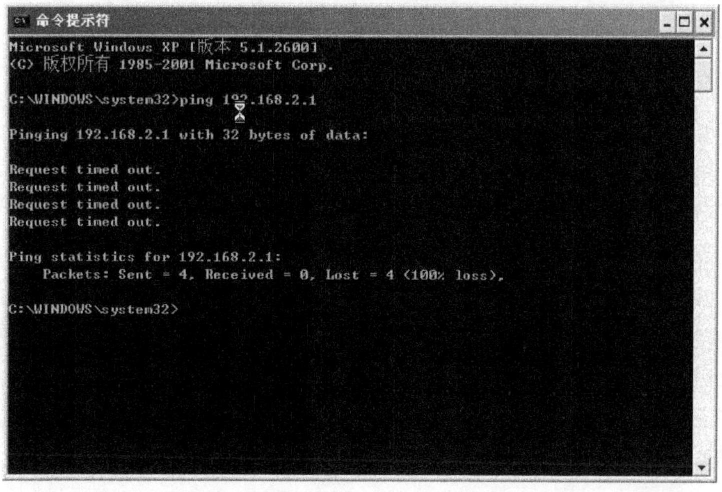

图 2.34　网络不能 ping 通测试结果显示

Ping 命令的原理是向目的地发送 4 次数据包，如果收到对方反馈回的信息就代表网络连接正常。如果在指定的时间内没有收到，则视为超时，在某些情况下就代表网络不通。

2.7 本章小结

本章着重介绍了局域网规划与设计的方法、内容和具体步骤，同时介绍了局域网布线的原则、方法和步骤等。在局域网规划和设计中，通过小型局域网组建，重点介绍局域网设计中的拓扑结构及网络产品的选择和使用，介绍了局域网组网中的实际操作环节与具体方法。在局域网布线中，着重介绍了综合布线系统中六个子系统的设计要点及设计步骤；重点介绍了线管、线槽的铺设在施工中的注意事项，RJ-45 接头与模块的制作方法，交换机安装和连接的方法；介绍了布线测试的项目和指标及网络连通测试方法和简单的故障排除方法等。最后通过一个具体的小型办公局域网的设计实例分析，再现了局域网规划与组建的具体实现过程。

习题 2

一、填空题

1．常用的 RJ-45 插头又称为_____，它有______个金属接触片，用于与双绞线芯线接触。在制作网线时，要把它的_____面朝下，插线开口端向_____，其 T568B 的排列顺序是________________________。

2．直通线就是__________，而交叉线是___________________。

3．交换机与集线器的最大差别在数据传输上，主要表现在：集线器采用_____方式进行数据传输，而交换机采用“交换”方式进行数据传输；集线器数据包的传输方式是广播方式，而交换机是采用______方式进行数据传送。

二、选择题

1．将双绞线制作成交叉线，该双绞线连接的两个设备可为（　　）。

A．网卡与网卡　　B．网卡与交换机　　C．网卡与集线器　　D．交换机与交换机级联

2．将双绞线制作成直通线，该双绞线连接的两个设备可为（　　）。

A．网卡与网卡　　B．网卡与交换机　　C．网卡与集线器　　D．交换机与交换机级联

3．交换机工作在 OSI 七层模型的第（　　）。

A．一层　　B． 二层　　C．三层　　D．四层

4．下列关于交换机的说法不正确的是（　　）。

A．用户带宽共享，带宽受限　　B．交换机具有 MAC 地址学习能力

C．双工传输，网络通信效率高　　D．能满足大型网络通信需求

三、简答题

1．可行性分析、规划和设计三个阶段文档中都有所需设备和投资数额的内容，它们的区别是什么？

2．简要说明局域网规划的内容。

3．网络层次化拓扑分为哪三层？

4．什么是综合布线系统？综合布线系统由哪 6 个子系统构成？

5．请你为机房设计一个小型局域网。要求有网络需求分析、拓扑结构图、布线设计图、设备材料明细表和相应的预算清单。

四、实操题

某新成立的咨询公司，位于写字楼一层三个写字间。三个写字间分配如下：总经理、销售部和客服部。为了满足日常工作需要，设计一个小型办公网，要求如下。

（1）进行需求分析，并绘制网络拓扑图。

（2）进行 IP 地址分配和设备选择。

（3）进行局域网布线设计并画出布线图。

第 3 章 网络操作系统的安装与配置

局域网的硬件系统搭建及网络设备连接完成之后，需要安装和配置一系列的软件系统，才能实现局域网的组织与管理，确保局域网的正常运行。其中，首要任务就是网络操作系统的安装与配置。

局域网使用的网络操作系统主要有 Windows Server 系列、UNIX 系列、Linux 系列等。目前的中小型局域网，多数采用微软公司的网络操作系统 Windows Server 系列。本章将围绕 Windows Server 2003 来介绍网络操作系统的安装与配置。

3.1 网络操作系统概述

操作系统作为计算机系统的一个重要的组成部分，它是用户与计算机系统之间的接口。用户使用的各种计算机应用软件，都是通过操作系统来操作计算机硬件，完成具体工作。单机操作系统只能为本地用户使用本地资源提供相应的服务。在计算机网络环境中，用户所使用的资源不再局限于本地而是整个网络，用户既可以使用本机上的资源，又可以使用网络中其他计算机上的资源。这时需要选择网络操作系统来全面地管理整个网络中的共享资源，为网络用户提供各种基本的网络服务，这些服务包括域名解析服务、动态地址分配服务、电子邮件服务、文件传输服务、共享打印服务、流媒体服务等。

微软公司出品的 Windows Server 2003 是 Windows Server 2000 的升级，它继续保持了 Windows Server 2000 系列稳定性强、扩展性好及易于管理的优点，同时，在安全性和可靠性方面有较大的提高。Windows Server 2003 不仅可以在一个小的工作组网络中为用户提供文件和打印机共享服务，也可以在一个大中型企业的网络环境中为用户提供活动目录管理、应用程序部署、Web 站点发布与管理、电子邮件和通信等服务，采用群集技术，增强网络技术的可用性和提供服务器的容错功能。此外，Windows Server 2003 还包括了一些为大型企业级服务器设计的特性，如群集和负载均衡等，它为客户提供了一个更加可信、开发利用率更高的服务器环境。

3.2 网络服务器的安装与配置

3.2.1 Windows Server 2003 安装前的准备

1. 选择安装的版本

在安装 Windows Server 2003 之前，要根据企业局域网组建的需要选择合适的版本。

Windows Server 2003 共有四个版本。

（1）Windows Server 2003 标准版。

Windows Server 2003 标准版是针对小型企业和部门的使用而设计的。支持文件和打印机共享，提供安全的 Internet 连接，创建活动目录集中管理网络对象，能实现应用程序的统一部署。最高支持 4GB 的内存，支持 4 个处理器，但是不支持群集服务。

（2）Windows Server 2003 企业版。

Windows Server 2003 企业版是为满足大中型企业的需求而设计的。它除了具有 Windows Server 2003 标准版的功能外，还支持高性能服务器，并且可以支持群集服务，以便于负载均衡处理更大的负荷，增强网络的可靠性，即当某台服务器出现问题时，群集中其他的具有容错功能的服务器能保证业务不间断地运行。在一个系统或分区中最多支持 8 个处理器，8 节点群集，最高支持 32GB 的内存。与 Windows Server 2003 标准版相比，Windows Server 2003 企业版支持更高性能的服务器，以及将服务器群集在一起的能力。

（3）Windows Server 2003 Web 版。

Windows Server 2003 Web 版适用于中小企业构建 Web 站点。它主要使用 IIS 6.0 Internet 服务器发布 Web 应用程序和网页。它支持双处理器，最高支持 2GB 的内存，但是不支持群集服务。

（4）Windows Server 2003 数据中心版。

Windows Server 2003 数据中心版为大型企业提供海量数据处理业务平台，为数据库、企业资源规划软件、大容量实时事务处理提供解决方案。它分为 32 位版与 64 位版。32 位版支持 32 个处理器，支持 8 节点群集，最高支持 512GB 的内存。 64 位版支持 64 个处理器，支持 8 节点群集，最高也支持 512GB 的内存。

2．对硬件的要求

在安装之前，还应了解 Windows Server 2003 的各种版本对硬件的基本要求，表 3.1 列出了标准版和企业版对硬件的要求。

表 3.1　Windows Server 2003 硬件要求

硬件要求	标准版	企业版
CPU 速度	最低 133 MHz，推荐 550 MHz	基于 x86 的计算机：最低 133 MHz 基于 Itanium 的计算机：最低 733 MHz，推荐 733 MHz
RAM 大小	最小 128 MB，推荐 256 MB，最大 4 GB	最小 128 MB，推荐 256 MB 基于 x86 的计算机：最大 32 GB 基于 Itanium 的计算机：最大 64 GB
多处理器支持	1 或 2	最多 8
磁盘空间	1.5 GB	基于 x86 的计算机：1.5 GB 基于 Itanium 的计算机：2.0 GB
群集节点数	无，不支持群集	最多 8 个

3．确定文件系统的类型

Windows Server 2003 支持 FAT16、FAT32 和 NTFS 文件系统。在安装 Windows Server 2003 操作系统时可以选择其中任意一种。

请注意：如果所安装的是域控制器，则必须使用 NTFS 文件系统的分区。此外，由于 NTFS 文件系统具有提供长文件名、数据保护和恢复功能，并能通过目录和文件权限增强安全性，支持大硬盘和在多个硬盘上存储文件、磁盘配额等功能，建议在安装 Windows Server 2003 时尽量选择 NTFS 分区。

3.2.2 从光盘安装 Windows Server 2003 系统

1. Windows Server 2003 的安装方法

Windows Server 2003 的安装方法有很多种，用户需要以工作中的实际需要来选择合适的安装方法。

（1）从光盘直接安装 Windows Server 2003。

这种安装方式是常见的，在计算机上没有安装任何操作系统或者需要把原有的操作系统删除时，适合选择这种安装方法。

（2）从网络进行安装。

这种方式适合于需要在网络中安装多台 Windows Server 2003 的场合。安装程序不在本地的计算机上，需先在网络服务器上把 CD-ROM 共享，然后使用共享的资源进行安装。

（3）通过远程安装服务器（RIS）进行安装。

企业部署大量的计算机时，适合选择 RIS 进行自动安装。与从网络进行安装不同的是，它可以为我们提供操作系统的远程安装，而不用到每台机器面前去一个一个地安装，从而使网络管理员的安装工作简单化。远程安装需要一台远程安装服务器（RIS），把一台安装好 Windows Server 2003 和各种应用程序的计算机上的系统做成一个映像文件，客户机通过网卡和软盘启动进行安装。

（4）无人值守安装。

无人值守安装是事先配置一个“应答文件”，在文件里保存了安装过程中需要输入的信息，然后让安装程序从应答文件中读取所需的信息，这样管理员就无须在计算机前等待着输入各种信息了。

（5）升级安装。

如果原来的计算机已经安装了 Windows Server 2003 以前版本的 Windows Server 软件，可以在不破坏以前的各种设置和已经安装的各种应用程序的前提下对系统进行升级。

2. 从光盘直接安装 Windows Server 2003

（1）启动计算机，进入 CMOS 设置，将启动方法设置为从 CD-ROM 启动，然后将安装光盘放入光驱，重启计算机。

（2）系统从光驱启动后，屏幕将显示“Windows Server 2003 安装程序”的中文界面。

（3）按【Enter】键，开始安装 Windows Server 2003，然后出现“Windows 授权协议”界面，按【F8】键继续。

（4）接着屏幕显示磁盘的分区信息，如图 3.1 所示，如果没有分区，按照屏幕提示创建分区，如图 3.2 所示。

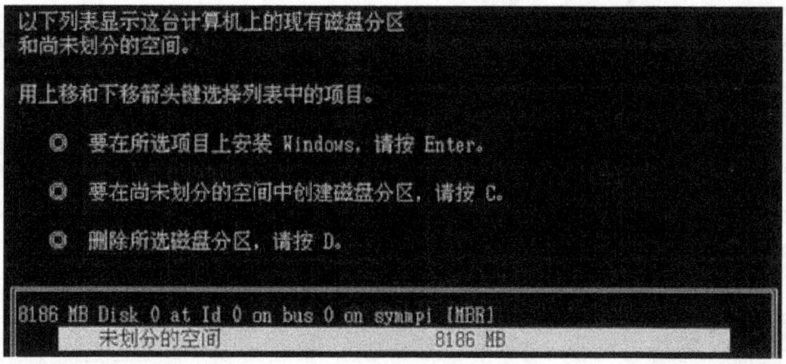

图 3.1　磁盘分区情况

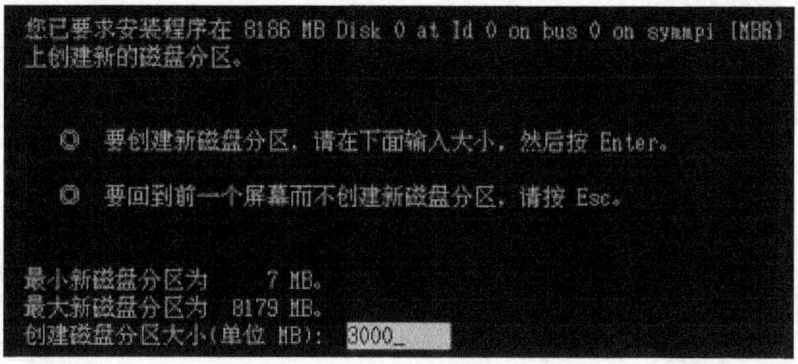

图 3.2　创建分区

（5）划分好分区后，选择安装操作系统的分区，这里选择在 C 盘安装系统，然后选择格式化该分区的方式。NTFS 是 Windows Server 2003 推荐的文件系统，只有它才支持活动目录功能及目录访问权限等安全性设置。因此，建议选择 NTFS 文件系统格式化该分区，如图 3.3 所示。

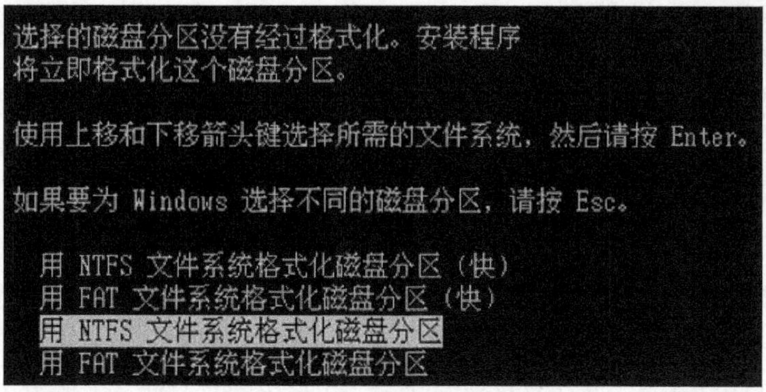

图 3.3　选择文件系统类型

（6）格式化完成后，系统开始从安装光盘复制必要的安装程序文件到 C 盘。

（7）文件完成复制后，重新启动计算机，出现图形化安装向导后继续安装。安装程序开始检测计算机硬件配置，并进行信息收集。安装过程要经过“区域和语言选项”设置，输入您的姓名及单位名称，输入产品密钥等步骤，如图 3.4 和图 3.5 所示。

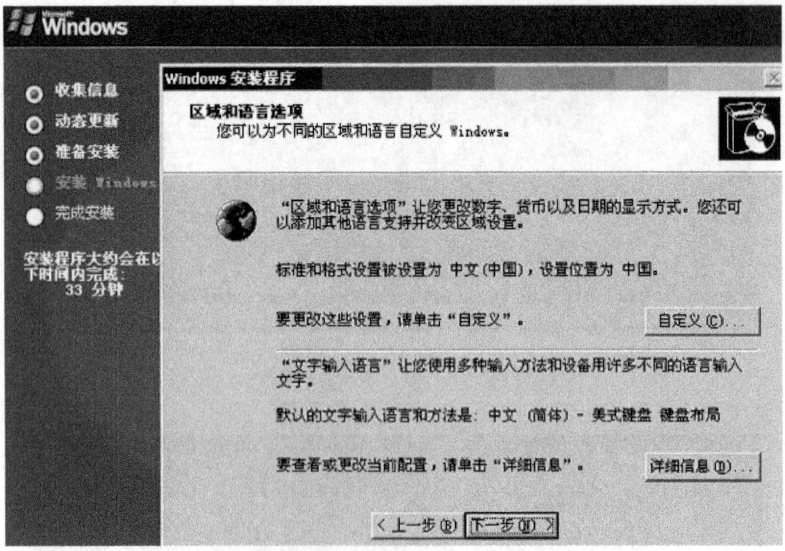

图 3.4 “区域和语言选项”界面

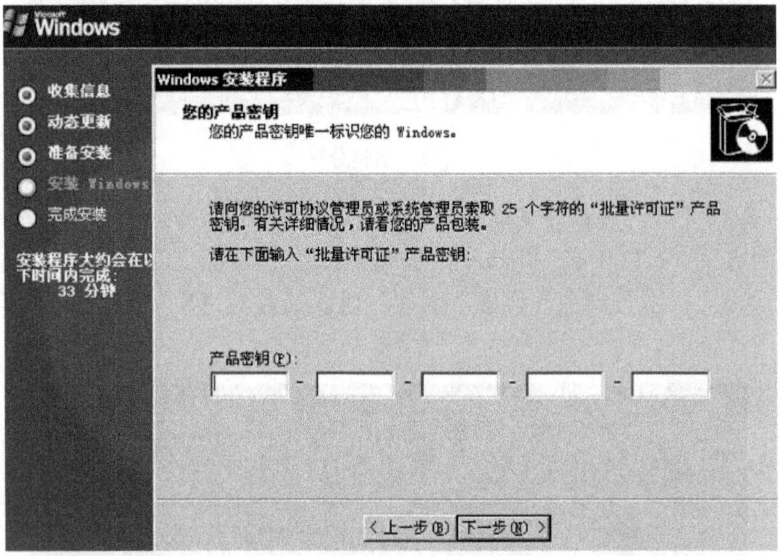

图 3.5 输入产品密钥界面

（8）系统确认产品密钥无误后，将提供下列两种授权模式供用户选择：每服务器方式和每设备或每用户方式。“每服务器方式”是指与该服务器连接的每个客户均要购买“客户端访问许可证”，而且与该服务器连接的客户数（即一个服务器可以带多少个持有访问该服务器许可协议的客户）有数量限制。“每设备或每用户方式”是指客户访问服务器时，均需要持有独立的“客户端访问许可证”，它可访问网络中的任何一台服务器，而不像每服务器方式，只允许客户访问许可协议数。一般情况下，小型网可选每服务器方式，但要求填入同时连接的客户数（默认是 5 个），如图 3.6 所示。其中，每服务器方式适用于只有一个服务器的小型 LAN；而每设备或每用户方式则用于多服务器的大型网络。

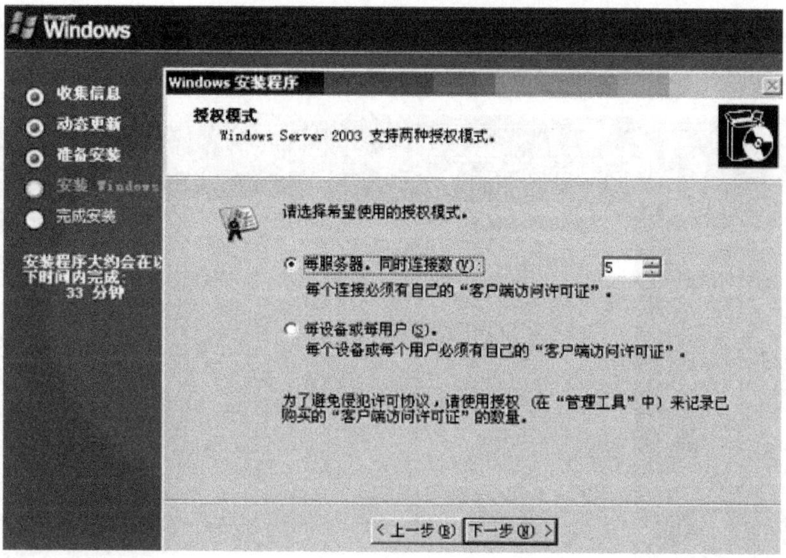

图 3.6 "授权模式"界面

（9）在随后出现的对话框中需要输入此服务器的计算机名称和系统管理员所使用的密码，如图 3.7 所示。注意，密码是区分大小写的。

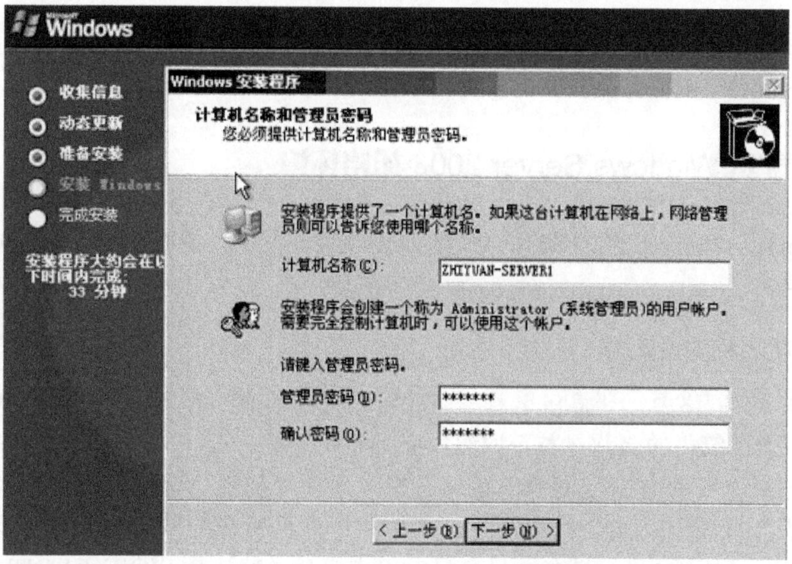

图 3.7　"计算机名称和管理员密码"界面

（10）再往下将出现网络设置对话框，如果对网络比较熟悉，可选择"自定义设置"，否则选择"典型设置"。如果选择"自定义设置"，需要了解 Windows 各个组件的功能。

（11）随后，系统要求选择此计算机是加入"域"，还是加入"工作组"，如图 3.8 所示。如果在安装时不需要加入域，应该选择加入工作组，然后在文本框中输入工作组的名称。如果选择加入到现存的域中，则必须具备域系统管理员的身份才能完成，在窗口下部的文本框中输入网络中已有的域名，系统会提示输入欲加入域的系统管理员密码，输入正确的密码后，单击"下一步"按钮，系统会自动将安装的计算机加入现存的域中。需要注意的是，要求输入的密码是现存域中系统管理员的密码，而不是刚刚设置的本地管理员的密码。

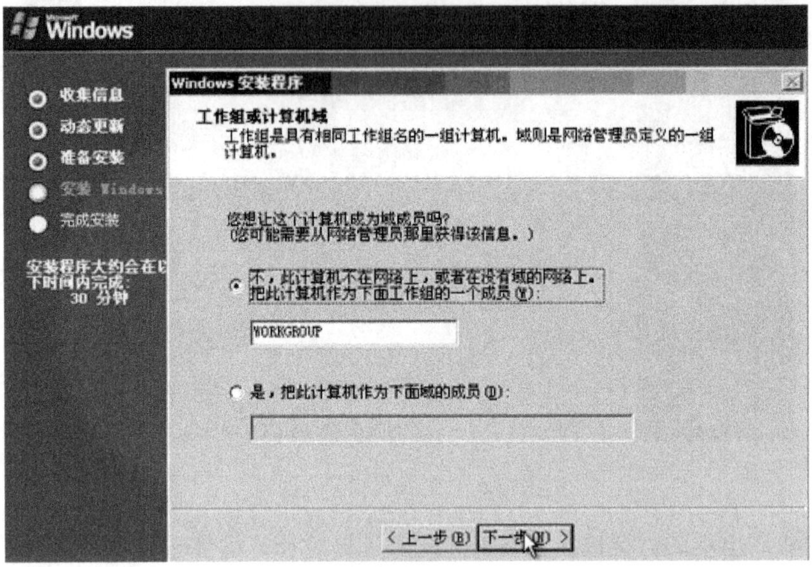

图 3.8 选择所在域界面

（12）系统安装所选择的组件后，要求重启计算机。重启后按下【Ctrl+Alt+Del】组合键，正确输入管理员密码后，登录到系统，网络操作系统的安装过程基本完成。

3.2.3 配置 Windows Server 2003 初始环境

完成 Windows Server 2003 操作系统的安装以后，接下来需要设置系统的初始环境，以方便用户使用。

1. 计算机名称的设定

在 Windows 网络中，计算机名是一个非常重要的信息。在同一网络中，为了区分不同的计算机，每个计算机的名称在整个网络中必须是唯一的。

在桌面图标“我的电脑”上单击鼠标右键，选择“属性”选项，在弹出的对话框中选择“网络标识”选项卡，就会看到计算机名称和计算机所在的域，如果尚未安装动态目录 Active Directory，则不会显示域名，只会显示工作组名（默认是 WORKGROUP）。可通过单击“更改”按钮对计算机的名称和域进行修改。

2. 管理硬件设备

通过“设备管理器”可以查看计算机上的硬件设备是否工作正常，也可以修改硬件设备配置，安装和更新驱动程序，禁用、启用或卸载设备等。

在“系统属性”对话框中的“硬件”选项卡中，可以对硬件进行管理，单击“设备管理器”按钮，可以打开“设备管理器”窗口，如图 3.9 所示。选中某项硬件设备，右击弹出快捷菜单，可以设置设备的启用、禁用、卸载、更新驱动程序等。

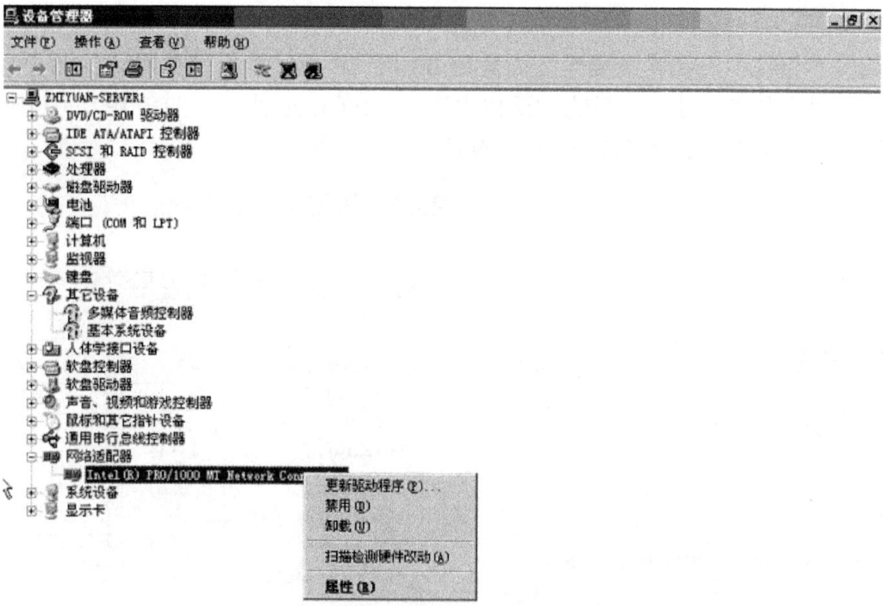

图 3.9　设备管理器界面

3. 配置网络连接

执行“桌面”→“网上邻居”→“属性”命令，打开“网络连接”窗口，在默认的情况下，该窗口包括“新建连接”和“本地连接”两个选项，前者用于创建新的拨号连接，后者代表本机所在局域网的配置情况。右键单击“本地连接”，选择“属性”选项，弹出“本地连接属性”对话框，如图 3.10 所示。

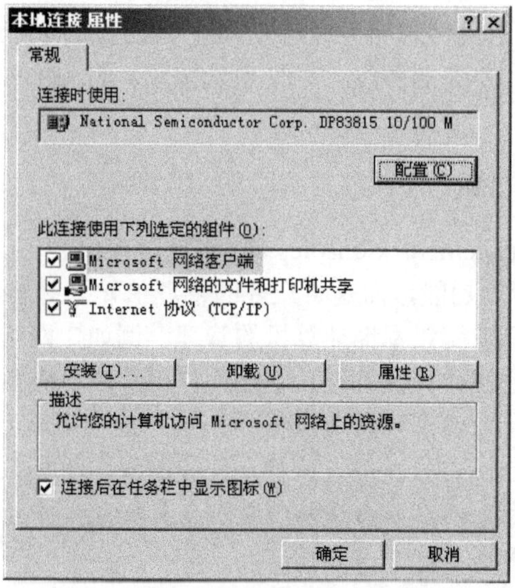

图 3.10　“本地连接属性”对话框

通信协议在网络中起着连接计算机的桥梁作用，为此，可根据实际的通信需要，在网络中随时增减有关的通信协议。如果要添加新的协议，可以在“本地连接属性”对话框中单击“安装”按钮，弹出的对话框如图 3.11 所示。

在局域网的组建中，经常需要手工配置服务器的 IP 地址、子网掩码、DNS 服务器的 IP 地址等信息，可在如图 3.10 所示的对话框中选中“Internet 协议（TCP/IP）”选项，然后单击“属性”按钮，会弹出如图 3.12 所示的对话框。

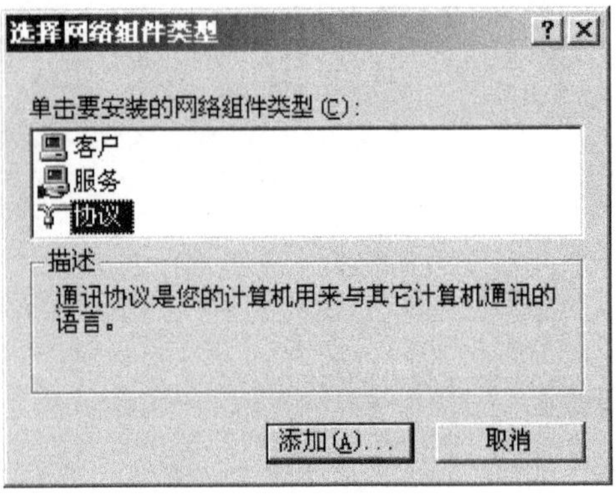

图 3.11 选择网络组件类型

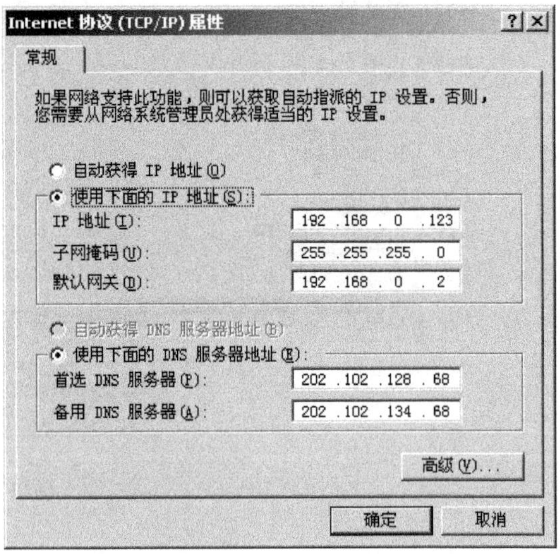

图 3.12 “Internet 协议（TCP/IP）属性”对话框

手动配置静态 IP 地址，需要选中“使用下面的 IP 地址”单选按钮，并在下面的文本框中输入网卡使用的 IP 地址、子网掩码和默认网关。如果网络中存在 DNS 服务器，请选中“使用下面的 DNS 服务器地址”单选按钮，并输入 DNS 服务器使用的地址（该地址可以是网络中 DNS 服务器的地址，也可以是 ISP 的 DNS 服务器地址）。动态配置 IP 地址，需要网络中存在 DHCP 服务器，上述信息均可通过 DHCP 服务器自动获得，这时应选中“自动获得 IP 地址”和“自动获得 DNS 服务器地址”单选按钮。有关 DHCP 和 DNS 服务器的设置请参见第 5 章的相关内容。

4. 微软管理控制台（MMC）

MMC（Microsoft Management Console，微软管理控制台）是集成各种管理工具的容器。MMC 本身并不执行管理功能，而是将众多的管理单元无缝地集成在一起。

使用 MMC 的优点是可以简化本地计算机的管理。例如，网络管理员经常要配置多个管理任务，它们可能包括本地的计算机管理、本地计算机策略、磁盘管理等。在管理这些任务时，如果不用 MMC 控制台，就得频繁地执行“开始”→“管理工具”命令，逐个运行这些服务。而使用 MMC 控制台，则可以把这些管理任务的界面添加到一个 MMC 控制台中，保存为一个控制台文件。然后，便可以直接从“管理工具”菜单中打开这个控制台文件，实现对本地计算机多个任务的管理了，非常方便。

添加管理单元的步骤如下。

（1）执行“开始”→“运行”命令，打开“运行”对话框，在该对话框中输入“mmc”命令，可以打开控制台，如图 3.13 所示。执行“文件”→“添加/删除管理单元”命令，弹出“添加/删除管理单元”对话框，如图 3.14 所示。

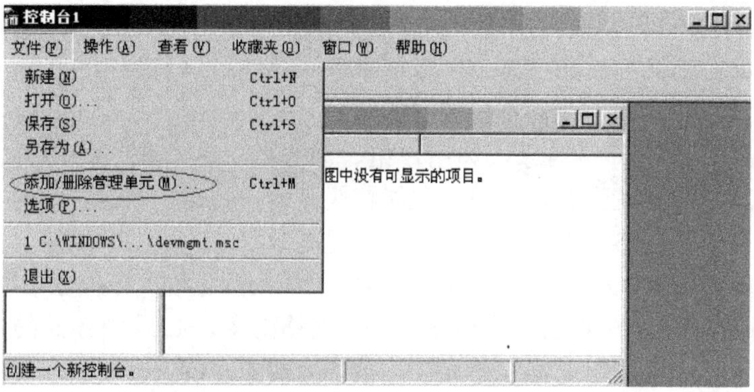

图 3.13　控制台界面

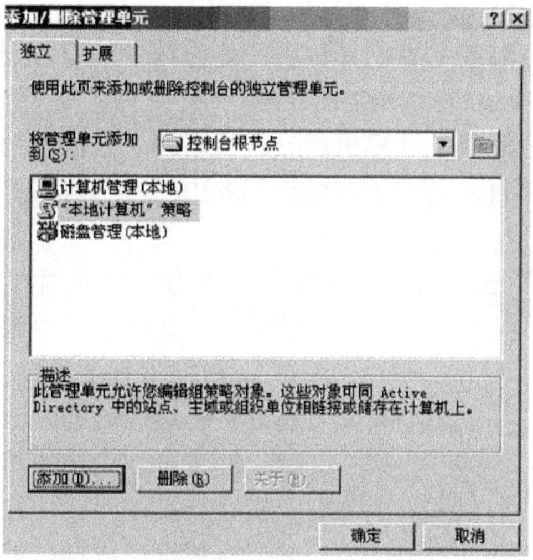

图 3.14 “添加/删除管理单元”对话框

单击“添加”按钮，打开“添加独立管理单元”对话框，在其中的列表框中选择要添加的管理单元后，单击“添加”按钮。依次添加多个管理单元，如“计算机管理（本地)”、“本地计算机策略”和“磁盘管理（本地)”。

（2）执行“文件”→“保存”命令可以保存控制台。下次使用时双击打开控制台文件，原先添加的管理单元仍然存在，可以方便地进行计算机管理。

3.3　网络服务器的系统管理

3.3.1　活动目录

1. 活动目录

活动目录（Active Directory）是一种目录服务，那么什么是目录（Directory）和目录服务（Directory Service）呢？现实生活中经常使用的“目录”都是存储与某种方式相关联的对象的信息集，如：手机的通讯录是一种目录服务，存储用户名和相应的电话号码；图书的目录也是一种目录服务，便于我们查找图书的内容。

计算机网络中，会有许多对象，如用户组、服务器、客户机、打印机、共享文件夹、组织单元等。若想使用某些资源，用户必须能够快速地找到这些对象，这时便可依靠活动目录来快速地查找和定位网络中的某些资源，从而提高效率。

Active Directory（AD）即活动目录，它是一种目录服务，存储了有关网络对象的信息，使管理员和用户可以方便地查找和使用这些网络对象。目录中存储的资源，如用户、组、打印机、服务器、客户机、组织单元等，被称为对象（Object）。

2．域

域（Domain）实际上是一种网络管理模式，是一种搭建有域控制器的网络。在这个域网络中，至少有一个被称为域控制器的计算机，作为域中的服务器来管理网络中的资源。

那么域和活动目录之间的关系是怎样的呢？域中有各种资源，如用户、数据、打印机、服务器、数据库、组、服务、计算机和安全策略等，它们的信息都存放在域控制器中的活动目录里。可以说，活动目录是安装在域控制器中的特殊数据库，而域控制器就是安装了活动目录的服务器。

域模式的最大优点就是它具有单一网络登录能力，任何用户只要在域中有一个合法的域账号，就可以漫游整个网络。域是“安全的边界”，将网络规划为域模式后（见图 3.15），可以通过实施组策略等方法大大增强网络的安全性。

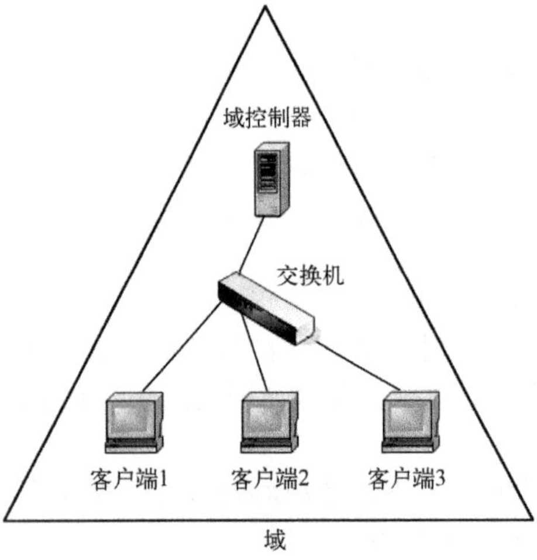

图 3.15　域模式的网络

网络可以设计成单域或多域。如果是大型企业构建或扩展网络，往往被设计成多域的结构，多个域被组织成域树或域林。域树是一种树形结构，如图 3.16 所示。例如，在这个较大规模的企业中，总部设在北京，将总部的网络配置为这棵域树的根域，域名是 Zhiyuan.com，该企业有两个分公司，分别在上海和广州，则它的分支机构的网络配置成子域，域名分别是 Shanghai.Zhiyuan.com 和 Guangzhou.Zhiyuan.com，这样构建一棵域树便于集中管理企业网。如果企业的规模更大，包含多棵域树，则可以将多棵域树组织成域林，如图 3.17 所示。

在域树中的多个域采用连续的 DNS 域名，例如，两个子域的域名 Shanghai.Zhiyuan.com 和 Guangzhou.Zhiyuan.com 仍包含父域的域名 Zhiyuan.com，并共享相同的全局目录。在域林中，多棵相关域树共享相同的 AD 架构及目录配置和复制信息，但不共享连续的 DNS 名称空间。在域树或域林中创建域时，相邻域（父域和子域）之间自动建立信任关系。如 Zhiyuan.com 和 Shanghai.Zhiyuan.com 之间自动建立信任关系。由于这些信任关系默认的是双向的，并且可传递，域中的用户就可通过域的信任关系来相互访问域之间的资源了。

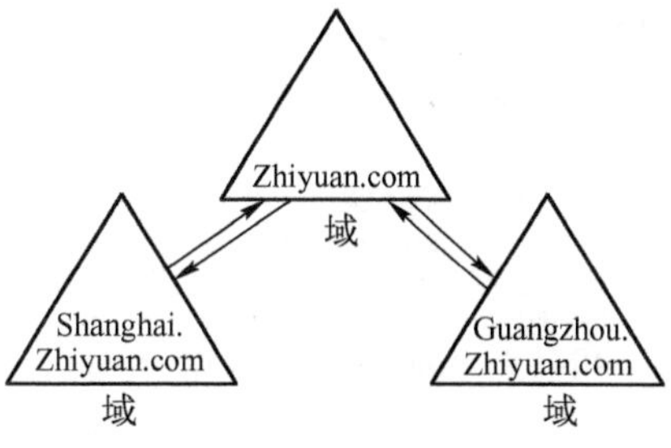

图 3.16　域树

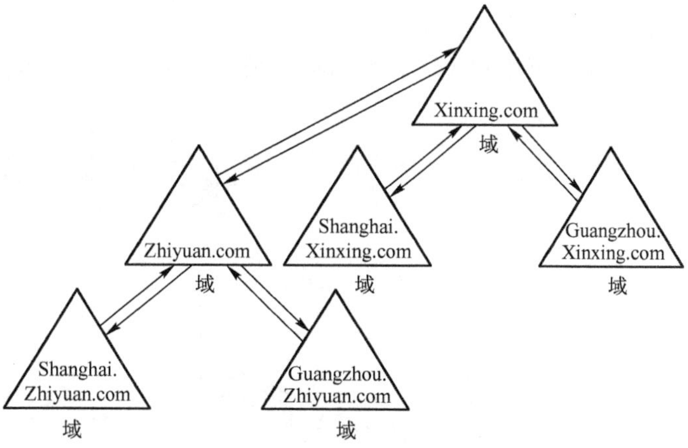

图 3.17　域林

域内又可细划成组织单元（Organization Unit，OU），组织单元是一个逻辑单位，它实际上是网络中各种对象的容器，账户、组、计算机和打印机等资源对象都集合在该容器中。组织单元中还可以再划分下级组织单元，并且下级组织单元能够继承父单元的访问许可权。创建组织单元的目的是对活动目录中的对象进行分类，如果一个域中的计算机、用户等对象非常多（如某中型企业网络中的计算机有 2000 台，账户有 3000 个，打印机 50 台），还有其他对象太多，不便于管理和查找。此外，管理员只想给“财务部”的账户修改权限，实施这个管理任务也很不方便。而管理员可以按照企业的行政部门来划分管理单元，如分成“财务部”、“销售部”、“物流部”等 OU，将每个部门的对象（计算机、账户、打印机、子 OU）放入其 OU 中，这样管理员就能很方便地对“财务部”OU 中的账号或其他资源进行管理和设置了。

工作组和域都是网络管理模式。工作组是将数量不多的计算机连成一个可互相共享资源的网络，在这种工作方式下，信息的安全保护只能通过为共享信息设置密码或者为特定用户设置使用权限来实现，因此只能用于小型的、对安全性要求不高的网络环境；域则是采用域控制器来进行用户及资源的管理，每个用户都有自己的账号和密码，并可根据不同的情况赋予不同的使用权限，这种方式不但使网络信息的安全得到了保障，同时很好地满足了大型网络管理的要求。

3．Windows Server 2003 域的搭建

（1）搭建域的条件。

选择提供活动目录服务的操作系统版本，其中 Windows Server 2003 的标准版、企业版和数据中心版能够创建活动目录，Web 版不支持活动目录服务。

在搭建域控制器的同时或之前必须搭建 DNS 服务器，用来解析该域的域名。

存储活动目录的分区必须是 NTFS 分区。

（2）搭建 Windows Server 2003 域的步骤。

第一步：安装域控制器。

第二步：将客户机加入域中。

第三步：可以按照网络管理的需要，搭建额外域控制器，为主域控制器进行备份和负

载均衡，分担用户登录的验证任务。

下面按照搭建单域域控的拓扑图（见图 3.18）讲述具体的安装过程。

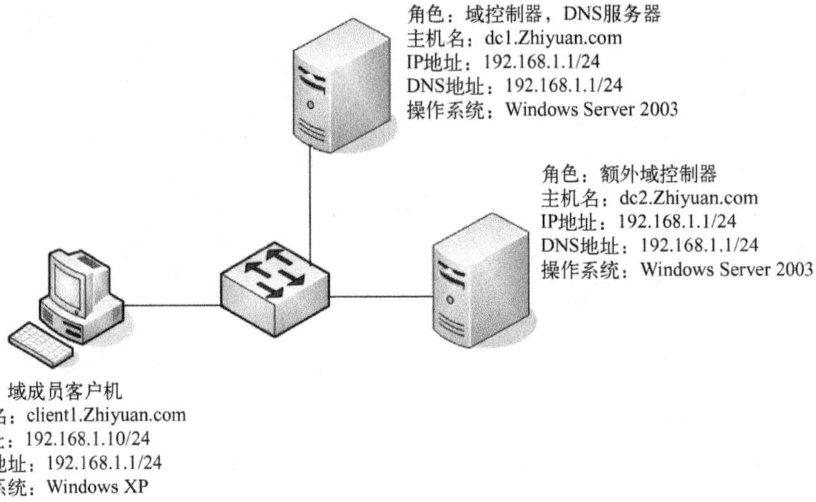

图 3.18　搭建单域域控的拓扑图

第一步：安装域控制器。

首先按照拓扑图的要求，配置要安装活动目录。打开计算机“本地连接”的“Internet 协议（TCP/IP）属性”对话框，如图 3.19 所示。注意，首选 DNS 服务器的地址配置为本计算机的 IP 地址，即此计算机是双重角色，它既是网络中的域控制器，又是 DNS 服务器。

执行“开始”→“运行”命令，在打开的“运行”对话框中输入“DCPROMO”命令，打开 Active Directory（活动目录）安装向导，如图 3.20 所示。如果在当前计算机所处的网络中没有域控制器，Active Directory 安装向导会将该服务器安装成为域控制器。否则，必须选择将当前的服务器安装为额外的域控制器，新的子域、新的域树或新的域林。

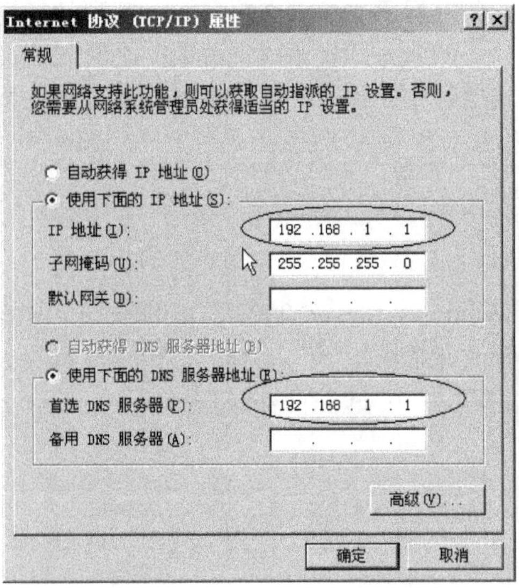

图 3.19 “Internet 协议（TCP/IP）属性”对话框

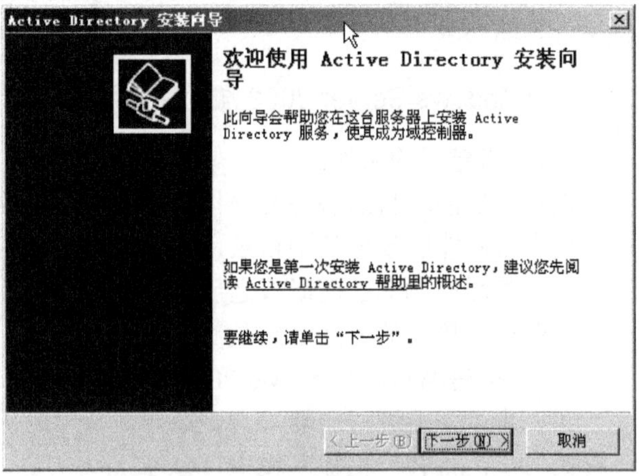

图 3.20　活动目录安装向导

在“域控制器类型”对话框中选中“新域的域控制器”单选项，如图 3.21 所示。单击“下一步”按钮。

在“创建一个新域”对话框中选中“在新林中的域”单选项，如图 3.22 所示，单击“下一步”按钮。

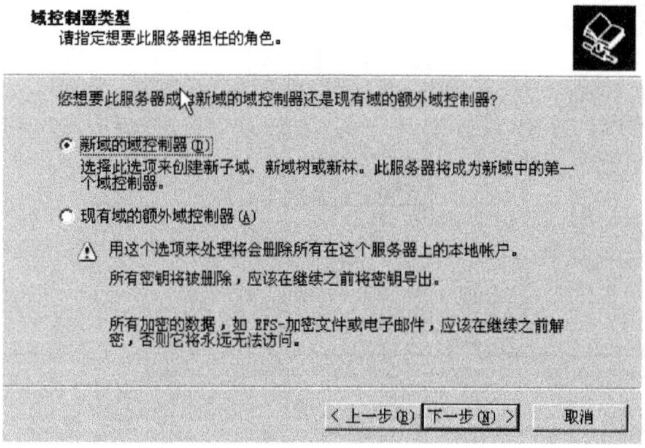

图 3.21　选择域控制器类型

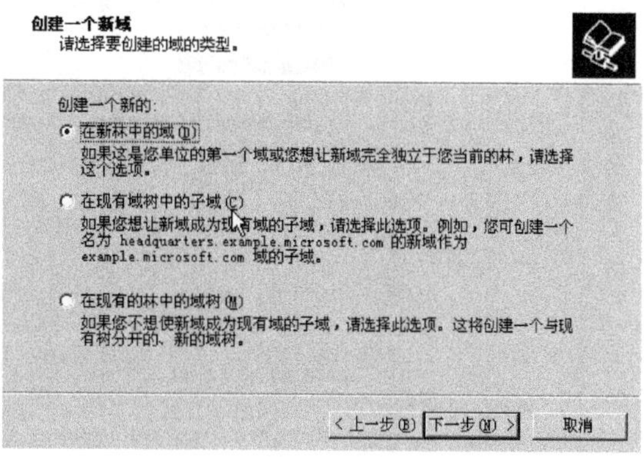

图 3.22　选择要创建域的类型

在“新的域名”对话框中输入域名“zhiyuan.com”（可以自行指定），如图 3.23 所示，单击“下一步”按钮。

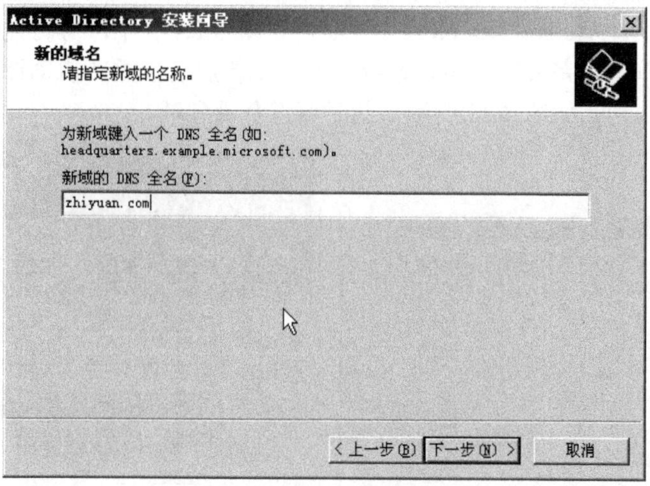

图 3.23　域名称图

在“NetBIOS 域名”对话框中输入域的 NetBIOS 名称“ZHIYUAN”，以便于 Windows 9x 类型的客户机登录该域，单击“下一步”按钮。

在“数据库和日志文件位置”对话框中分别输入 Active Directory 数据库及记录文件存放的位置（可以单击“浏览”按钮选择已有的文件夹），安全起见，最好将两者分别保存在不同的硬盘上，如图 3.24 所示，单击“下一步”按钮。在“共享的系统卷”对话框中设置共享的系统卷（可以单击“浏览”按钮选择已有的文件夹），将文件夹设置为共享系统的磁盘区，并建立一个 SYSVOL 文件夹保存域公用文件的服务器副本。注意该文件夹必须在采用 NTFS 文件系统的磁盘分区中，单击“下一步”按钮。

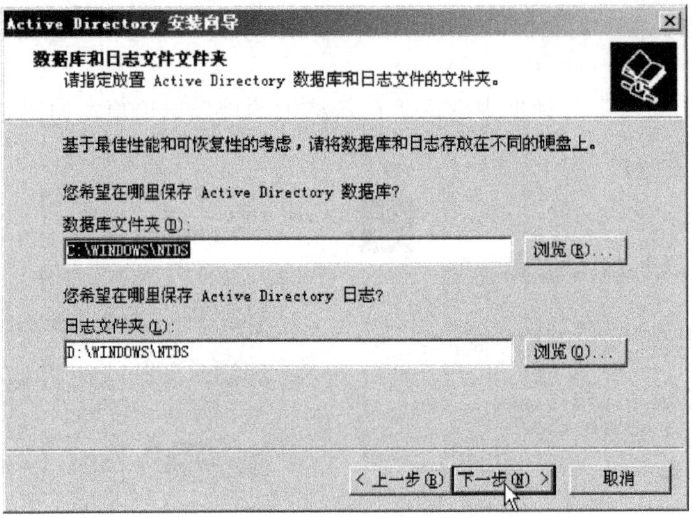

图 3.24　Active Directory 数据库及记录文件存放的位置

在“权限”对话框中为用户或组对象设置默认的权限，选择与以前的版本相兼容的权限，单击“下一步”按钮。在“目录恢复模式的管理员密码”对话框中输入管理员的密码，单击“下一步”按钮。

在安装向导的摘要对话框中显示了刚安装的信息，确认无误后，继续单击“下一步”按钮，弹出“正在配置 Active Directory”界面，如图 3.25 所示，等待几分钟后，出现“配置完成”对话框，单击“完成”按钮，系统会要求重新启动。重新启动计算机后，域控制器上的活动目录配置成功，如图 3.26 所示，此时可以登录到域。

图 3.25　“正在配置 Active Directory”界面

图 3.26　活动目录配置成功

第二步：将客户机加入域中。

首先按照拓扑图的要求，为客户机配置固定的 IP 地址。这里应该将 DNS 服务器的地址配置为域控制器的 IP 地址，如图 3.27 所示。因为在域控制器的安装过程中，同时安装了 DNS 服务。

在桌面上右击“我的电脑”图标，在弹出的快捷菜单中选择“属性”选项，再在弹出的对话框中单击“计算机名”选项卡。在“计算机名”选项卡中，单击“更改”按钮，选择“隶属于域”并输入本域的域名。

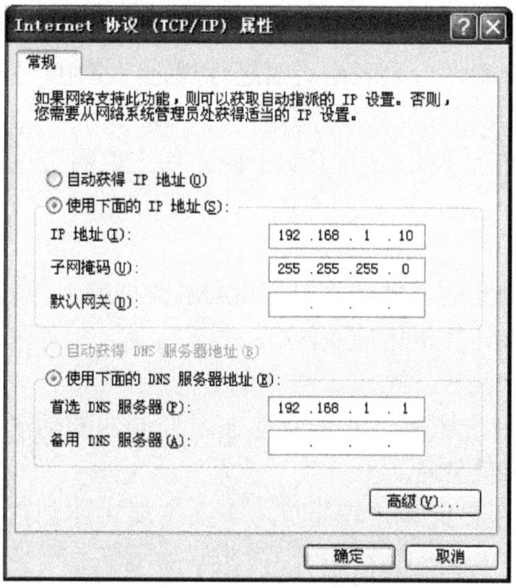

图 3. 27　TCP/IP 属性设置

按系统提示输入域管理员的用户名和密码，单击“确定”按钮后，系统会显示“欢迎×××加入域”的消息。重新启动该客户机，在登录界面选择登录到域，登录成功后，便成为域的客户机了。

如果要从域中脱离，注销该账户，然后选择登录到本地。

第三步：如果要安装额外域控制器，则在计算机名称为 DC2 的计算机上运行“Active Directory 安装向导”，选择将当前的服务器安装为额外的域控制器即可。

3.3.2　用户账号、组及计算机账号管理

在一个网络中，用户和计算机都是网络的主体，两者缺一不可。拥有计算机账号是计算机接入网络的基础，拥有用户账号是用户登录到网络并使用网络资源的前提，创建账号“组”可将具有相同权限的用户隶属于同一个组中，从而进行分类管理。因此，用户账号、组和计算机账号管理是 Windows Server 2003 网络管理中的重要工作。

用户账号或计算机账号（或组）称为安全主体。安全主体是自动分配安全标识符的目录对象。带安全标识符的对象可登录到网络并访问网络资源。用户或计算机账号主要用于验证用户或计算机的身份、授权或拒绝访问网络资源、管理其他安全主体、审计账号执行的操作。

1. 建立用户账号前的准备工作

有经验的网络管理员都很重视对用户账号的统一规划。在网络中，每一个用户可能具有不同的职能，为了保证网上用户的相互识别和独立性，每一个用户都应有一个唯一的用户账号，在这个用户账号中包含用户名称、登录密码和登录方法等各项信息。可以利用“组”（即用户组）来分类管理这些用户账号，将具有相同资源权限的用户纳入同一个组来管理。正像每个用户有唯一的“用户账号”一样，每个组也有唯一的“组账号”。只要给某一个组进行了权限设置，这个组的所有成员就具有与组相同的权限了，这比对用户账号逐一赋予权

限要方便得多，不但避免了管理上的零乱，同时也大大减轻了管理员的负担。因此，当组建规模较大的网络时，建议先制作一个表格对组进行规划，将用户根据其在网络中享有权限的不同来分类归档，然后分类创建组，来管理这些用户账号。

根据用户账号的存储位置和使用范围的不同，用户账号分为两种类型：本地用户账号和域用户账号。

（1）本地用户账号。

创建并存储在非域控制器的本地计算机的 SAM 数据库中，只能在本地计算机上登录时使用，从而保证账号使用该计算机中的资源。

（2）域用户账号。

在域控制器上创建域用户账号，它们存储在域控制器的活动目录中，域用户账号是登录到域并且使用域中的资源的凭证。

由于创建本地用户账号的步骤比较简单，下面主要讲述创建域用户账号和计算机账号的具体方法。

2. 新建域用户账号

当有新的用户需使用域网络中的资源时，网络管理员必须在域控制器中为其添加一个相应的域用户账号，否则该用户无法访问域中的资源。另一方面，当有新的客户计算机要加入到域中时，作为管理员的用户必须在域控制器中为其创建一个计算机账号，以便它有资格成为域成员。

下面介绍用户账号（账户）的建立过程。

（1）执行“开始”→“程序”→“管理工具”→“Active Directory 用户和计算机”命令，打开“Active Directory 用户和计算机”窗口，在树状目录的 User 上单击鼠标右键，执行“新建”→“User”（用户）命令，如图 3.28 所示，将弹出如图 3.29 所示的对话框。

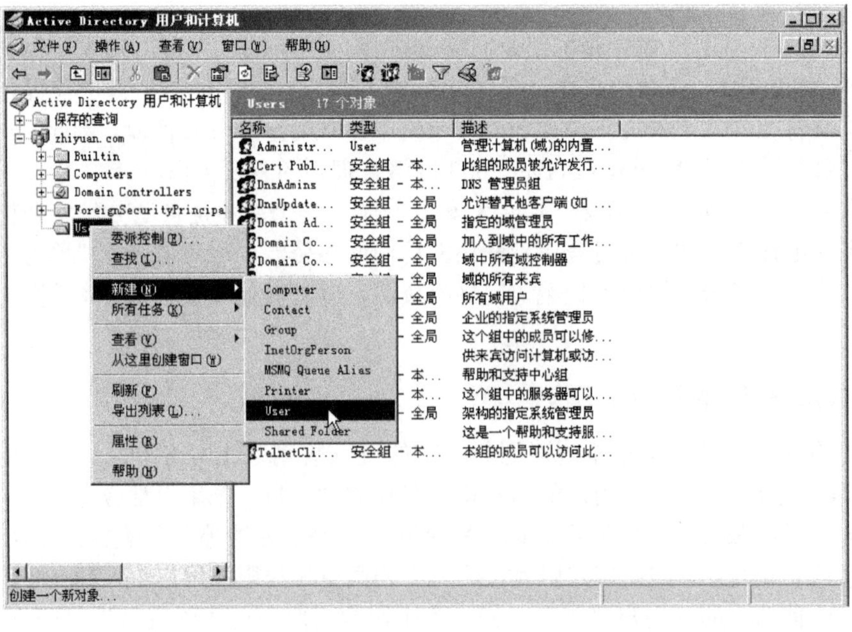

图 3.28 “Active Directory 用户和计算机”窗口

（2）在图 3.29 所示对话框中，可以按照提示输入新建账号的有关信息，包括用户的姓、名、英文缩写、姓名、用户登录名、用户在 Active Directory 中的位置、在 Windows 2000 以前版本中使用的登录名等。注意，用户名不能超过 20 个字节（10 个汉字），而且不能包含“ ”/ \ [ ] : ; | = , + <>( ) 等字符。输入完这些信息后，单击“下一步”按钮，弹出如图 3.30 所示的对话框。

在如图 3.30 所示的对话框中设置的密码不要超过 14 个字符，原则上密码可以使用任意字符，但是建议不要使用汉字，而且在使用英文字母时应注意大小写。

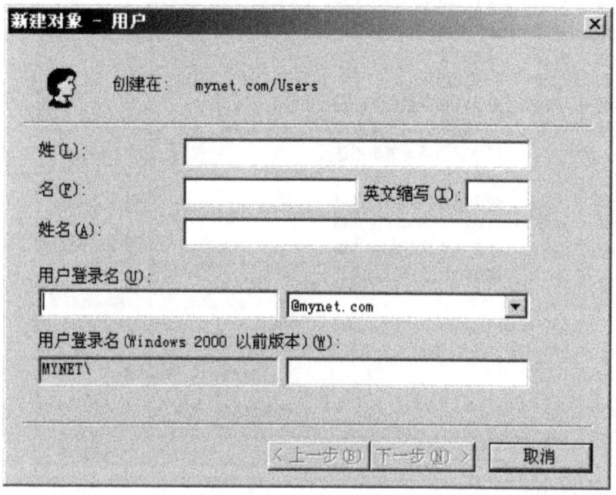

图 3.29　建立新用户

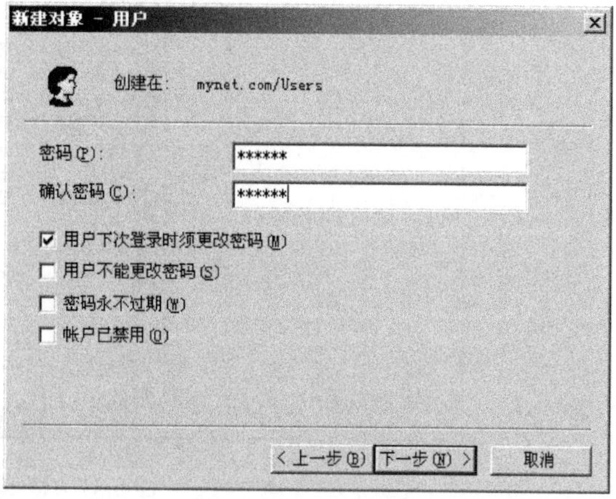

图 3.30　设置用户密码

如果选择了“用户下次登录时须更改密码”项，系统将会强迫用户在第一次登录时更改密码，否则无法登录。针对很多安全意识不强而使用默认密码的用户，这是保证用户账号安全的必要措施。

如果是创建供多人使用的公用帐号，应选择“用户不能更改密码”项，否则任何一个用户更改了密码后，都将会使其他用户无法使用该账号登录。

当“密码永不过期”一项被选定后，密码将永久有效。

如用户账号暂时不用，可选择“帐户已禁用”一项，以防止其他用户利用此账号登录。

（3）设置完毕后，单击“下一步”按钮。显示新建立的用户账号信息，单击“完成”按钮，即创建了一个用户账号。

3. 管理域用户账号

（1）限制域用户登录的时间。

凭借新建成的账号的默认设置，用户可以在任何时间访问域。但是在实际的应用中，有时需对用户访问网络服务器的时间进行限制。例如，许多单位为了禁止用户在下班后访问服务器，对用户账号设置了登录时间限制。这样，在下班后，用户（当然更主要针对盗用别人账号的非法用户）将无法登录，这有利于网络系统的安全管理。

具体设置方法是，执行“开始”→“管理工具”命令，将会在弹出的 Active Directory 用户和计算机”窗口中列出网络中已经设置的用户账号，如图 3.31 所示。

选定并双击“Users”文件夹中的某个用户名，弹出该用户的“用户属性”对话框。在“用户属性”对话框中单击“帐户”选项卡，弹出如图 3.32 所示的对话框。

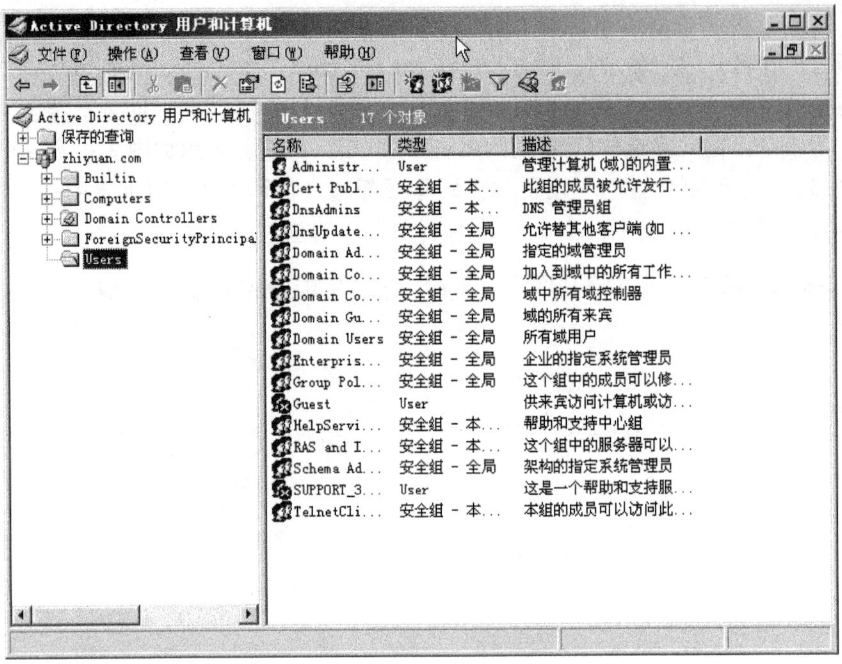

图 3.31　Users 中的用户账号

在图 3.32 所示对话框中单击“登录时间”按钮，将出现如图 3.33 所示的“登录时间”对话框。当选中“允许登录”这个单选项时，蓝色表示允许登录，白色表示不允许登录。对话框中填满的方格表示允许该用户使用的时间，该时间表示以小时为单位，一个方格代表 1 小时。在默认状况下，所有方块均为蓝色，即全天 24 小时都可登录到域。如要设置在某一时间段内不允许用户访问服务器时，只要用鼠标选中要限制的时段（按住鼠标左键，从起始时间格拖至结束时间格），再选中“拒绝登录”单选项（此时所选时段应全部变为白色），即可限制该用户账号在该时段内不能登录；若选择某时间段后，选中“允许登录”单选项，则该时间段允许用户登录。

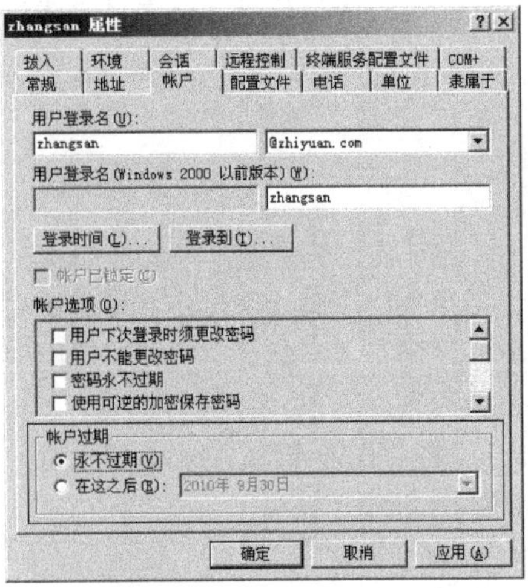

图 3.32　用户账号属性

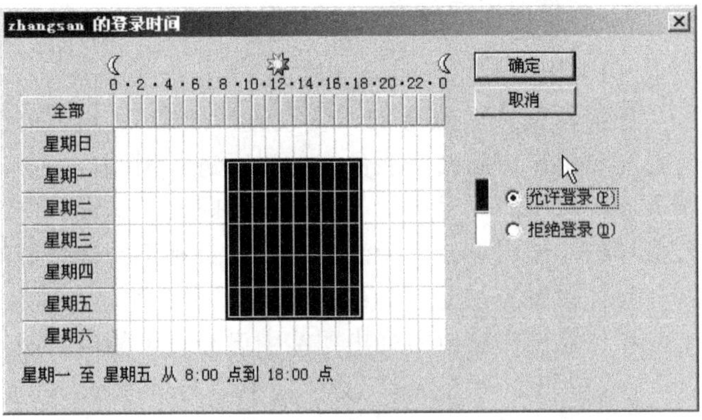

图 3.33　限制登录时间

需要特别指出的是，用户账号登录时段的改变要在该用户下次登录时才生效。因此，网络系统管理员应该在用户当日第一次登录之前，完成对其账号登录时段的修改。

（2）设置域用户账号信息。

在如图 3.32 所示对话框中可以对所选定的用户账号进行有效期限和账号类型等信息的设置。选择对话框中“帐户选项”下方的“密码永不过期”一项，表示该用户账号除非被网络管理员删除，否则可被无限期使用；选择“帐户过期”下面的“在这之后”并输入了限定时间后，该账号只在期限所规定的时间内有效，过了时间，该账号就自动失效，如图 3.34 所示。

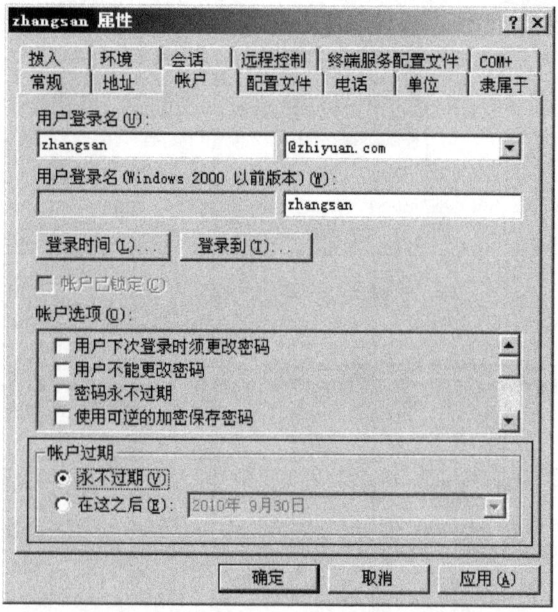

图 3.34　账号使用期限选项

（3）域用户账号的更名与删除。

用户账号有时也需要进行更名。同一用户账号更名后其属性和权限等设置不会发生变化。操作时可以右击该用户名，在弹出的快捷菜单中选择“重命名”命令对所选定的账号进行更名。

当某些账号不再使用时，出于对系统安全的考虑，应及时将其从域中删除。操作中可右击该用户名，在弹出的快捷菜单中选择“删除”命令，对所选定的一个或多个账号进行删除。一个用户账号被删除后，如果再建立一个同名的账号，该账号不会继承前一个被删除账号的属性和权限，这是因为 Windows Server 2003 会给不同时期建立的每一个账号分配一个固定的 SID。

4．创建域中的计算机账号

每个加入 Windows Server 2003 域的计算机都应具有计算机账号，否则无法进行域连接，实现对域资源的访问。与用户账号类似，计算机账号也提供验证和审核计算机登录到网络及访问域资源的方法。

执行“开始”→“管理工具”命令，在弹出的“Active Directory 用户和计算机”窗口的“Computer”上单击鼠标右键，选择“新建”→“Computer”菜单命令，如图 3.35 所示，将弹出如图 3.36 所示的对话框。

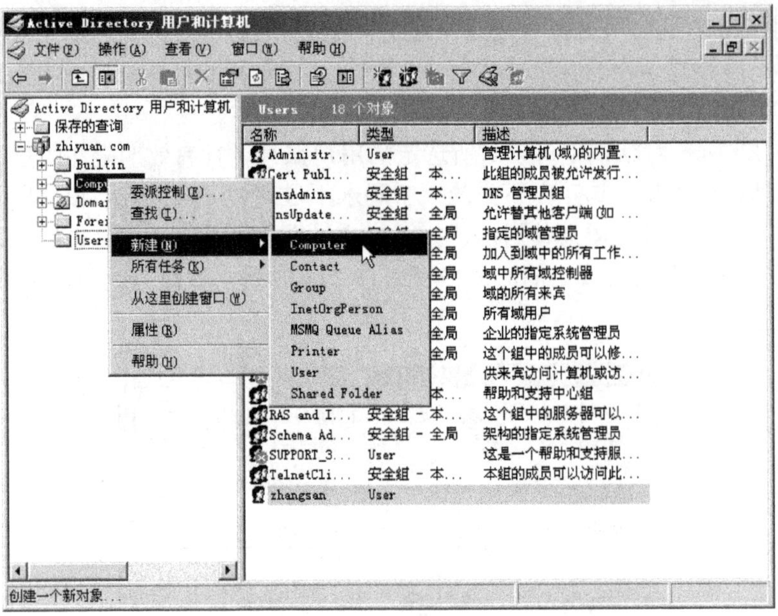

图 3.35 新建计算机

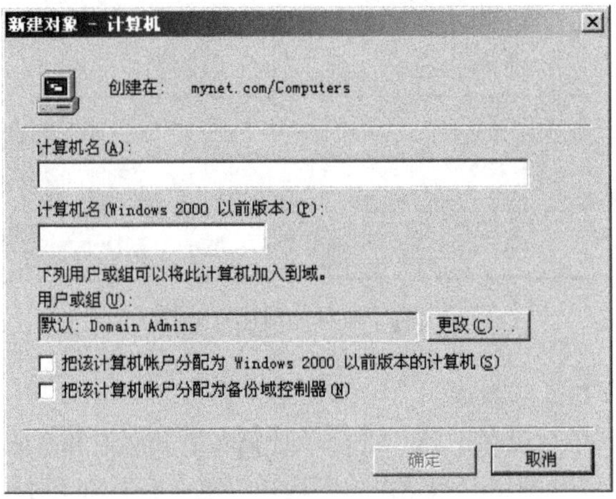

图 3.36 新建计算机账号

在如图 3.36 所示对话框中输入计算机的名称然后单击“确定”按钮即可。需要注意的是，建立的计算机账号在整个域中必须是唯一的。

关于计算机账号的删除、更名等操作，与用户账号的操作相同。

5．创建域中的组

使用组，主要是为了方便管理访问目的和权限相同的一系列用户和计算机账号。和用户账号类似，按照创建组和存储组的位置，组也分为本地组和域中的组。这里主要介绍域中的组。

域中的组可以按照用途和使用范围进行分类。

按照用途分类，可以将域中的组分为安全组和通讯组。

安全组：安全组主要用于设置权限。比如，管理员可以给安全组赋予访问文件资源的权限。同时，安全组也可用于通信，比如通过向安全组发送邮件实现邮件群发的功能。

通讯组：通讯组不能用于设置权限，只能用于通信。比如通过向通讯组发送邮件实现邮件群发的功能。

按照使用范围分类，可以将域中的组分为全局组、本地域组和通用组。

全局组：全局组主要用于组织用户，即可以将所有将要被赋予相同权限的用户加入同一个全局组中。

本地域组：本地域组主要用于授予权限，使组的成员可以访问该域内的资源。

通用组：通用组可以将不同域的用户组织起来。

在单域中使用组的规则有三点：将用户加入全局组；将全局组加入域本地组；给域本地组授权。

完成授权后，组中所有用户都会获得相应的权限。

创建组的步骤如下：在控制台目录树中展开域节点。在要进行组创建的组织单元或容器处单击鼠标右键，从弹出的快捷菜单中选择“新建”→“组”菜单命令，打开如图 3.37 所示的“新建对象-组”对话框，在“组名”文本框中输入组名。在“组作用域”选项区域中，通过选择单选按钮来选择组的应用领域；在“组类型”选项区域中，通过选择单选按钮来选择新组的类型。单击“确定”按钮完成组的创建。

一个新组被创建后，需要向组中添加成员。右键单击新创建的组，选择“属性”选项，再选择“成员”选项卡。单击该选项卡上的“添加”按钮，在弹出的对话框中输入要添加的用户名，如图 3.38 所示。如果不知道准确的用户名可以单击“高级”按钮，利用用户列表中的“立即查找”按钮进行添加。

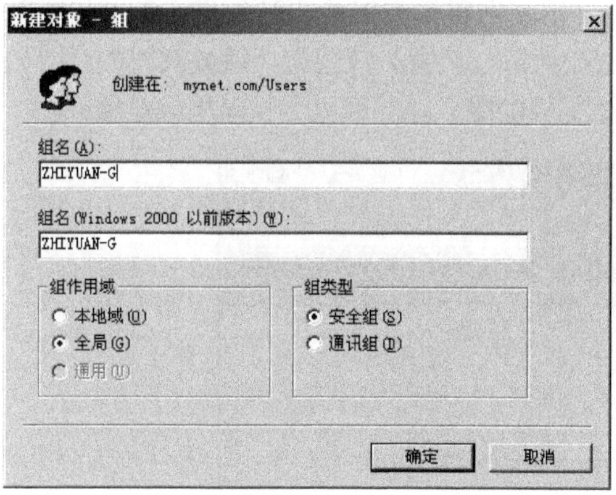

图 3.37 “新建对象-组”对话框

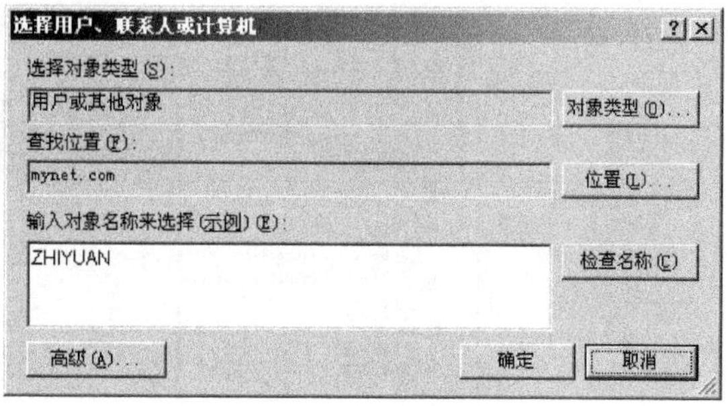

图 3.38 添加组成员

另外，当一个用户组不再有使用价值时，可将其从域中删除。要删除一个失效的组，先选定要删除的组名，然后右击，在弹出的快捷菜单中选择“删除”命令便可完成。当一个组被删除以后，仅是把这个组从域中取消了，组中的所有用户账号并不会被删除。

6. 创建组织单元

要创建组织单元，在控制台目录树中，展开域节点。如图 3.39 所示，在域节点或者可添加组织单元的文件夹节点单击鼠标右键，“新建”→“Organizational Unit”命令，打开“创建新对象-组织单元”对话框，在“名称”文本框中输入新创建组织单元的名称，然后单击“确定”按钮即完成组织单元的创建。组织单元创建完成后，可向其中添加用户、计算机、组织单元等对象。

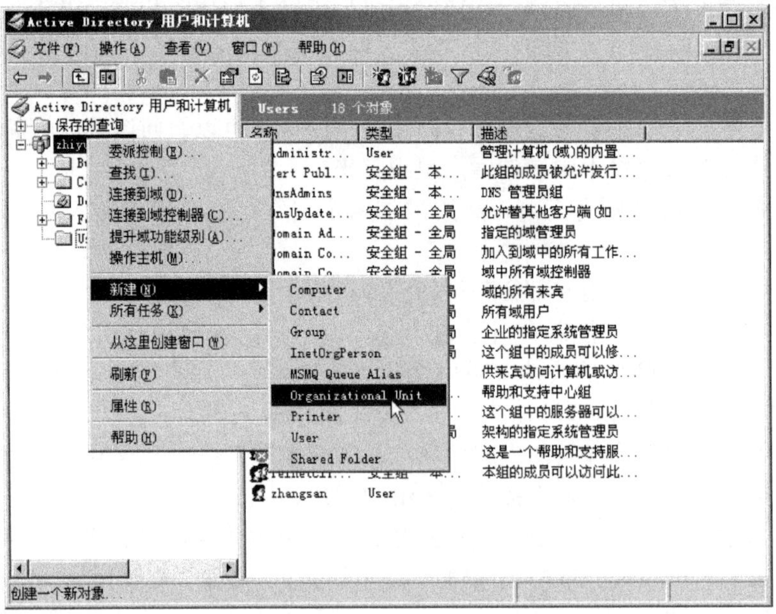

图 3.39　添加组成员

注意组和组织单元是两个不同的概念。组是一组具有相同权限的账号的集合，而组织单元则主要用于对网络结构进行逻辑划分，例如按照企业的职能部门分为“财务部”OU、“销售部”OU 等，如图 3.40 所示。每个 OU 中含有该部门的账户、计算机、打印机等对象。

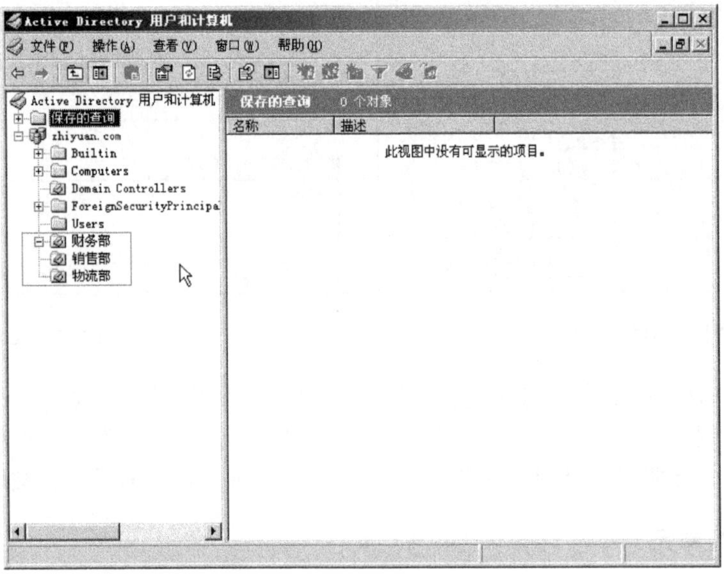

图 3.40　建立的组织单元图

3.3.3　文件系统

1. 文件系统

在管理网络时，一件非常重要的工作就是对数据进行管理。数据管理的主要目的就是对信息进行高效安全的存储、组织和使用。在操作系统中，文件系统是管理数据存储、组织的方法，它所规定的用户权限又限制了用户使用数据的权利范围。

在计算机的硬盘中保存数据之前，必须先将硬盘分区并格式化成某种文件系统，这样硬盘才能存储和组织数据。Windows 操作系统的文件系统分为 FAT16、FAT32 和 NTFS 三种。其中 FAT 文件系统是 Windows NT 以前使用的一种古老的文件系统，由于这种文件系统的磁盘利用率低、安全性不好等原因，微软公司从 Windows NT 开始使用一种新的文件系统——NTFS，来提高磁盘的利用率和对文件资源进行更安全的保护。

NTFS 的新特性如下。

（1）支持域的管理：活动目录需要存储在 NTFS 文件系统中。

（2）既能对单个文件设置权限，也能对文件夹设置权限：FAT 文件系统只能对文件夹设置权限。

（3）支持数据的 EFS 加密和压缩功能通过加密功能：保护用户的文件不被其他用户所访问。通过压缩功能，节省了磁盘空间。

（4）磁盘配额管理：通过设置用户能够使用的磁盘空间的最大限额，来监视和控制用户对磁盘的使用情况。

（5）动态磁盘管理：能够创建动态卷，实时改变卷空间的大小。

2. NTFS 安全权限

NTFS 文件系统为每个文件和文件夹创建了一个访问控制列表（ACL），ACL 中列出了用户和组对该文件或文件夹所拥有的访问权限，即 NTFS 权限，以实现对资源的保护。

常用的 NTFS 文件权限及允许用户执行的操作如表 3.2 所示。

表 3.2　NTFS 文件权限及操作

NTFS 权限名称	允许用户执行的操作
读取	可以查看文件的内容、属性和权限等
写入	包含“读取”权限，可以更改文件的内容、属性
读取及运行	包含“读取”权限，允许用户运行应用程序
修改	包含“写入”和“读取及运行”的所有权限，且允许删除文件
完全控制	包含“修改”权限，且具有更改权限、取得所有权等权限

3.3.4　共享资源

网络中的共享资源是指将本地系统资源（如文件夹和打印机等）提供给其他网络用户访问和使用。网络中所能访问的仅指那些已设置了共享属性的资源，未被设置共享属性的网上资源是不能从网络访问的。

共享资源大致分为网络设备和网络数据两类。打印机是最常用的可被共享的网络设备，而网络数据主要包括文件、文件夹（目录）和应用程序等。虽然软驱、硬盘和光驱也是硬件设备，但 Windows 2003 在任何时候都将它们视为文件夹加以管理、使用，也是可以被设置为共享使用的。任何一种资源必须先设置一个共享名，才能被网络上的其他用户识别和使用。

共享权限与网络资源紧密联系，它规定了用户或组对共享资源存取的权利。合理配置用户的共享权限，可以达到安全、有效地管理和利用网络资源的目的。

共享文件夹的权限及允许用户执行的操作如表 3.3 所示。

表 3.3　共享文件夹权限及操作

共享权限名称	允许用户执行的操作
读取	可以查看共享文件夹中的内容、文件的内容，运行程序
更改	包含“读取”权限的所有操作，且允许向共享文件夹添加、删除子文件夹、文件；允许修改文件的内容
完全控制	包含“更改”权限；具有更改权限，取得所有权权限

共享权限本身具有累加性，并且拒绝的权限优先于其他权限。如果是 NTFS 权限和共享权限组合在一起，用户的最终权限是文件夹的共享权限和 NTFS 权限的最严格限制，例如：用户 userA 属于财务组，财务组对文件夹 E:\data 具有“完全控制”的共享权限，userA 对文件夹 E:\data 具有“读取”的 NTFS 权限，则用户通过网络访问该共享文件夹 E:\data 的最终权限是最为严格的“读取”权限。

在服务器上设置共享文件夹的操作过程如下。

以 Administrator 身份登录 Windows Server 2003 服务器；打开“资源管理器”，选择要设置共享的文件夹名，单击鼠标右键，选择“共享”选项，在弹出的“Share 属性”对话框中单击“共享”选项卡，如图 3.41 所示。

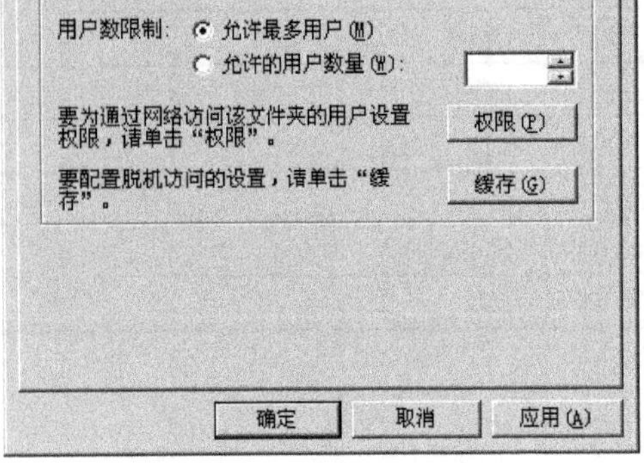

图 3.41　文件夹共享设置

在如图 3.41 所示对话框中确定该文件夹的共享名，该共享名在域中公开地共享文件夹名称，网络中的用户根据这个共享名来访问共享文件夹，默认情况下，文件夹的共享名与原文件夹名相同，用户可任意更改。

如果不想让网络上的用户看到共享的文件夹，可以在共享名的后面加“$”符号，在工作站上想访问该共享文件夹时，也必须在共享名的后面加“$”符号；“注释”栏内可输入一些说明文字；“用户数限制”可限制同时访问此文件夹的用户数。单击“权限”按钮后，可设置共享文件夹的共享权限和 NTFS 安全权限。

设置了共享属性的文件夹也可随时停止共享，方法与设置共享的操作相似，在对话框中单击“不共享此文件夹”单选项即可。

注意：在新建立共享的文件夹中，Windows Server 2003 的默认设置是“Everyone”具有“读取”共享权限，即每个用户对该共享文件夹都拥有“读取”权限。根据网络管理的需要，可以先将“Everyone”从对话框列表中“删除”。然后单击“添加”按钮，进入“添加用户及组”对话框，重新进行用户权限分配。

3.3.5　网络打印机的安装与设置

在网络中不但可以将文件和文件夹共享给网上用户使用，还可以将打印设备共享给网上用户，这就是所谓的网络打印机。为了更加清楚地理解网络打印的概念，可以将网络打印机分为打印设备和打印机，其中打印设备指的是物理打印机，而打印机在这里被视为一个逻辑设备，它是程序与打印设备之间的软件接口。添加完打印机后，在“打印机和传真”窗口出现的打印机设备图标可以看做是一个逻辑设备，如图 3.42 所示。通常将连接打印设备的计算机叫做打印服务器，它可以是专用的，也可由文件服务器或用户工作站兼任。

要实现网络打印机的共享使用，必须注意以下三点：一是打印服务器必须能让其他用户访问；二是该打印机必须设置为共享状态；三是需要打印文件的用户必须指定文件由谁来打印。

在打印服务器上通过“添加打印机向导”来完成添加打印机。具体步骤如下。

执行“开始”→“设置”→“打印机”命令，在弹出的窗口中双击“添加打印机”图标。弹出“添加打印机向导”对话框后单击“下一步”按钮，如图 3.43 所示。

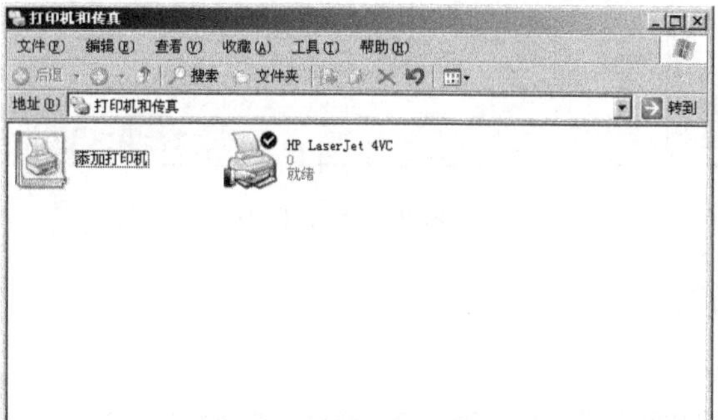

图 3.42　打印机设备

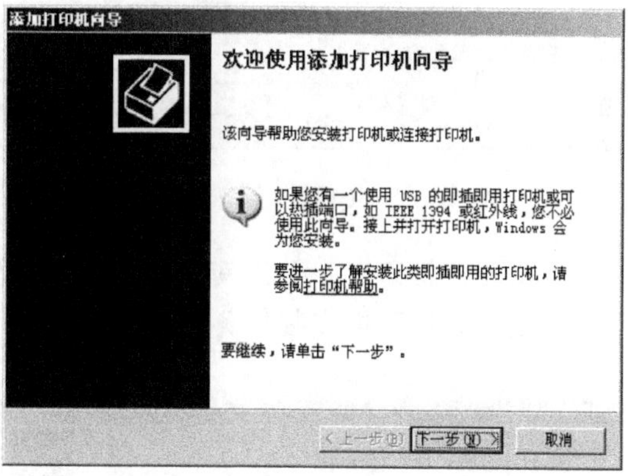

图 3.43　“添加打印机向导”对话框

选中“连接到此计算机的本地打印机”一项（用于设置打印服务器连接的打印设备，只有通过这一项才能将打印设备设置为共享），如图 3.44 所示。

选择连接本打印机的端口，如图 3.45 所示。

单击“下一步”按钮，在弹出的对话框中选择正确的“厂商”和“打印机”，来安装打印机驱动程序，如图 3.46 所示。

当列表中没有与打印设备相符合的选项时，可以利用打印机提供的驱动程序软盘，选择“从磁盘安装”。

命名打印机，为本地打印机设置一个名字，如图 3.47 所示。

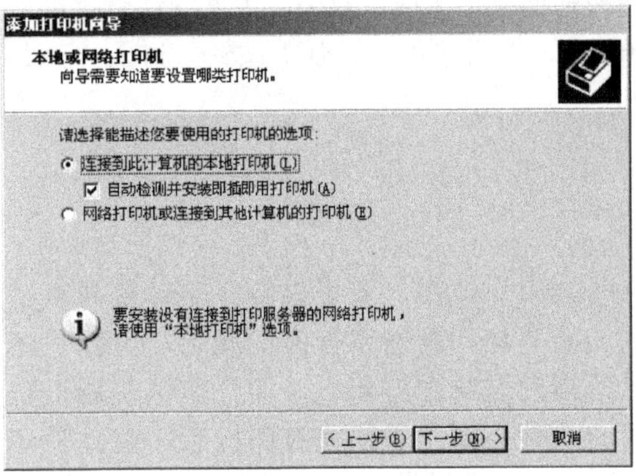

图 3.44　选择本地打印机

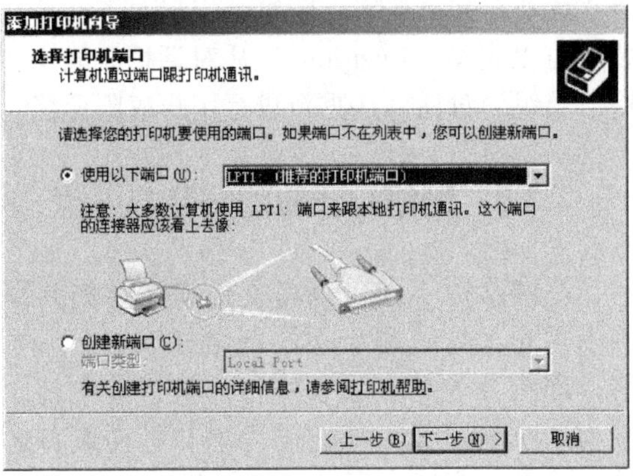

图 3.45　打印机端口选择

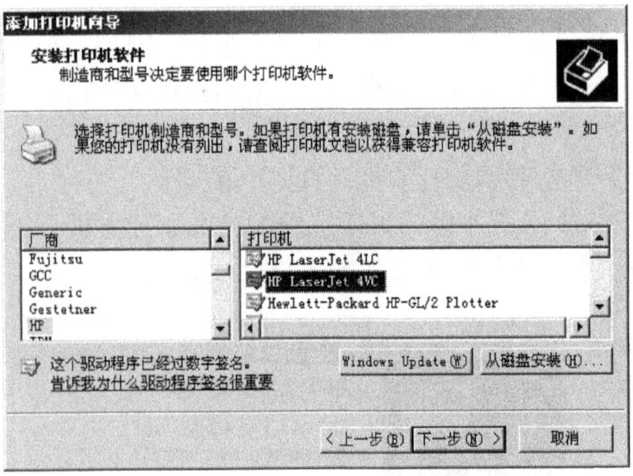

图 3.46　打印机厂商及型号选择

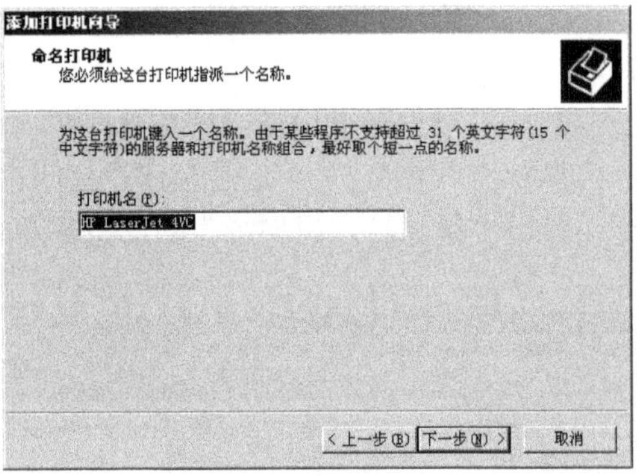

图 3.47　命名打印机

共享此台打印机，并为其设置共享名，如图 3.48 所示。

完成网络打印机安装任务，如图 3.49 所示。

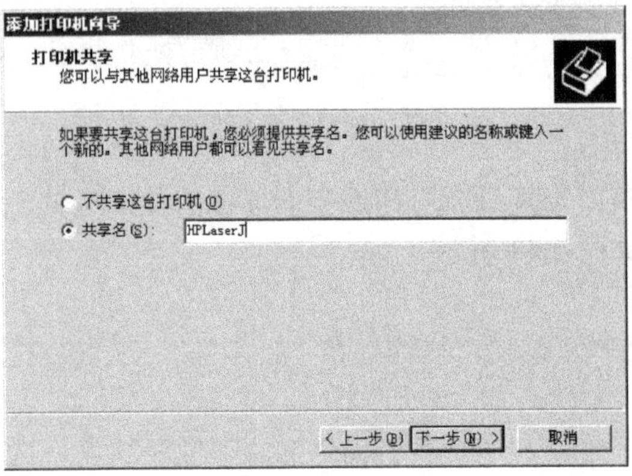

图 3.48　打印机共享

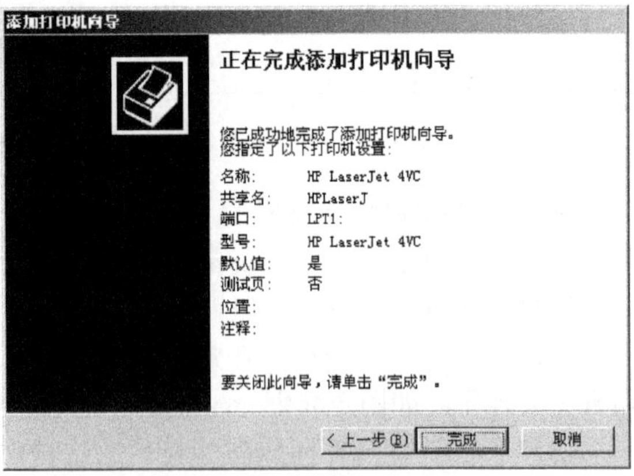

图 3.49　完成打印机安装

3.3.6 磁盘管理

磁盘管理是系统管理的一项常规任务，Windows Server 2003 在磁盘管理方面提供了强大的功能。Windows Server 2003 的“磁盘管理”选项是以一组磁盘管理实用程序的形式提供给用户的，它们位于“计算机管理”控制台中，包括查错程序、磁盘管理、磁盘碎片整理程序、磁盘整理程序等。

Windows Server 2003 的磁盘管理支持基本磁盘和动态磁盘。

（1）基本磁盘使用分区来划分磁盘，包括主分区、扩展分区或逻辑驱动器。

主分区：用于存放操作系统的引导记录和操作系统文件，一个磁盘最多可有 4 个主分区（或者如果有 1 个扩展分区，则最多有 3 个主分区），因此该磁盘最多能安装四个不同的操作系统。

扩展分区：用于存储数据和应用程序，不能启动操作系统。扩展分区有 0～1 个，它是逻辑驱动器的容器，不能直接存储数据，只有划分成逻辑驱动器后才能使用。

（2）动态磁盘使用卷来划分磁盘。动态磁盘的优点是可以将磁盘的容量进行实时扩展，能够提高磁盘的访问速度、提供容错功能。

动态磁盘有很多优点，例如，动态磁盘用卷来存储数据，且卷的数目不受限制，动态磁盘可以动态增长和扩容，有些卷能够提高磁盘的读写性能、容错磁盘可确保数据的完整性。

动态磁盘中的卷主要包括以下五种。

简单卷（Simple Volume）：要求必须是建立在同一硬盘上的连续空间中。

跨区卷：可以将来自多个硬盘（最少 2 个，最多 32 个）中的空间置于一个跨区卷中，用户在使用的时候感觉不到是在使用多个硬盘。但向跨区卷中写入数据必须先将同一跨区卷中第一个硬盘中的空间写满，才能再向同一个跨区卷中下一个磁盘空间中写入数据。当跨区卷中的任意一个磁盘发生故障，则整个卷中的数据都会丢失。跨区卷不能提高读写性能，也不能被镜像。

带区卷：可以将来自多个硬盘（最少 2 个，最多 32 个）中的相同空间组合成一个卷。向带区卷中写入数据时，数据按照 64KB 分成一块，这些大小为 64KB 的数据块被分散存放于组成带区卷的各个硬盘空间中。该卷具有很高的文件读写效率，但不支持容错功能。若某个成员发生故障，则整个带区卷的数据都会丢失。带区卷中的成员，要求其容量必须相同，并且来自不同的物理硬盘。

镜像卷：镜像卷是利用两部硬盘的相同空间组成的。当我们把数据写入镜像卷时，系统会将该数据存放在两个硬盘中各一份。它的宗旨是最大限度地保证用户数据的可用性和可修复性。

RAID-5 卷：该卷具有容错能力，RAID-5 卷不对存储的数据进行备份，而是把数据和相对应的奇偶校验信息存储到组成 RAID-5 卷的磁盘上。当一块硬盘中出现故障时，可以利用其他硬盘中的数据和校验信息恢复失去的数据。RAID-5 卷的读写效率比较高。RAID-5 卷需要至少 3 块硬盘，最多 32 块，每个成员磁盘的容量相同。其磁盘利用率为（n-1）/n，其中 n 为磁盘数。

用户可以将基本磁盘更新为动态磁盘，并且数据不会丢失。但是动态磁盘转化为基本磁盘后存储的数据会全部丢失。当更新为动态存储时，需要将现有的分区转换为卷。

1. 在基本磁盘中创建主分区、扩展分区或逻辑驱动器

执行“开始”→“程序”→“管理工具”→“计算机管理”命令，打开“计算机管理”窗口。

在控制台目录树中双击“存储”节点，单击“磁盘管理”子节点，在“计算机管理\存储\磁盘管理”窗口右边的详细资料窗格中将显示本地计算机所拥有的驱动器的名称、类型、采用的文件系统格式和状态，以及分区的基本信息，如图 3.50 所示。

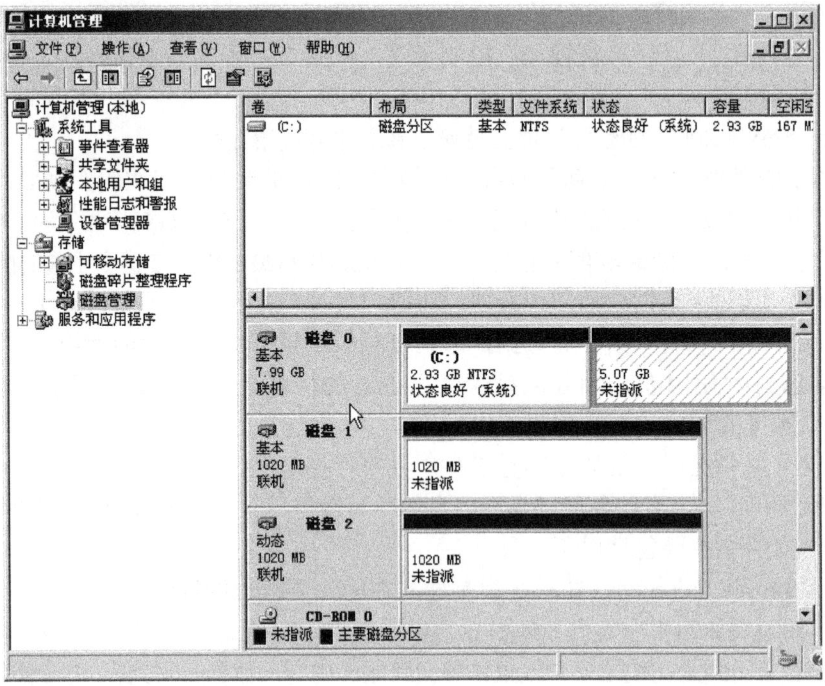

图 3.50 磁盘管理

在要创建分区的基本磁盘的“未指派”部分单击右键，选择“新建磁盘分区”，选项，弹出“新建磁盘分区向导”对话框后，单击“下一步”按钮，进入“选择分区类型”对话框，如图 3.51 所示。在此选择基本分区，单击“下一步”按钮，进入“指派驱动器号和路径”对话框，在此选择驱动器号为 D。

单击“下一步”按钮，进入“格式化分区”对话框，在此选择将该分区格式化成“NTFS 文件系统”，如图 3.52 所示。

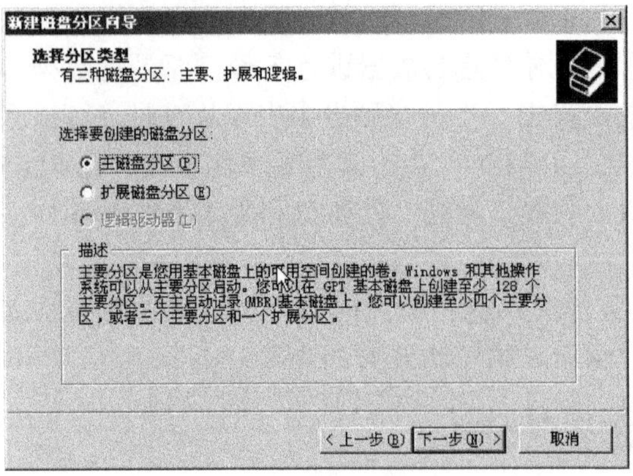

图 3.51 磁盘分区向导

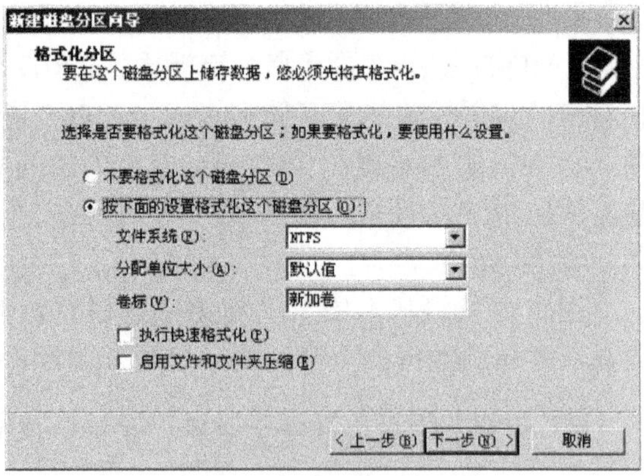

图 3.52 格式化分区

最后完成分区的创建，如图 3.53 所示。

2．配置磁盘配额

在 Windows Server 2003 的网络管理中，网络管理员使用磁盘配额管理器可以监视和限制每个用户使用磁盘空间的大小。这样做的目的在于防止某个用户过量地占用太多的硬盘空间，导致系统空间不足。

在 NTFS 文件系统的磁盘上设置磁盘配额的操作步骤如下。

双击“我的电脑”图标，例如在“C:”驱动器图标（该驱动器使用文件系统必须为 NTFS）处单击鼠标右键，选择“属性”选项，打开“本地磁盘（C:）属性”对话框，单击“配额”选项卡，选定“启用配额管理”复选框，激活“配额”选项卡中的所有配额设置选项，如图 3.54 所示。如果网络中的某个用户过量地占用了计算机的磁盘空间，管理员可选定“拒绝将磁盘空间给超过配额限制的用户”复选框来限制这些用户对磁盘空间的占用。

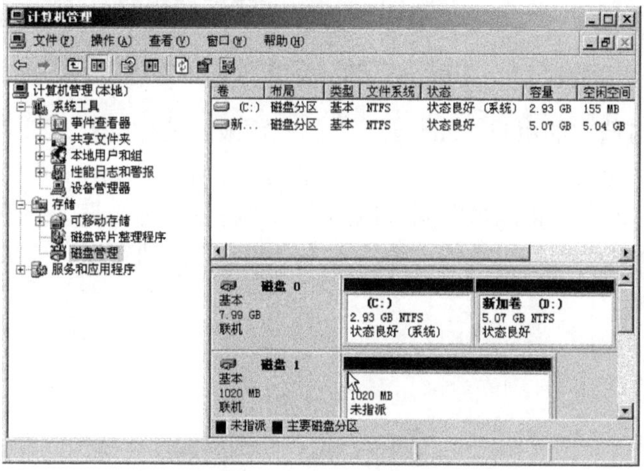

图 3.53　磁盘分区创建完成

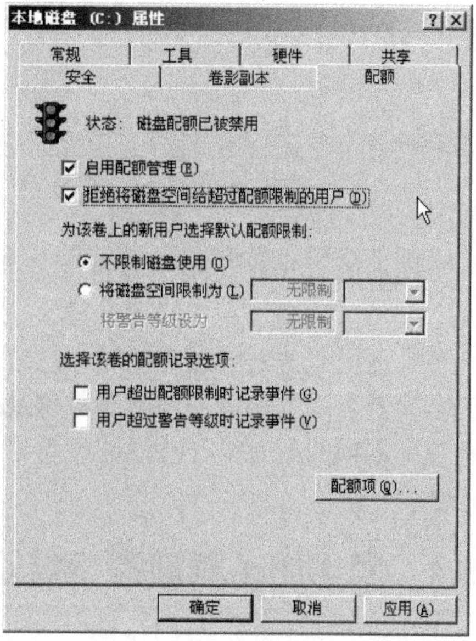

图 3.54　磁盘配额设置

如果网络管理员希望不限制用户使用计算机磁盘空间大小的话，可选定“不限制磁盘使用”单选按钮，以使所有用户随意使用计算机的磁盘空间。

通常网络管理员需要限制用户使用服务器的磁盘空间数量，以便保证所有网络用户都可顺利地访问服务器及使用网络资源。这时，管理员可选中“将磁盘空间限制为”单选按钮，同时在后面的磁盘容量单位下拉列表框中选择需要的磁盘容量单位，然后在容量大小文本框中输入合适的数值以便将用户使用服务器的磁盘空间限制在该数值范围内。

如果管理员希望，在客户机使用服务器磁盘空间过程中，超过了为它分配的磁盘配额时，系统能及时地给出警告，可在“将警告等级设为”文本框中输入合适的磁盘容量数值，当用户超过了设定的磁盘配额限制时，系统将自动给出警告。

另外，管理员可以分别选定“用户超出配额限制时记录事件”复选框和“用户超过警告等级时记录事件”复选框，以启用这两项配额记录选项。

单击“配额项”按钮，打开“本地磁盘（C:）的配额项”窗口。如果管理员需要创建一个新的配额项，可打开“配额”菜单，选择“新建配额项”命令，如图 3.55 所示。然后打开“选择用户”对话框。在“查找范围”下拉列表框中，管理员可以选定想要创建配额项的用户，这里选定了用户“zhangsan”。单击“添加”按钮后，系统将自动把选定的用户添加到“选择了下列对象”列表框。单击“确定”按钮，打开“添加新配额项”对话框，如图 3.56 所示。

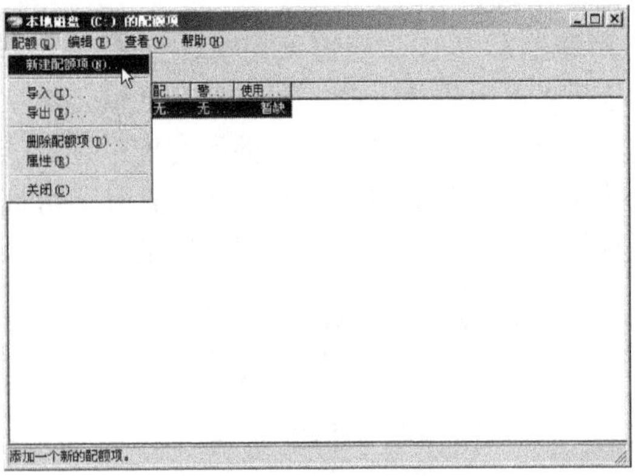

图 3.55　新建磁盘配额

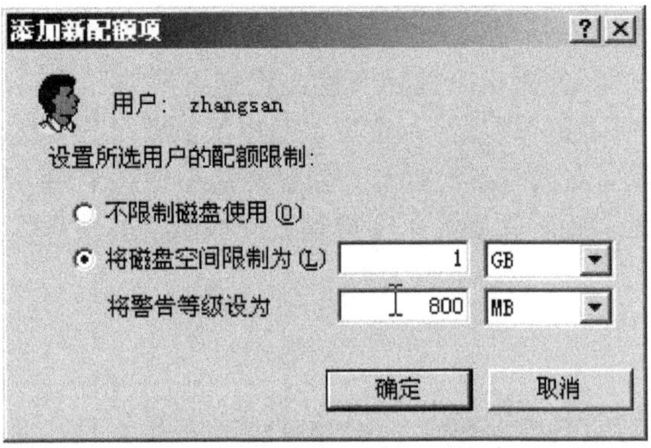

图 3.56　“添加新配额项”对话框

在如图 3.56 所示对话框中，可以对选定的用户“zhangsan”的配额限制进行设置。同上面“配额”选项卡中的设置一样，可以选定“不限制磁盘使用”单选项以便“zhangsan”可以任意使用服务器的磁盘空间，也可以选定“将磁盘空间限制为”和“将警告等级设为”单选项设置合适的磁盘空间限制数值及系统警告等级数值。最后单击“确定”按钮，即可完成新建配额项的所有操作并返回设置结果。

3.4　网络服务器的系统维护

3.4.1　性能监视器

性能监视器是用于监测本地计算机或网络上其他计算机性能的图形工具，它可以查看不同对象（处理器、内存、高速缓存、线程和进程）的活动，用于测量吞吐量及内部拥塞的情况。

启动“性能监视器”的步骤如下：执行“开始”→“程序”→“管理工具（公用）”→“性能”命令，打开“性能”控制台窗口，在控制台目录树中选择“系统监视器”，如图 3.57 所示。

性能监视器提供了制作图表、警报和报告的功能，方便用户掌握系统当前的活动。

（1）查看并动态地反映当前活动的图表，可以显示根据用户的设定频率更新计算值。

（2）将数据从图表、日志、警报和报表中导出到电子表格或数据库，以便用户做进一步的处理和打印。

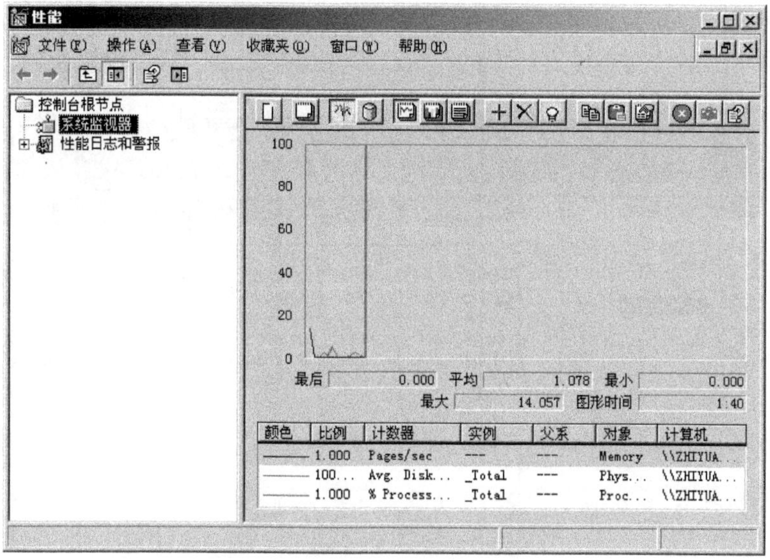

图 3.57　系统监视器

（3）事件的系统警报可以记录在“事件浏览器”的应用程序日志中或发出网络警报通知用户。

（4）创建日志文件，该文件包含关于计算机的各种对象的数据。

（5）将已有日志文件中的一部分附加到单个文件中，形成长期存档文件，方便用户以后查阅。

（6）查看当前活动的报告或从已有的日志文件中创建报表。

3.4.2　事件查看器

Windows Server 2003 中主要有三个不同的事件日志。

（1）系统日志。该文件记录系统的各种系统模块中发生的重大事件，包括引导时可能出现的错误，与设备通信时设备驱动器出现的错误，或可能出现的子系统失败。

（2）应用程序日志。用于对应用程序所提供的事件进行记录。应用程序开发者决定监视哪些事件。

（3）安全日志。用于各个部分记录有关系统安全性事件，包括有效和无效的登录尝试和与资源使用有关的事件。

查看“事件日志”的步骤如下：执行“开始”→“程序”→“管理工具（公用）”→“事件查看器”命令，打开“事件查看器”窗口，如图 3.58 所示。

在“事件查看器”窗口的“日志”菜单下选择“系统”、“安全”或“应用程序”可以决定查看哪种类型的日志。事件日志中的时间按发生的日期和顺序列出，默认情况下，最新的事件列在最前面。要查看与事件有关的说明和细节，可以直接双击事件或选择“查看”菜单下的“详细资料”。每个事件由以下几个部分组成：“日期”指事件发生的日期；“时间”指事件发生的时间；“来源”指产生事件的应用程序、系统服务或设备驱动程序名；“分类”指根据事件来源进行的分类，主要用于安全日志中；“事件”指事件的标志（ID），每个事件 ID 唯一地标识一个事件，事件 ID 及来源主要用于定位系统故障；“用户”指引发该事件的用户，一般用于安全日志中；“计算机”指该事件是在哪台计算机上发生的。

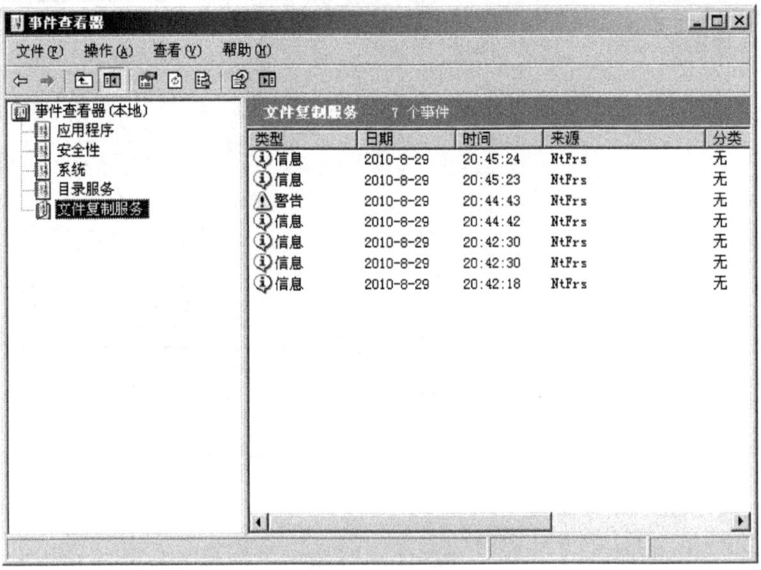

图 3.58　事件查看器

事件日志文件会占用磁盘空间，尤其服务器运行了较长时间以后，日志文件占用的磁盘空间就相当可观了，所以过一段时间就应该对日志文件进行处理，既可以将日志文件清空，也可以将日志文件保存在其他位置以便于以后查看。

3.4.3 任务管理器

在任务栏上单击右键，选择“任务管理器”，弹出“Windows 任务管理器”界面，如图 3.59 所示。

图 3.59　任务管理器界面

“应用程序”选项卡下显示计算机上正在运行的程序（也称做任务）的状态，可以切换、结束程序。双击一个程序可以完成切换，单击一个程序，再单击“结束任务”按钮，可以结束程序。

“进程”选项卡显示计算机上正在运行的进程信息，通过该窗口，可以结束进程。单击一个进程，再单击“结束进程”按钮，可以结束进程。

“性能”选项卡显示计算机性能的动态信息，包括 CPU 和内存的使用情况、正在运行的项目数（包括句柄、进程和线程），以及关于物理内存和核心内存的信息等。

3.5　本章小结

Windows Server 2003 网络操作系统的安装与配置是局域网系统平台搭建的首要任务。该系统对局域网的组织与管理，主要是通过域的形式来进行的，也就是说，域控制器是整个局域网管理的核心。因此，域控制器的安装与配置又是网络操作系统安装与配置的首要任务，而且也是本章最为重要的内容。

账号管理是局域网的用户和计算机管理的重要方式，通过创建账号组，可将具有相同权限的用户隶属于同一个组中，从而进行分类管理。因此，用户账号、组和计算机账号管理是 Windows Server 2003 网络管理中的重要工作。

Windows Server 2003 为网络管理员提供了各种各样的管理工具，使其管理工作更加简便和快捷。本章介绍了文件系统、共享管理、磁盘管理、计算机管理等，可以充分利用这些工具进行网络的日常管理和维护工作。

安装及配置一个 Windows Server 2003 网络的难易程度取决于用户对网络的需求及设备环境。所以在安装一个实际的网络以前必须进行详细的系统分析，确定网络的实际需求，按实际工作需要、预期目标和环境条件的限制等作出最终决定，并且还必须考虑网络的扩展性。

习题 3

1. 简述 NTFS 文件系统的优点。
2. 访问 NTFS 文件夹的六种基本权限有哪些功能？
3. 简述采用活动目录的优点。
4. 基本磁盘有哪几种分区，它们各自的作用是什么？
5. 动态磁盘有哪些卷？哪几种卷能够提高数据的读写速度？哪几种卷能够进行容错？
6. 共享权限有哪几种？
7. 简述将打印机设置为共享的操作步骤。

第 4 章　应用服务器的配置与管理

在完成网络操作系统的安装与配置之后，便形成了基于 Windows Server 2003 的服务器平台。在这个平台上，可以通过安装一系列的网络服务，把该服务器配置成诸如 DNS 服务器、Web 服务器、FTP 服务器、DHCP 服务器等具备各种功能的服务器，以便为网络中的客户机提供相应的服务。

DNS 服务器在网络中提供域名解析服务。它既可以把域名解析成对应的 IP 地址，又可以把 IP 地址解析成对应的域名。这项功能对于实现网络连接至关重要。Web 服务已在目前的局域网或 Internet 中得到广泛应用，借助 Web 服务可以方便迅速地通过 Internet 向全球用户发布和获取信息，从而在全球范围内跟客户或合作伙伴建立广泛的联系。FTP 是 Internet 中普遍应用的服务，主要用于文件下载与资源共享等。DHCP 服务器的主要作用是为网络客户机分配动态的 IP 地址，减少手工分配 IP 地址的劳动量和错误。本章将围绕上述四类主要的应用服务进行介绍。

4.1　创建与管理 DNS 服务

4.1.1　DNS 简介

域名服务（Domain Name Service，DNS）是域名解析服务的缩写，其主要功能是将网络域名与 IP 地址进行相互转换。例如，在 Internet 上进行网站浏览时，通常使用的是便于用户记忆的称之为域名的友好名字，许多人都能记住百度网站的域名 www.baidu.com，但很少有人能记住其 IP 地址。用户的计算机使用 www.baidu.com 来访问百度的 Web 服务器时，得先设法找到该 Web 服务器对应的 IP 地址，因为实际上客户机与服务器之间仍是通过 IP 地址进行连接的。用来记住该 Web 域名和 IP 地址，并接受客户查询的计算机，称之为 DNS 服务器。DNS 服务免除了用户记忆枯燥的 IP 地址的烦恼，并使用具有层次结构的名称来定位本地 TCP/IP 网络和 Internet 上的主机及其他资源。

1．DNS 的域名空间

为了方便管理及确保网络上每台主机的域名绝对不会重复，整个 DNS 结构设计成 4 层，组成一个倒立的树状结构，如图 4.1 所示。

DNS 树状结构的最上级是根域，用圆点（.）表示。当下层的任何一台服务器无法解析某个 DNS 名称时，便可以向根域的 DNS 寻求协助。理论上，如果所查找的主机是按规定注册的，那么无论它位于何处，只要从根域的 DNS 服务器往下层查找，就一定可以解析出其 IP 地址。

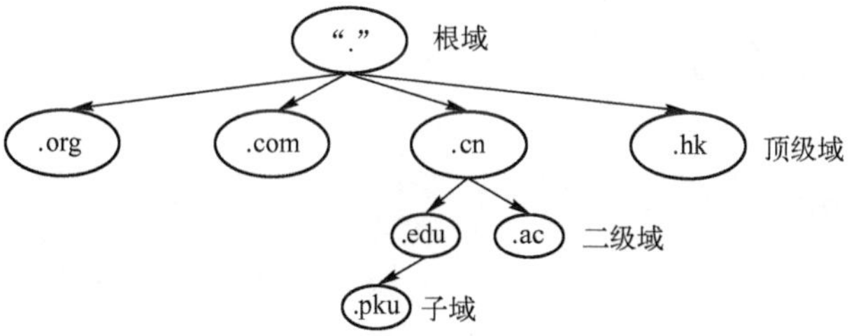

图 4.1　DNS 的域名空间

根域的下面是顶级域，其按照组织的类型分为很多类型，如 org、net、edu、cn、hk 等。各类机构在申请域名时必须在本机构所属的类别中申请自己的域名。如教育机构在 edu 类别中申请域名，商业机构在 com 类别中申请域名。

顶级域的下面是二级域。二级域中包含各类组织机构所注册的域名，如 edu.cn 是中国教育机构所注册的域名，microsoft.com 是微软公司注册的域名等。所有机构申请注册的域名必须经过核准后才可以使用。

位于 DNS 域名空间中的所有主机的命名方式是“计算机名+域名”，如位于 pku.edu.cn 域中的主机 www，其完整名称为 www.pku.edu.cn。

2．DNS 的查询过程

DNS 查询过程是指 DNS 服务器将某 DNS 域名解析为 IP 地址的过程。我们以用户访问北京大学的网站 www.pku.edu.cn 的域名解析过程为例来介绍域名解析的全过程。

（1）用户所用的计算机送出一个问题给这台计算机的 DNS 服务器：请求 www.pku.edu.cn 的 IP 是什么？

（2）DNS 服务器首先查询本地缓存是否有此记录，如有就给出答案。

（3）如没有，这台计算机的 DNS 服务器就会查询“根域”的 DNS 服务器：关于“.cn”域名的 IP 要询问谁？

（4）根域的 DNS 服务器就会回答“.cn”要向谁去查询（同时用户的计算机指向的 DNS 会将这个答案放入缓存）。

（5）接下来用户所用的 DNS 就会向“.cn”这层的 DNS 查询：关于“.edu.cn”域名的 IP 要问谁？

（6）“.cn”这层的 DNS 服务器就会回答“.edu.cn”要向谁去查询（同时用户的计算机指向的 DNS 也会将这个答案放入缓存）。

（7）如此反复，直到这台机器得到 www.pku.edu.cn 的 IP 地址（同时用户的计算机指向的 DNS 也会将这个答案放入缓存），解析过程完成。这样，用户的计算机就可以通过该 IP 访问 www.pku.edu.cn 这台服务器了。

当 DNS 客户端向 DNS 服务器提交域名查询 IP 地址，或 DNS 服务器向另一台 DNS 服务器（提出查询的 DNS 服务器相对而言也是 DNS 客户端）提交域名查询 IP 地址，DNS 服务器作出响应的过程称为正向解析。

反过来，如果 DNS 客户端向 DNS 服务器提交 IP 地址而查询域名，DNS 服务器作出响应的过程则称为反向解析。

4.1.2 创建DNS服务

1. 安装DNS服务

要架设DNS服务器，首先要在服务器上安装“DNS服务”组件。执行“控制面板”→“添加/删除程序”→“Windows 组件导向”→“网络服务”命令，选择“域名系统（DNS）”复选项并单击“确定”按钮，如图4.2和图4.3所示。

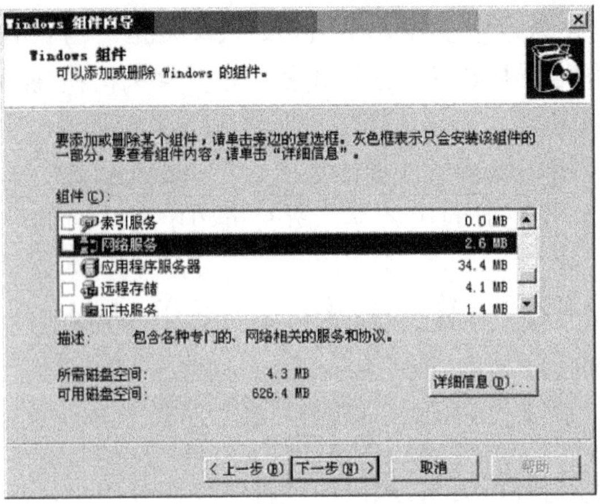

图4.2 网络服务选项界面

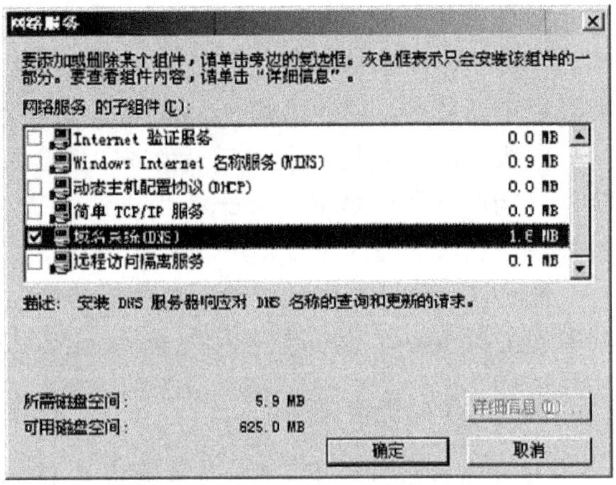

图4.3 安装DNS服务

根据提示的步骤完成安装。此后，执行“开始”→“程序”→“管理工具”命令，打开的窗口中增加了一个新的“DNS服务”选项，可打开DNS控制台，如图4.4所示。

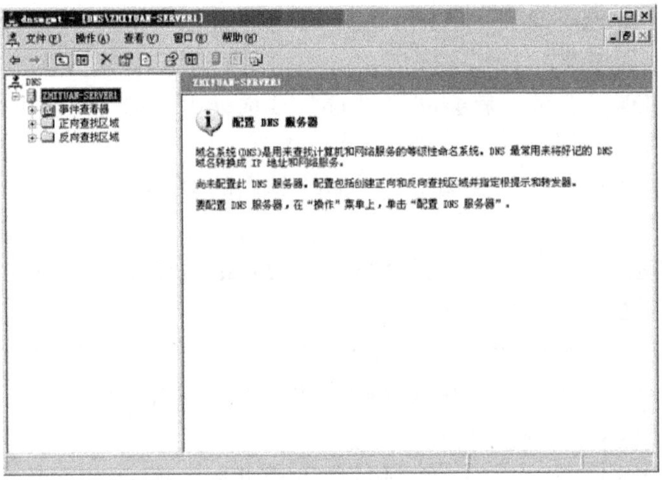

图4.4 打开DNS控制台

2. 配置DNS区域

（1）配置DNS服务器的IP地址。

搭建DNS服务器之前，应该首先将DNS服务器的IP地址设置为固定的IP地址，将

“首选 DNS 服务器”地址配置成与本机的 IP 地址一致，如图 4.5 所示。

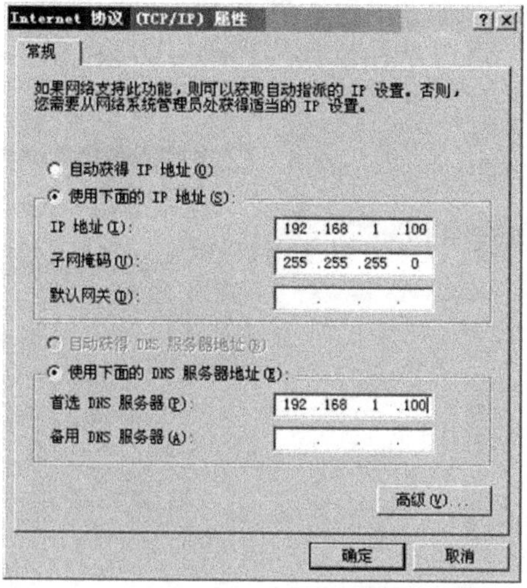

图 4.5　DNS 服务器固定 IP 地址的配置

（2）创建 DNS 区域。

网络中的 DNS 服务是按区域来划分的。DNS 的解析先建立不同的区域，然后建立对应的主机，逐层加以解析。DNS 客户端向 DNS 服务器提出查询，DNS 服务器作出响应的过程称为域名解析。域名解析又分为正向解析与反向解析。因此 DNS 区域的创建可以分为正向和反向两种方式，这里首先创建正向区域。

选中“DNS 窗口”中的正向查找区域，单击鼠标右键，选择“新建区域”选项，打开新建区域向导，在新建区域中，选择“主要区域”选项，单击“下一步”按钮，弹出“新建区域向导”对话框。

在“区域名称”中输入域名 zhiyuan.com，将区域文件名设置为 zhiyuan.com，如图 4.6 所示，在“动态更新”对话框中选择动态更新的类型，我们这里接受默认的选择，单击“下一步”按钮，区域创建完成，如图 4.7 所示。

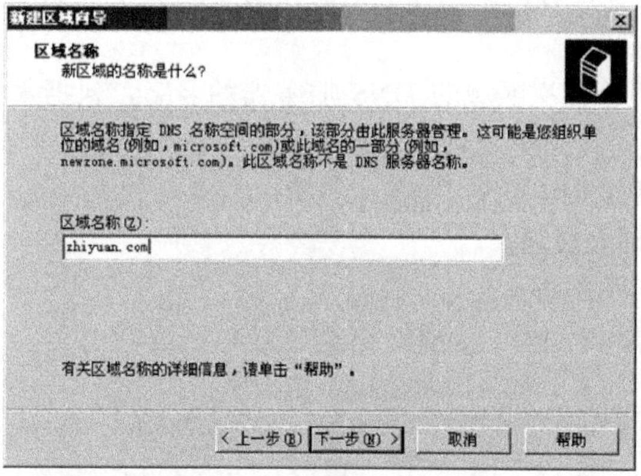

图 4.6　设置区域名称

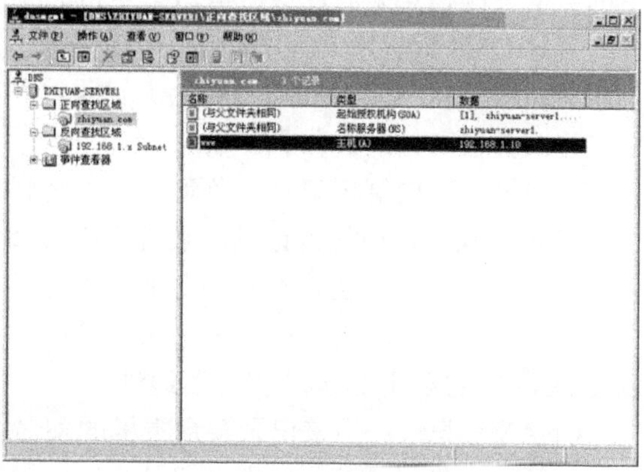

图 4.7　DNS 区域创建完成

上述步骤创建了正向查找区域，接下来创建反向区域。选中 DNS 管理界面中的“反向查找区域”选项并右击，选择“新建区域”选项，如图 4.8 所示。

在弹出的对话框中选择要建立的区域类型，这里我们选择“标准主要区域”，单击“下一步”按钮，注意只有在域控制器的 DNS 服务器才可以选择“Active Directory 集成的区域”。弹出如图 4.9 所示对话框时，直接在“网络 ID”处输入此区域支持的网络 ID，如 192.168.1，它会自动在“反向查找区域名称”处设置区域名“1.168.192.in-addr.arpa”。

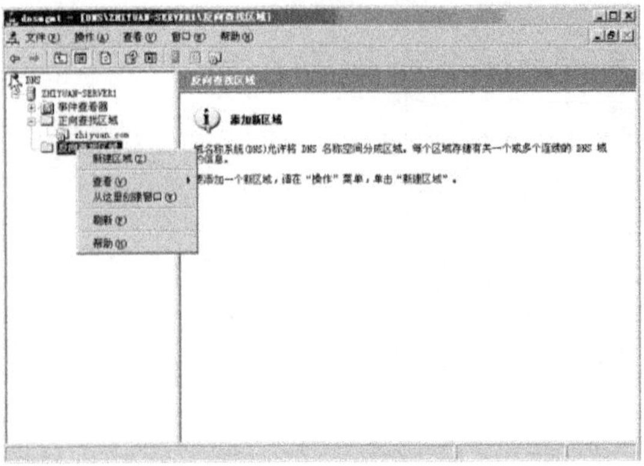

图 4.8 创建反向查找区域

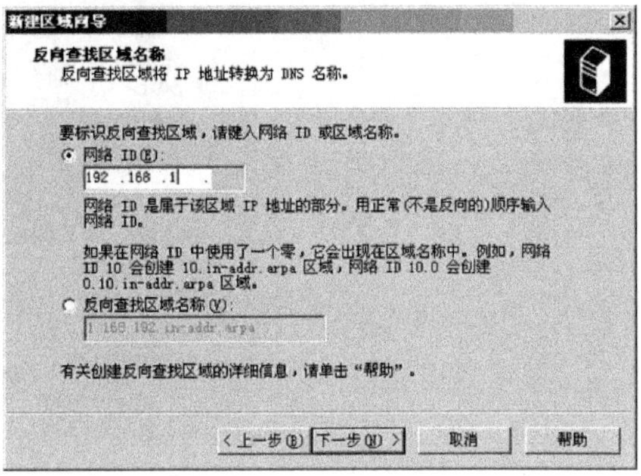

图 4.9 输入网络 ID

弹出“区域文件”界面，系统默认文件名为“1.168.192.in-addr.arpa.dns”，单击“下一步”按钮。弹出“动态更新”界面，选中“不允许动态更新”单选项，单击“下一步”按钮。进入创建反向区域完成界面，单击“完成”按钮。

3. 在区域中添加资源记录

每个 DNS 数据库都是由资源记录组成的。资源记录包含与特定主机有关的信息，如 IP 地址，主机所有者或提供服务的类型。当进行 DNS 解析时，DNS 服务器取出来的是与域名相关的资源记录。

在区域中添加的 DNS 资源记录类型包括以下几种。

起始授权机构 SOA（Start Of Authority）记录：该记录表明 DNS 名称服务器是 DNS 域中的数据表的信息来源，该服务器是主机名字的管理者，创建新区域时，该资源记录自动创建，且是 DNS 数据库文件中的第一条记录。

名称服务器 NS（Name Server）记录：指明管辖次区域的 DNS 服务器的名字，包括主要名称服务器和辅助名称服务器。

A 记录：正向解析记录，负责解析域名到 IP 地址。

PTR 记录：反向解析记录，负责解析 IP 地址到域名。

SRV 记录：记录提供特殊服务的服务器的相关数据。

MX 记录：在网络中存在 E-mail 服务器，需要添加一条 MX 记录对应 E-mail 服务器，以便 DNS 能够解析 E-mail 服务器地址。

CNAME 记录：用来记录某台主机的别名。

下面以新建主机记录和新建别名记录为例，说明在区域中添加 DNS 资源记录的步骤。

（1）新建主机记录。

主机记录用于 DNS 域名映射到 IP 地址。新建主机的步骤如下。

① 在 DNS 控制台树中，选择“正向查询区域”中已经建好的 zhiyuan.com 区域并右

击，选择“新建主机”选项，如图 4.10 所示。

② 弹出“新建主机”对话框，在“名称”文本框中，输入新主机的 DNS 计算机名称 info，在“IP 地址”文本框中，输入新主机的 IP 地址 192.168.1.123，如果要将新添加的主机 IP 地址与反向查询区域相关联，则选中“创建相关的指针（PTR）记录”复选项，系统将自动生成相关反向查询记录，如图 4.11 所示。

③ 单击“添加主机”按钮，向区域添加新主机记录。这样就成功创建了主机记录。重复步骤②～③可添加其他的主机。

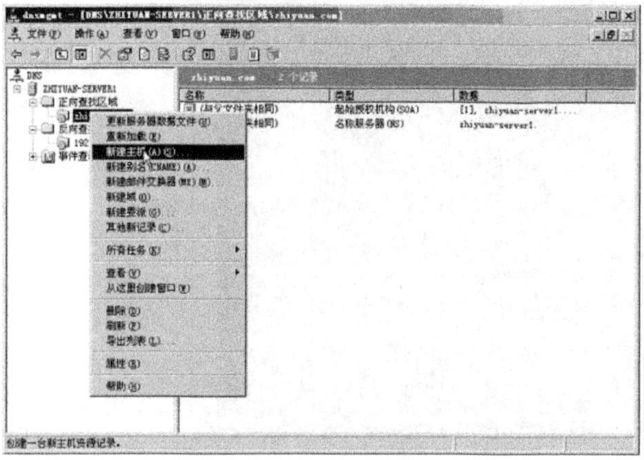

图 4.10　新建主机记录

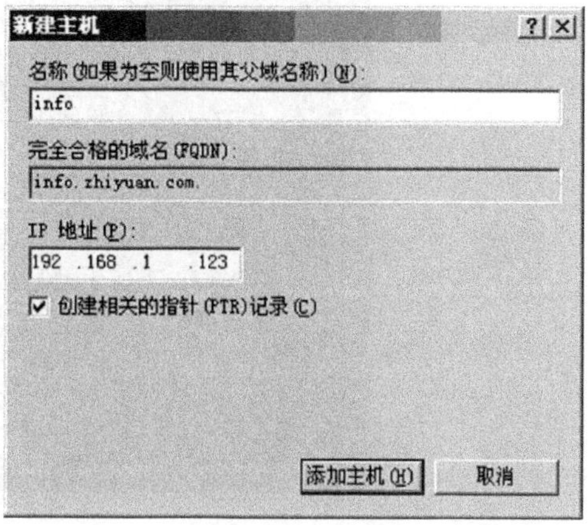

图 4.11　新建主机记录并创建 PTR 记录

（2）新建别名记录。

别名记录用于将 DNS 域名的别名映射到另一个主机记录。下面为主机 www.zhiyuan.com 建立别名 ftp.zhiyuan.com。

① 在控制台中，选择“正向查找区域”的 zhiyuan.com 区域并右击，选择“新建别名”选项。

② 弹出“新建资源记录”界面，在“别名”文本框中，输入别名 ftp；在“目标主机的完全合格的域名”文本框中，输入将使用此别名的 DNS 主机的完全合格的域名。可以单击“浏览”按钮来搜索域中主机的 DNS 名称空间，其中该域已定义了主机记录，如图 4.12 所示。

③ 单击“确定”按钮，即成功在该区域中添加新的别名记录。

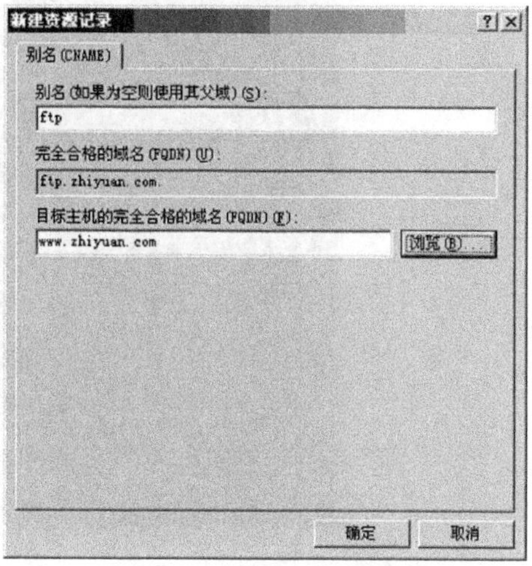

图 4.12　新建别名记录

4.1.3　DNS 测试

配置好 DNS 并启动进程后，应该对 DNS 进行测试，最常用的测试工具是 nslookup 和 ping 命令。

1. nslookup 命令

nslookup 命令用来向 Internet 域名服务器发出查询信息，分为交互式查询模式和非交互式查询模式。当没有指定参数（即使用默认的域名服务器）或第一个参数是“_”，第二个参数为一个域名服务器的主机名或 IP 地址时，nslookup 为交互模式；当第一个参数是待查询的主机的域名或 IP 地址时，nslookup 为非交互模式。此时，任选的第二个参数指定了一个域名服务器的主机名或 IP 地址。下面通过实例介绍如何使用交互模式对 DNS 进行测试。

（1）正向解析测试界面如图 4.13 所示。

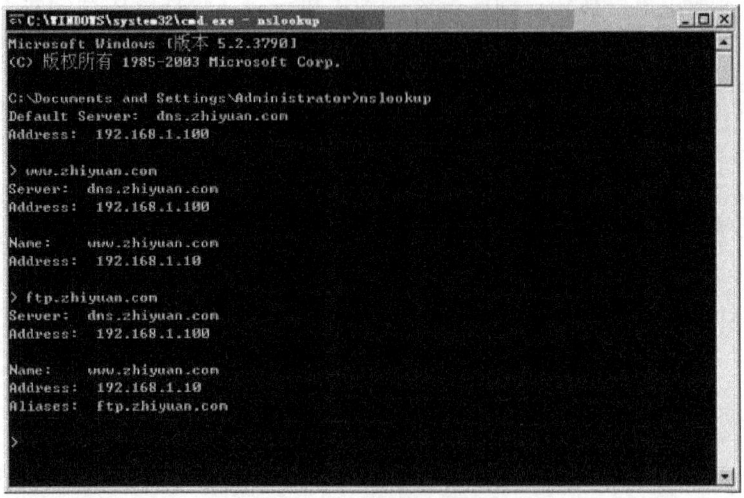

图 4.13　正向解析测试界面

（2）反向解析测试界面如图 4.14 所示。

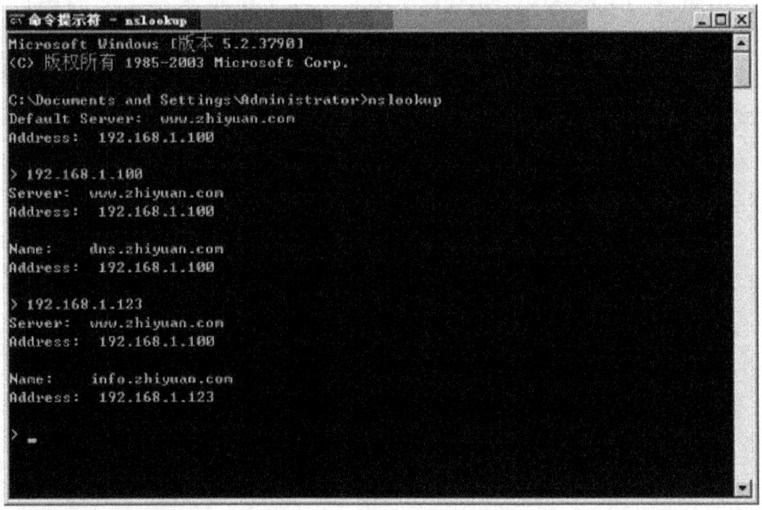

图 4.14　反向解析测试界面

2．ping 命令

Ping 命令是用来测试 DNS 能否正常工作的最为简单和实用的工具。如果需要测试 DNS 服务器能否解析 www.zhiyuan.com，在命令行直接输入 ping www.zhiyuan.com，DNS 服务配置成功的结果如图 4.15 所示。

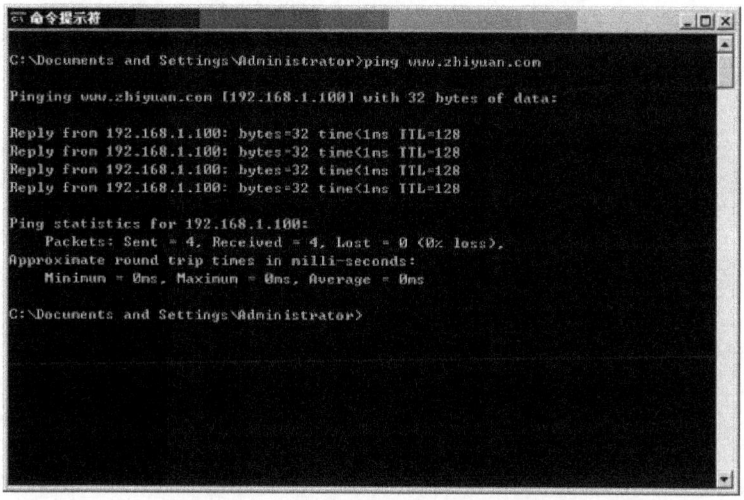

图 4.15　DNS 服务配置成功的结果

4.2　创建与管理 Web 服务

4.2.1　Web 概述

1．Web 简介

Web 技术是将文本、声音、图像等 Internet 资源紧密地结合在一起的一种服务形式。Web 技术中最吸引人的地方，就是能够链接位于不同地方的资源。

在 Internet 中，可以将世界范围内的信息广泛地发布出来，这些发布的信息可以是文字、声音、图形、影像等各种形式。必须有一种统一的规范将这些信息连接起来，在网络中使用最为广泛的协议就是超文本传输协议。

所谓超文本（Hypertext），就是指超越普通文本的文件，在一个超文本文件中，除了表述信息的文字、声音、图片、视频等，也可以连接到另一个超文本文件。网页（Page）就是 Web 上的超文本文件形式。

随着网络技术的不断发展，人们希望能够在网络上看到文本以外的内容，配合超文本技术，使文件中含有图形、图像、声音等多媒体的数据形式。这种能传递多媒体数据形式的分布式网络即为超媒体技术。

超文本传输协议 HTTP（Hyper Text Transfer Protocol）是 TCP/IP 协议族的应用层协议之一，用于保证超文本文件在主机间的正确传送和接收。

2．统一资源定位器

Web 服务器是通过浏览器提供服务的。为了确定被访问的站点及其网页的位置，浏览器运用统一资源定位器（Universal Resource Locator，URL）技术。

浏览器在工作时，向网络发出与某个 Web 服务器相连接的请求，输入 Web 的地址，然后再索取服务器上的某个文档，其地址由 URL 标识符表达。Web 浏览器通过将 URL 发送到 Web 服务器来请求页面服务，而服务器则使用 URL 中的信息来定位和显示页面。

Internet 上的所有资源都有一个唯一的 URL 地址，其完整格式如下。

传输协议：//服务器主机名/路径/文件名

传输协议定义了客户端浏览器访问各种服务器资源的方法，如超文本传输协议 HTTP 等。

服务器主机名指 Internet 中的域名和主机系统的名称。

路径和文件名用来指定用户所要获取文件的目录。

例如，http://www.online.sh.cn/…/index.htm 的含义如下：

使用超文本传输协议 HTTP，从 www.online.sh.cn 服务器上访问 index.htm 主页。文中的 online 为上海热线，sh 为上海（shanghai），cn 为中国（china）。

使用统一的资源定位器，可以采用分层结构对网络中的资源进行统一的定位。

3. 超文本标记语言与网页

（1）超文本标记语言。

超文本技术的产生，使用户不必知道访问的计算机在网络中的位置，就可以访问网络中的资源，而统一资源定位器的产生又使得资源文件的定位具有了统一的规范，在此基础上，应该有一种统一的语言来实现超文本技术，这就是超文本标记语言（Hyper Text Markup language，HTML）。

目前 Web 上的网页都是采用 HTML 编写的。HTML 是一种强有力的文档处理语言，不是一种程序设计语言。使用文本编辑器（如附件组中的记事本）及专用的 HTML 编辑器等，都可以实现 HTML 的文档编辑。

（2）网页。

将各种形式的文档、文件以超文本的形式连接起来，这种利用超文本技术实现网络数据链接后形成的文件、文档的集合称为网页（Page）。

在 Web 服务器上的许多网页中，为首的网页称为主页（Home Page）。主页是 Web 服务器上的默认网页，通过它可以连接到该服务器的其他网页，或是其他服务器的主页。

4.2.2 创建多个 Web 站点和网页发布

IIS 服务安装完成后，便可以建立 Web 站点了。实际上，在 IIS 安装之后就已经建立了一个 Web 站点，只要在默认的站点目录 c:\Interpub\wwwroot 中放置一些所需的网页即可。默认站点的测试如图 4.16 所示。默认 Web 站点建立后，可以将网站发布到当前的网站中，进一步则可以设置多个 Web 站点。

IIS 控制器启动后，如果想要建立新的站点，只需在默认 Web 服务器上单击鼠标右键，选择“新建”→“Web 站点”选项，在出现的窗口中输入新站点的名称，就能够建立一个新的 Web 站点，如图 4.17 所示。

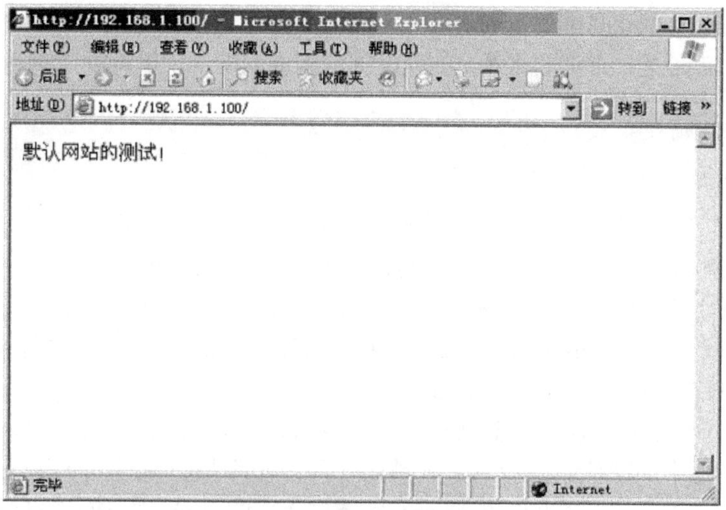

图 4.16　默认站点的测试

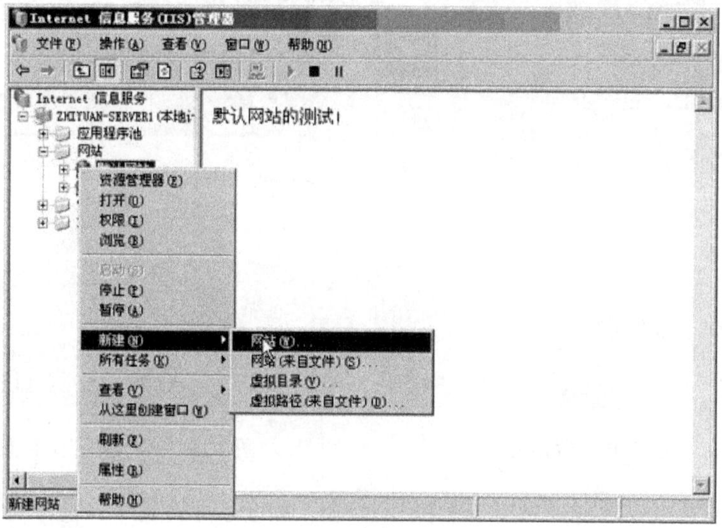

图 4.17　新建 Web 站点

1. 创建多个 Web 站点

Windows Server 2003 支持在一台服务器上创建和发布多个 Web 站点。在一台服务器上搭建多个站点时，每个 Web 站点都有一个由三部分组成的唯一标志（用于接收并响应请求）——端口号、IP 地址及主机头名。所以，可以通过三种方式在一台服务器上搭建多个 Web 站点，即分配不同的主机头名称、不同的端口号或者不同的 IP 地址来区分多个站点。

分配不同的主机头名称：为了搭建多个站点，可以在单个静态 IP 地址上使用多个不同的主机头名称。通过对主机头的支持，使用 DNS 解析主机头名称，就可以搭建多个 Web 站点。

分配不同的端口号：通过使用附加的端口号，只需一个 IP 地址就可以搭建多个站点。例如，如果主站点地址是 http://192.168.1.100，还可通过使用附加的端口号创建更多的站点，如 http://192.168.1.1:8080 和 http://192.168.1.1:8081，这是最常用的一种方式。

分配不同的 IP 地址：通过将多个 IP 地址绑定到多个网卡，也可以搭建多个 Web 站点。

2．添加 Web 站点

（1）新站点的建立。

如果希望建立新的多站点系统，可以分别采用多端口号、多 IP 地址和多主机头名称的方式进行配置。下面以分配不同端口号为例说明创建多个站点的方法。

在“默认 Web 站点”上单击鼠标右键，选择“新建”→“Web 站点”选项，弹出 Web 站点向导，根据提示输入 zhiyuan，建立一个新的 Web 站点标志。单击“下一步”按钮，进行 Web 站点的 IP 及端口设置，如图 4.18 所示。

选用多端口方式实现 Web 的多站点方式，修改端口值为 81，因为默认的端口号值 80 已经被 Web 服务器中的默认站点占用了。单击“下一步”按钮，进入主目录路径窗口。

在主目录路径窗口中，这里设置 F:\test 目录作为新的 Web 站点的主目录，如图 4.19 所示，单击“下一步”按钮，设置 Web 站点权限。

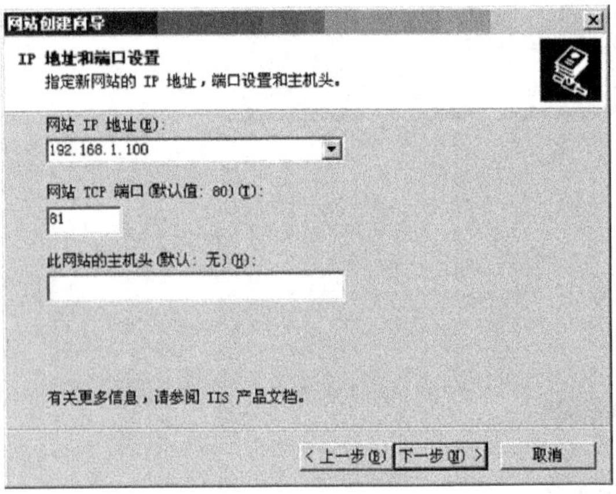

图 4.18 设置 IP 及端口号

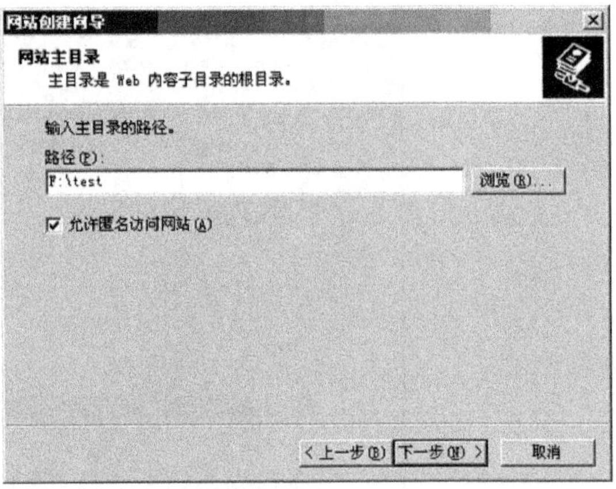

图 4.19 Web 站点主目录路径

在设置 Web 站点权限时，可以控制操作员对网页的访问权限，一般将网络访问者的权限设置为“读取”，防止网络的访问者随意修改网页文件，完成新站点的建立，如图 4.20 所示。

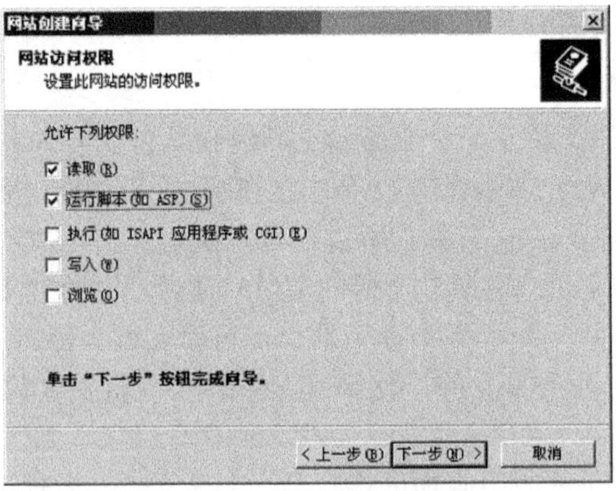

图 4.20 Web 站点访问权限设置

在 IIS 控制器中，可以看到新的站点 zhiyuan 已经建立，新站点建立后，在工具栏中单击“ ”（启动）按钮，新的 Web 站点开始启动，如图 4.21 所示。

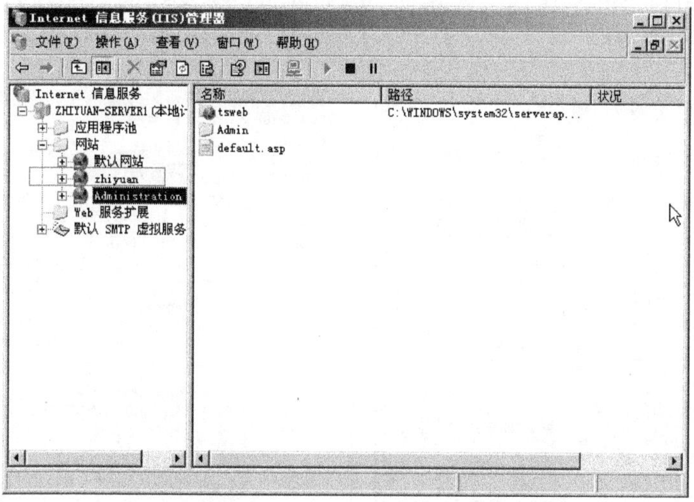

图 4.21　启动新的 Web 站点

（2）Web 站点的发布与站点测试。

建立了网络的 Web 站点以后，便可以将建立的 Web 主页发布到站点上了。只需将新建立的 Web 主页复制到指定的目录中，并在站点的属性设置中，设置主文档为当前网页的主页，设置完成后，就能够建立一个新的 Web 站点。

如果使用 Internet Explorer 浏览器进行测试，在地址栏中输入 http://192.168.1.100:81/，如图 4.22 所示，可以查看网站发布网页成功的结果。

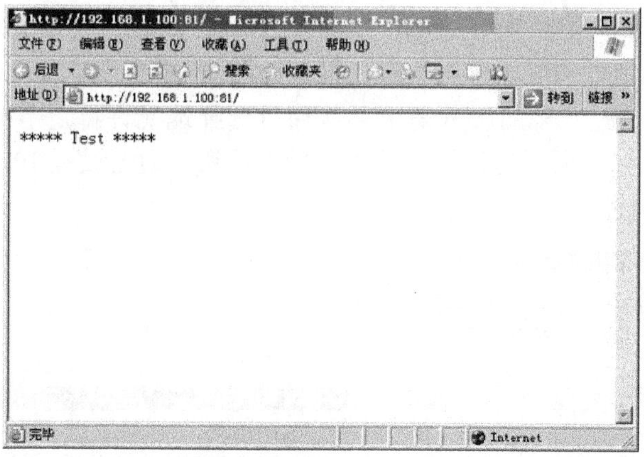

图 4.22　测试站点

4.2.3　Web 的安全管理

IIS 提供了强大的 Internet 和 Intranet 服务功能，如何加强 IIS 的安全机制，建立一个高安全性能的 Web 服务器，已成为 IIS 设置中的一项重要内容。

在“默认 Web 站点属性”（如“test 属性”）设置中，选择“目录安全性”选项卡，可以对当前 Web 站点的安全性加以设置和管理，如图 4.23 所示。

在“目录安全性”选项卡处，选择“身份验证和访问控制”右侧的“编辑”按钮，可以设置是否允许用户以匿名访问方式访问 Web 站点。匿名访问即无须对用户进行身份验证，允许任何人匿名访问站点，在身份认证中的安全性是最低的，如图 4.24 所示。

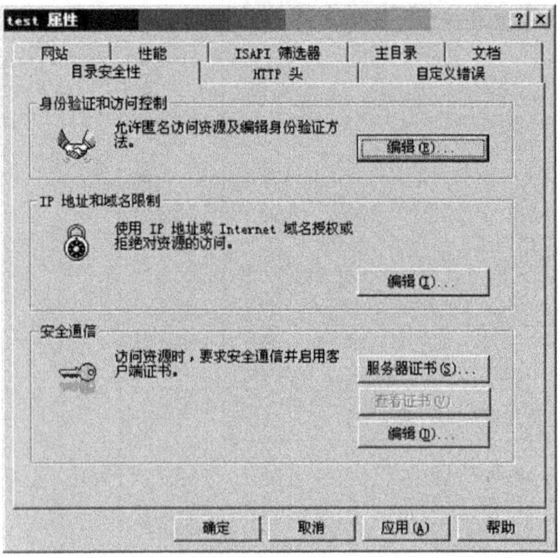

图 4. 23 “目录安全性”选项卡

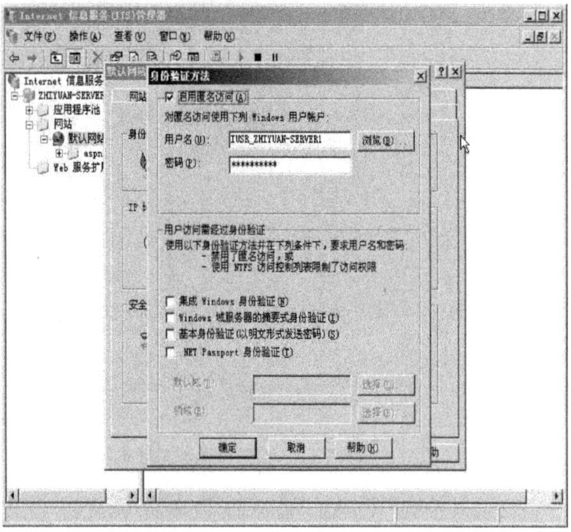

图 4.24 设置身份验证和访问控制

在“安全通信”对话框，如果没有勾选“要求安全通道（SSL）”复选项，用户在网页上输入的用户名和口令将以明文方式在网络上传输，没有任何加密，非法用户可以通过网上监听来拦截数据包，并从中获取用户名及密码。如果要实现安全的通信，则勾选“要求安全通道（SSL）”复选项，用户的数据安全性能够得到进一步加强，如图 4.25 所示。

在图 4.23 所示“目录安全性”选项卡中单击“IP 地址和域名限制”区域右侧的“编辑”按钮，弹出“IP 地址和域名限制”对话框，如图 4.26 所示。在此对话框中可以设置允许（或拒绝）从特定 IP 发来的服务请求，从而有选择地允许特定节点的用户访问 IIS 服务，用户可以单击图 4.26 所示对话框中的“添加”按钮，通过设置 IP 地址范围，来限制用户对 Web 服务器的访问。

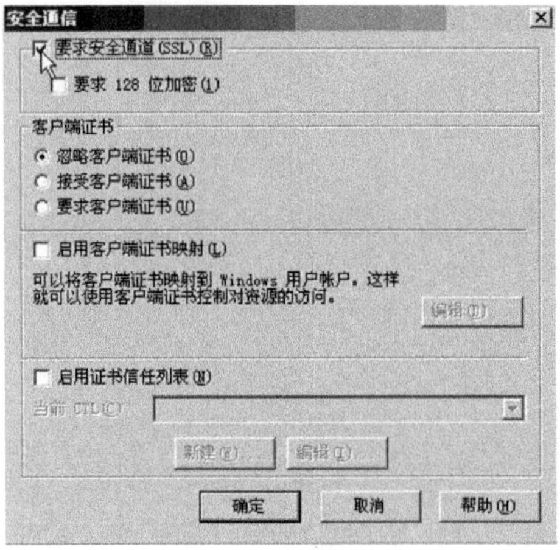

图 4.25 设置 SSL 加密

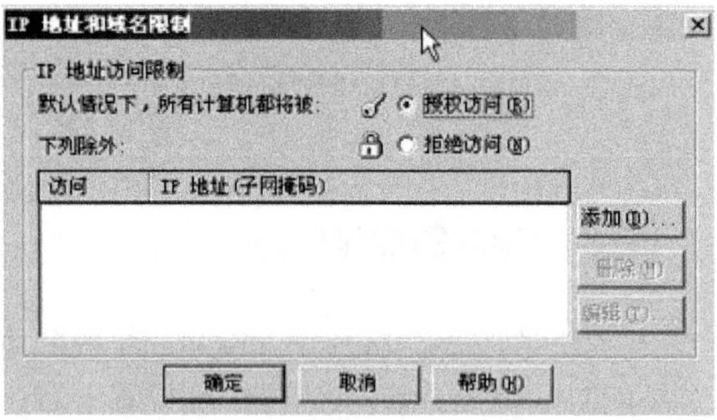

图 4.26 设置 IP 地址和域名限制

4.3　创建与管理 FTP 服务

文件传输协议（File Transfer Protocol，FTP）是网络中一种比较“古老”的服务方式，比 Web 服务方式还要早。通过 FTP 服务器可以快速地在网络上传输大量文件。因此，FTP 服务也是网络中一种常用的数据交换方式。

在网络上传输文件，实现文件之间的交换，可以使用各种协议方式实现，如 HTTP 等，但要在网络中快速地传输大量的文件，则选择 FTP 服务器为比较可靠、稳定的方式。FTP 服务器的配置可以在 Internet 服务管理器（IIS）中进行设置。

4.3.1　建立 FTP 站点

建立 FTP 站点最快捷的方法就是使用 IIS 默认的 FTP 站点，如果不愿意使用默认站点，也可以自行建立新的 FTP 站点。搭建 FTP 服务器之前仍然要安装 FTP 组件，如图 4.27 所示。

1．默认 FTP 站点的配置

在 Internet 信息服务主窗口选择“默认 FTP 站点”选项，单击鼠标右键，可以设置默认 FTP 站点的属性，如图 4.28 所示。

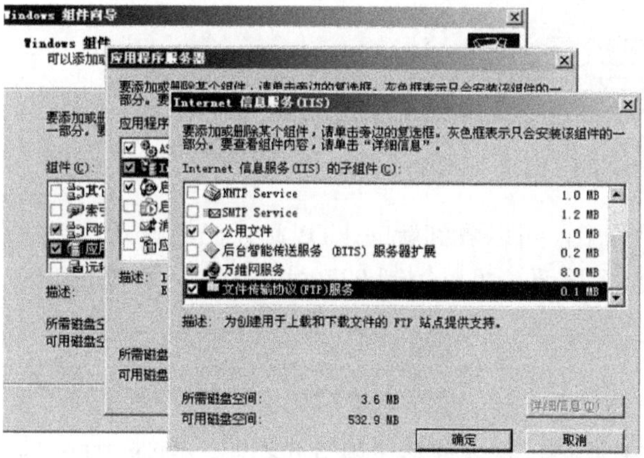

图 4.27　FTP 组件安装

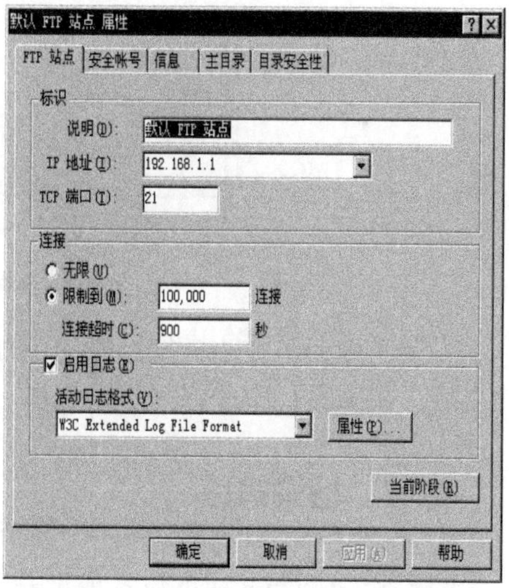

图 4.28　默认 FTP 站点的属性设置

在“标识”处，可以设置分配站点的 IP 地址与端口号，当前设置 IP 地址为 FTP 服务器地址 192.168.1.1，默认 FTP 站点的 TCP 端口号设置为 21。

在“连接”处，可以限制 FTP 站点的网络连接数量与连接超时限制。

在“启用日志”处，可以记载 FTP 站点登录和访问的信息。

相对于 Web 服务器的属性设置，FTP 服务器增加了一个当前会话的选项。进入 FTP 当前会话页面中，可以观察登录到 FTP 服务器站点中的用户情况，甚至可以断开当前连接到站点中的用户。

2. 新建 FTP 站点

选择 IIS 服务器并单击鼠标右键，选择“新建”项中的“FTP 站点”选项，弹出“FTP 站点创建向导”对话框，可以根据提示输入 FTP 站点说明，例如在这时输入 ftp，单击“下一步”按钮，可进入 FTP 站点 IP 及端口设置界面，设置合适的 IP 地址和端口号。

单击“下一步”按钮，在主目录路径窗口中，设置专用的 FTP 站点目录作为新的 FTP 站点的主目录，如图 4.29 所示。最后，在 FTP 站点权限设置中，一般为防止网络的访问者随意修改站点的文件内容，将网络访问者的权限设置为只读和写入权限，只读权限允许用户下载 FTP 站点中的资源，写入权限允许用户上传资源到 FTP 站点中。最后完成一个新的 FTP 站点的建立。

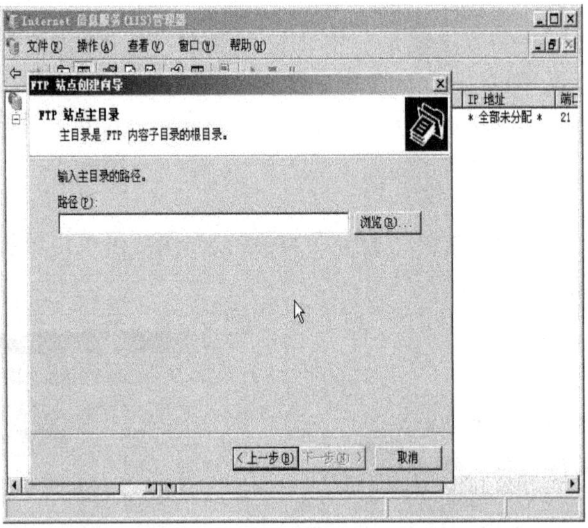

图 4.29　设置 FTP 站点主目录

设置完成后，在 IIS 控制器的 FTP 服务中，可以看到新的 FTP 站点已经建立。新站点建立后，在工具栏中选择“启动”和“停止”按钮，可以控制 FTP 站点的启动和停止。

4.3.2 目录管理

FTP 站点的建立完成后，最重要的管理就是目录管理和访问方式控制，增强 FTP 站点的安全性。

1. FTP 站点的目录属性

在 Internet 信息服务主窗口，选择默认 FTP 站点的属性设置，可以对 FTP 站点的目录加以设置和管理，选择“主目录”选项卡，如图 4.30 所示，在此可以设置 FTP 访问的计算机中的主目录位置，主目录可以是本地计算机上的目录，也可以是另一台计算机中的共享目录。

单击“本地路径”右侧的“浏览”按钮，可以设置站点的实际路径，“读取”、“写入”和“日志访问”则可以设置用户对 FTP 站点的访问权限。

2. 登录方式控制

FTP 服务的登录方式主要有用户登录方式和匿名登录方式。

采用用户登录方式登录 FTP 服务器时，必须输入用户名和密码，通过了用户身份验证后才能登录网络。

采用匿名登录方式登录 FTP 服务器时，不需要输入用户名和密码，但必须由 FTP 服务器开放了相应的匿名服务方式才能通过。

选择“默认 FTP 站点属性”设置中的“安全帐号”选项卡，可以对 FTP 站点的安全性加以设置和管理，如图 4.31 所示。

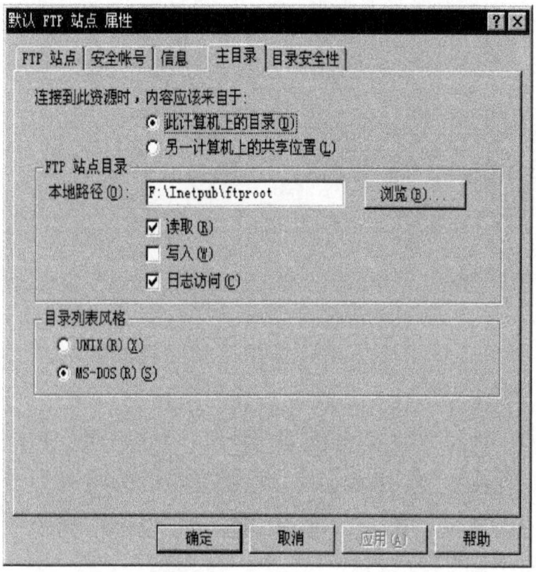

图 4.30　FTP 站点的“主目录”属性

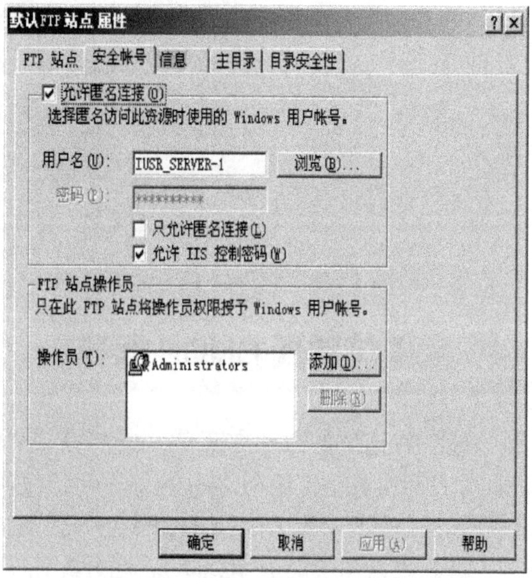

图 4.31　FTP 站点的“安全帐号”设置

在该选项卡中选择“允许匿名连接”复选项，则用户可以采用匿名身份登录。

在“FTP 站点操作员”部分，选择“添加”按钮，添加 FTP 站点操作员，可以独立完成不同 FTP 站点的设置，FTP 站点操作员可减轻网络管理员的工作量。

4.3.3　自定义 FTP 站点信息

当用户登录到 FTP 服务器上时，有时可以见到一段登录的网络消息。

选择“默认 FTP 站点属性”设置中的“信息”选项卡，在“欢迎信息”输入框中，输入“welcome to new server”，表示当有新用户登录到 Web 站点后，显示这些欢迎信息；“退出”输入框中，则可以设置用户退出 FTP 服务器时显示的内容；“最多连接数”则可以设置登录到 FTP 服务器时可同时接入的连接数量，如图 4.32 所示。

最后可以使用浏览器检验 FTP 服务器设置，在地址栏输入 ftp://192.168.1.1。在初始情况下，默认 FTP 站点（Inetpub\ftproot）是没有任何文件的，因此登录上去什么内容也没有，在登录页面的左侧可以看到登录的欢迎信息。

正确地配置 FTP 服务器，可以在网络上快速地传输大量的文件，实现客户端和服务器端之间数据文件的交流。

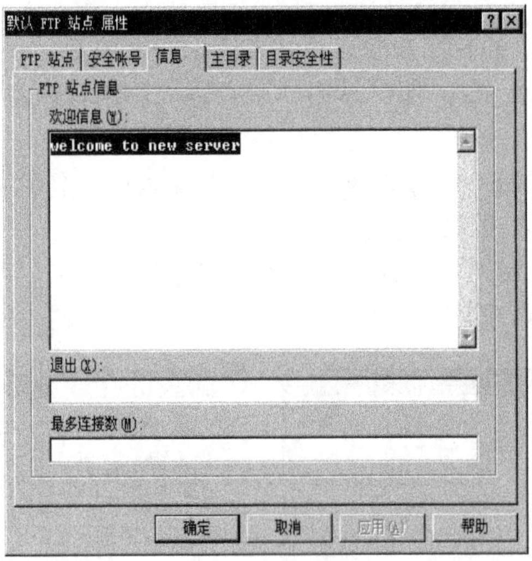

图 4.32 自定义 FTP 站点信息

4.4 创建与管理 DHCP 服务

分配 IP 地址的方法有两种，包括静态分配 IP 地址和动态分配 IP 地址。静态分配 IP 地址即网络管理员手工给网络中的每一台计算机配置固定的 IP 地址，适合在较小的网络中或给重要的服务器（如 DC、DHCP）分配固定的 IP 地址。动态分配 IP 地址由 DHCP 服务器将 IP 地址数据库中的 IP 地址动态地分配给局域网中的客户机。

DHCP 服务器上运行的动态主机配置协议（Dynamic Host Configuration Protocol，DHCP）可以动态地将 IP 地址分配给网络上的计算机。DHCP 避免了由于需要手工在每个计算机上输入 IP 参数而引起的配置错误，且有助于防止由于在网络上配置新的计算机时重复使用以前指派的 IP 地址而引起的地址冲突等问题。

4.4.1 DHCP 服务的安装

执行“控制面板”→“添加/删除程序”→“Windows 组件导向”→“网络服务”命令，选择“动态主机配置协议（DHCP）”复选项，如图 4.33 所示。

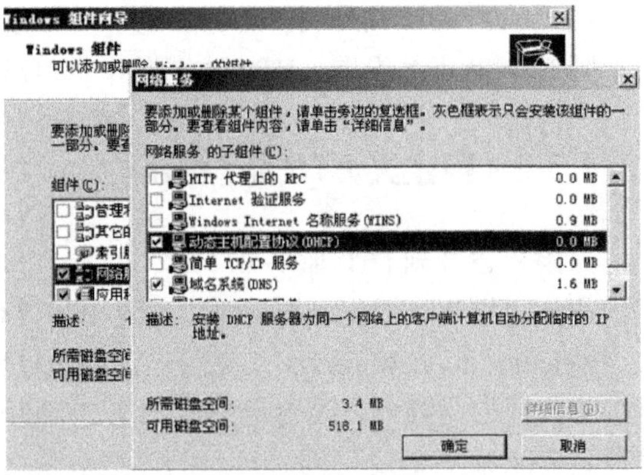

图 4.33 DHCP 组件安装

4.4.2 DHCP 服务器的配置

在配置 DHCP 服务器之前，需要了解在配置过程遇到的相关术语。

作用域：是用于网络 IP 地址的完整连续范围，主要用于定义提供 DHCP 服务的网络上的单独物理子网。

超级作用域：是一组作用域的集合，用来实现相同物理子网中多个逻辑 IP 子网的作用域的分组，它不用于设置具体的范围，仅仅包含子作用域的分组。

排除范围：是作用域中不用于分配的 IP 地址范围。

地址池：在定义 DHCP 作用域并确定排除范围之后，剩余的地址在作用域内形成的可用地址。

租约期限：是客户机使用指派的 IP 地址的时间长度。租约期限是可以手工配置的，默认是 8 天。

保留：通过保留地址，DHCP 服务器能实现永久地址的指派。

选项类型：在向 DHCP 客户机提供租约服务时指派给其他特殊计算机的配置参数。如默认网关（路由器）、WINS 服务器和 DNS 服务器的 IP 地址等。

下面来说明配置 DHCP 服务器的详细步骤。安装了 DHCP 服务器程序之后，执行“开始”→“程序”→“管理工具”命令后可见到一个新的“DHCP 服务”选项，可打开 DHCP 控制器。

1. 建立 DHCP 服务器

在服务器菜单中选择“添加服务器”选项，然后在对话框中输入 DHCP 服务器的 IP 地址 192.168.1.1，可以指定一台新的 DHCP 服务器。注意：DHCP 服务器的地址必须首先配置成静态的。

激活 DHCP 服务器，如图 4.34 所示。服务器激活后才能够为客户端计算机提供动态的 IP 地址分配。

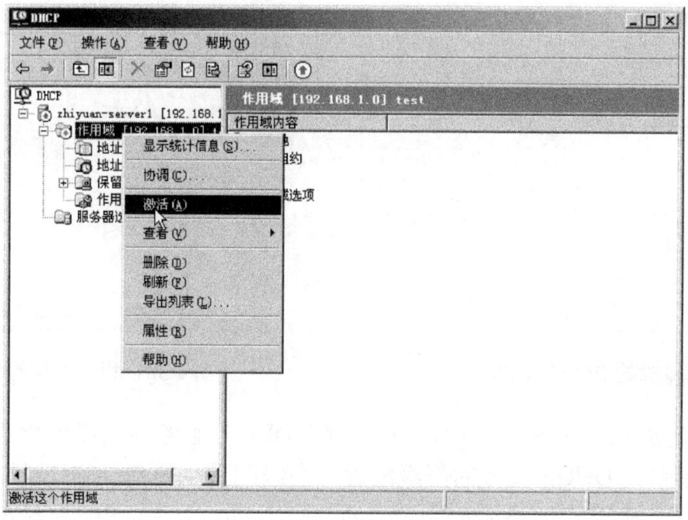

图 4.34 激活 DHCP 服务器

2．创建 DHCP 作用域

DHCP 服务器的主要功能是动态地分配客户机的 IP 地址。建立了 DHCP 服务器后，必须为计算机指定 DHCP 动态 IP 地址的有效范围和子网掩码，创建 DHCP 作用域。

执行“开始”→“程序”→“管理工具”→“DHCP”命令，进入 DHCP 授权管理窗口，在 DHCP 服务器名处单击鼠标右键，选择“新建作用域”选项，如图 4.35 所示。

IP 地址的起始范围应根据网段的不同来进行设置，如图 4.36 所示，设置为 192.168.1.30～192.168.1.90。

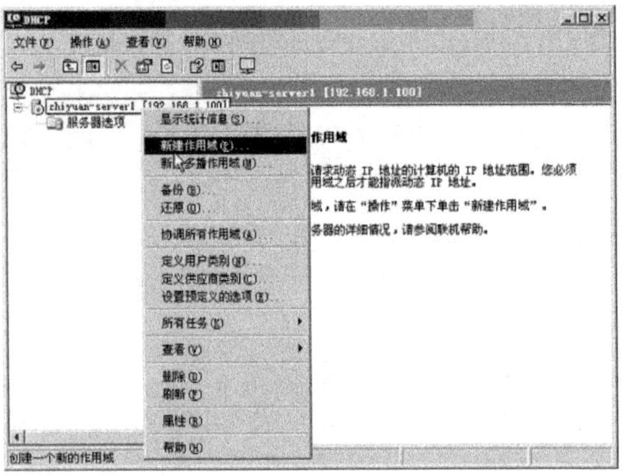

图 4.35　创建 DHCP 作用域

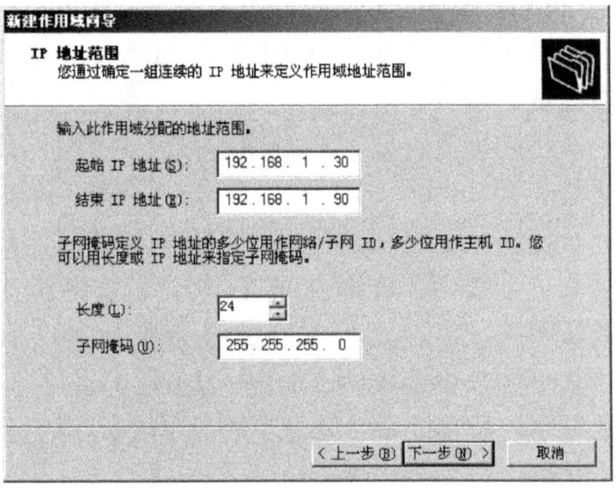

图 4.36　IP 地址范围设置

根据需要，还可以设置排除的 IP 地址范围，在这里设置排除范围为 192.168.1.80～192.168.1.90，如图 4.37 所示。

“租约期限”可以用于限制用户的动态分配 IP 租用时间，如图 4.38 所示。

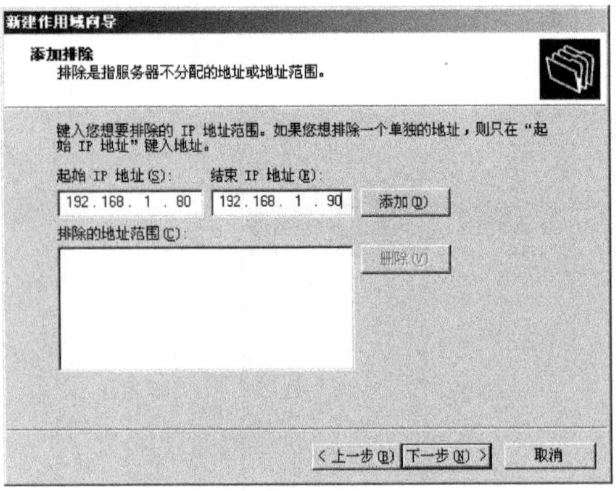

图 4.37　排除的 IP 地址范围

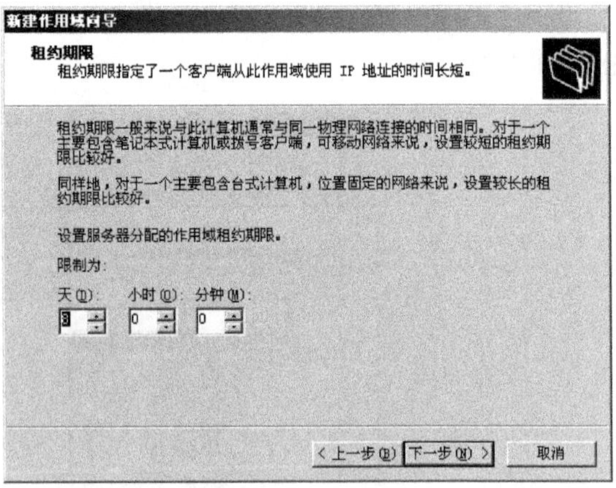

图 4.38　租约期限设置

完成了 DHCP 服务的常规配置后，可以忽略 DHCP 服务的高级配置而单击“下一步”按钮，也可以继续完成 DHCP 服务的高级配置。高级配置主要包括以下内容。

路由器选项：当希望实现不同的网段之间的访问时，可以设置所有客户使用的默认网关地址。

DNS 选项：当希望能够通过 DNS 域名解析 DHCP 服务的 IP 分配时，可以设置所有客户使用的默认 DNS 服务器地址。

WINS 选项：当希望能够通过 Windows Internet 名称服务解析 DHCP 服务的 IP 分配时，可以设置所有客户使用的默认 WINS 服务器地址。

DHCP 服务器启动后，一般的网络客户机只需在客户端的 TCP/IP 设置中，将 IP 地址分配设置为自动分配，如图 4.39 所示。DHCP 服务器可以自动地将 IP 地址分配给客户机，用 ipconfig 命令查看为客户机分配的 IP 地址的相关信息，可以看到该客户机动态获得的 IP 地址为 192.168.1.30，如图 4.40 所示。

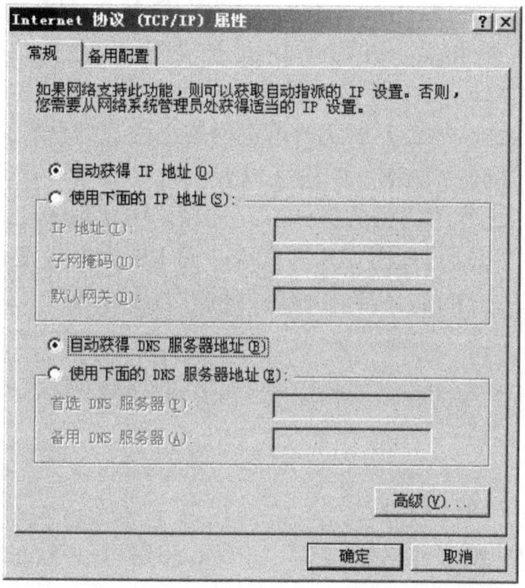

图 4.39　IP 地址设置

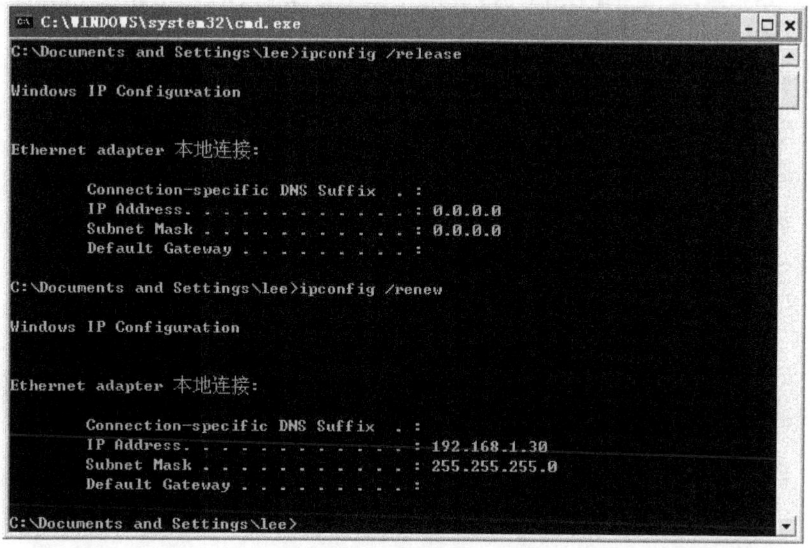

图 4.40　客户机测试动态 IP

4.5 本章小结

DNS 服务器是域系统中一个非常重要的服务器，在网络中提供域名解析服务。DNS 还是部署 Active Directory 的必要条件，通常与 Active Directory 集成在一起，直接关系到域控制器的正常工作。

DHCP 的意义体现在两个方面，一方面，减轻了网络管理员手工分配 IP 地址的负担，这在规模稍大的网络中特别明显；另一方面，采用 DHCP 服务，当客户机断开网络连接后，可以释放原来使用的 IP 地址，并将此 IP 地址分配给其他用户使用，这对于网络 IP 地址资源紧缺的网络意义重大。

FTP 是基于文件传输的一种服务形式，可在网络上快速地传输大量的文件，FTP 服务器的配置可在 Internet 服务管理器（IIS）中进行设置。

Web 技术是局域网广泛运用的服务方式。在局域网中实现 Web 服务必须安装 Web 服务器，在 Windows 平台上可以通过配置 IIS 来实现，而 IIS 的配置又必须解决局域网络中的域名及 IP 解析，完成 DHCP、DNS、WINS 服务器的安装和配置。

习题 4

1．添加 DHCP 服务，使 DHCP 服务器运行，并能够动态地分配 192.168.1.30 与 192.168.1.150 之间的 IP 地址。

2．添加 DNS 服务，建立 zhiyuan.com 域，使 DNS 服务器能够解析服务器和部分客户机。

3．添加 WINS 服务，在客户端启用 WINS 服务，检验服务器端的 WINS 服务器中动态显示的 IP 地址。

4．建立一个默认的 Web 站点，制作主页为 index.html 的网站并验证。

第 5 章 客户机的配置与安全管理

在计算机网络中，除了服务器外，还有相当数量的客户机需要连网共享资源。客户机就是由网络用户使用的计算机，用户通过客户机来共享网络资源。完成了各种网络服务器的安装和配置后，还必须在客户机上进行网络设备和网络客户端软件的安装和配置，才能将客户机连接到网络上并使用网络提供的共享资源。局域网中的客户机安装的操作系统可能是 Windows 2000 Professional 、Windows XP、Windows Vista、Windows 7 等。网络安全也是企业最关心的问题，本章以 Windows XP 为例来讲述局域网客户机的配置与安全管理。

5.1 局域网客户机的配置

5.1.1 客户机 IP 地址和子网掩码的设置

在 Windows XP 客户机上手动设置 IP 地址：

在网络属性对话框中，选择“Internet 协议（TCP/IP）”选项，单击“属性”按钮，在弹出的对话框中选中“使用下面的 IP 地址”单选项，在“IP 地址”和“子网掩码”输入框中输入分配给用户的 IP 地址和子网掩码（由网络管理员或 ISP 提供），如图 5.1 所示。如果网络管理员或 ISP 提供了网关地址（或称路由器的地址），则在“默认网卡”输入框中输入用户的网关地址。

在 Windows XP 客户机上自动设置 IP 地址：

如果网络中已经安装了 DHCP 服务器，也可以选择“自动获得 IP 地址”和“自动获得 DNS 服务器地址”。

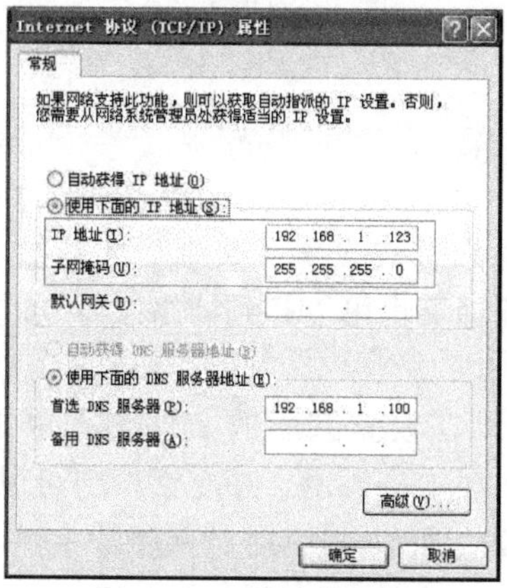

图 5.1 IP 地址的设置

5.1.2 客户机 DNS 服务器的设置

在使用 TCP/IP 协议的网络中（可以是局域网，也可以是 Internet）都必须使用 IP 地址来表示网络上的每一台计算机，但 IP 地址不管是采用二进制表示还是采用十进制表示，对用户或管理员来说使用都非常不方便。所以人们在采用 TCP/IP 协议的网络中，对于表示网络上的每一台计算机采用了一种更加人性化的方案，就是用文字性的域名来代替纯数字形式的 IP 地址，这就需要域名服务 DNS（Domain Name Service）将域名解析成 IP 地址。以前的域名都是用英文字母表示的，目前我国已开始使用中文域名，从而使记忆和使用更加方便。

域名事实上就是用文字来表示 IP 地址的一种方法，也可以将域名理解为 IP 地址的文字描述，它使网络用户不必再去面对枯燥的 IP 地址，只要知道计算机的域名就可以访问该计算机。但是在实际建设网络的过程中，因为计算机只能识别 IP 地址，所以为了将域名与 IP 地址进行对应，网络还必须能够将用户提供的域名转换成对应的 IP 地址，只有完成了这个过程，用户才能够使用域名来访问网络上的计算机，在网络上完成将域名转换成对应的 IP 地址工作的就是域名服务器。具体安装 DNS 的操作参见第 5 章的相关部分。在提供 DNS 的网络中，Windows XP 客户机的 DNS 设置如图 5.2 所示。

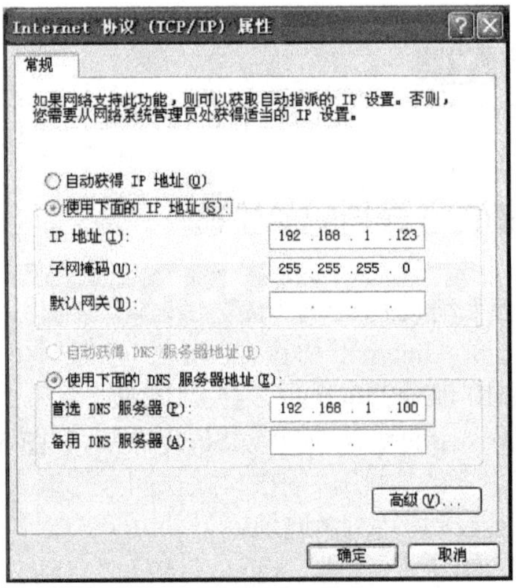

图 5.2 DNS 设置

5.1.3 客户机的资源共享

在 Windows 网络中，资源只有被设置了共享后才能被网络上的其他网络用户使用。Windows XP 客户机在工作组环境下也可以起到网络服务器的作用，可以为网络上的其他用户提供资源。其设置步骤如下。

在“资源管理器”窗口中，在设置共享的文件夹上单击鼠标右键，选择“共享”选项，弹出文件夹属性对话框，如图 5.3 所示。在对话框中可以设置网络上的其他用户访问该文件夹的共享名及访问类型。为了防止其他用户误删除文件，尽量不要将共享权限设置为“完全控制”。

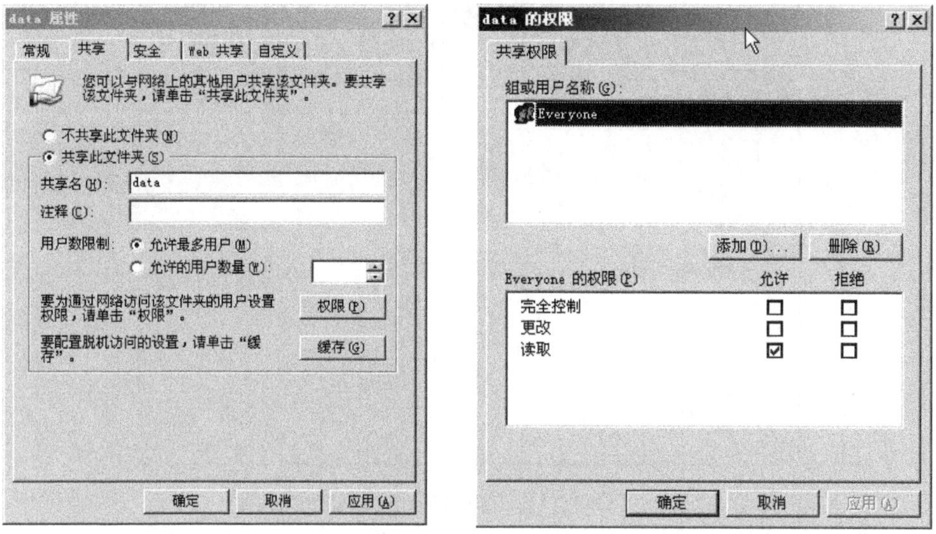

图 5.3 共享设置

5.1.4 从客户机映射网络驱动器

客户机或服务器中已经设置了共享属性的文件夹，必须在网络客户机上将其映射为网络驱动器，才能真正实现文件资源的共享。下面介绍从 Windows XP 客户机上映射网络驱动器的方法。

右键单击"我的电脑"图标，在弹出的快捷菜单上选择"映射网络驱动器"选项，此时将弹出"映射网络驱动器"对话框，如图 5.4 所示，在"驱动器"栏内选择映射后的网络驱动器名，这里为 Z:，单击"浏览"按钮，添加要映射成网络驱动器的共享文件夹，通过这个界面的配置形成了共享文件夹和 Z 驱动器的映射关系。此时在资源管理器左边的文件夹窗口中，会增加一个驱动器图标（与普通硬盘驱动器图标不同的是，这个图标的下边会多出一根管道，令人联想到网络），如图 5.5 所示。

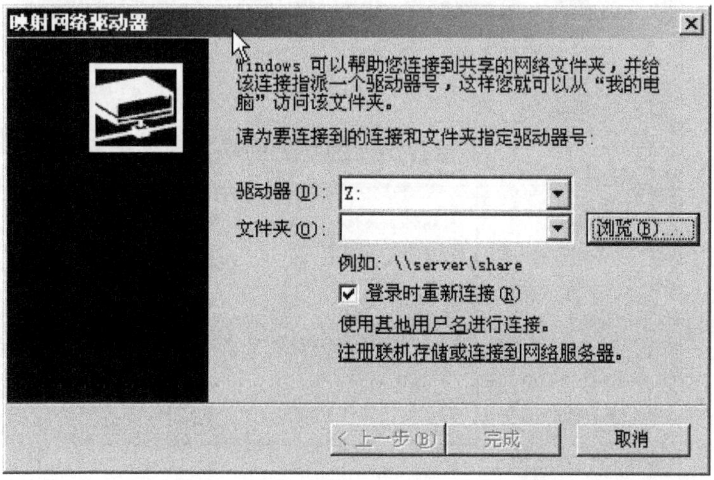

图 5.4 "映射网络驱动器"对话框

图 5.5　“我的电脑”中增加的网络驱动器图标

5.1.5　从客户机上使用网络打印机

这里的客户机是相对于打印服务器而言的。要在客户机上使用网络打印机，必须设置网络打印机的网络路径，并指定打印机类型，完成将网络打印机映射成本地打印机的操作。以下介绍在 Windows XP 客户机上使用网络打印机的方法。

在使用网络打印机之前，必须先在客户机本地系统上添加网络打印机。在客户机上安装打印机时也使用“添加打印机向导”来完成，不过要保证打印服务器已经正常上网，且能与客户机连通。设置步骤如下。

执行“开始”→“设置”→“打印机和传真”命令，打开“打印机和传真”窗口，在此窗口中单击“添加打印机”项，弹出“添加打印机”对话框，在该对话框中单击“下一步”按钮，进入如图 5.6 所示的界面后，选择“网络打印机或连接到其他计算机的打印机”一项。

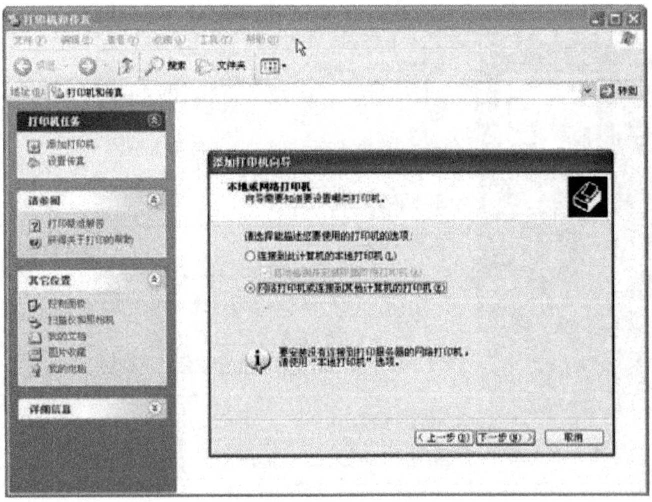

图 5.6　安装打印机向导之一

单击“下一步”按钮后，弹出“添加打印机向导”对话框，如图 5.7 所示。可单击“浏览打印机”单选项，在接下来的“浏览打印机”对话框中直接选取。也可以选择“连接到这台打印机”单选项，在下面的文本框中输入网络打印机的正确路径和名称，这里为\\Zhiyuan-server1\HP。

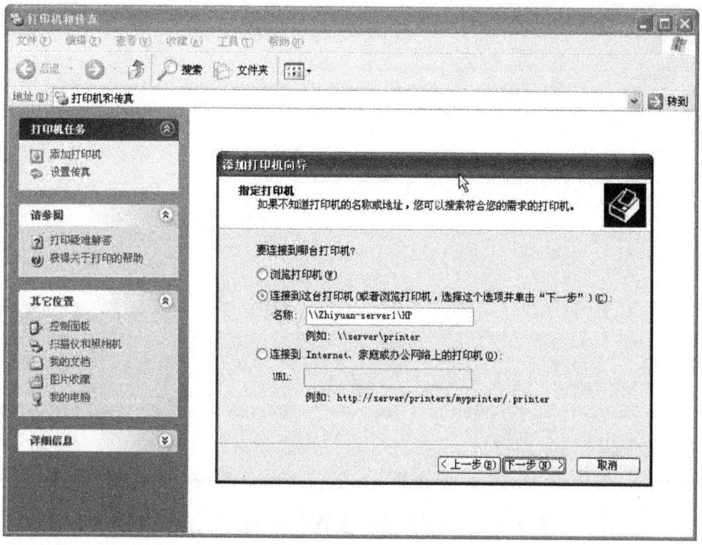

图 5.7　安装打印机向导之二

如果需要，可将该网络打印机设置为默认打印机，这样，即使客户机有本地打印机，打印操作也是首选网络打印机来完成打印。单击“下一步”按钮后，进行打印测试。测试正确后，单击“完成”按钮结束设置。打印时使用网络打印机的方法与使用本地打印机没有任何区别，只要在应用程序中选择正确的打印机名就可以了。

5.2　局域网客户机的安全管理

5.2.1　使用安全策略保护计算机

在局域网的计算机中，可以通过设置一系列的安全规则来保护网络中计算机的资源。安全策略是改变计算机安全性能的规则的组合。在 Windows 系统中，按照安全策略作用的范围来分，主要有两种类型的安全策略。

本地安全策略：只能在单机系统和域中非域控制器的计算机上设置，不能在域控制器上设置。它用于实现单机系统的安全性。

域安全策略：是在域控制器上设置的安全策略，域安全策略对域中所有的计算机都是有效的。它用于实现域模式网络中所有计算机的安全性。如果计算机中“本地安全策略”设置与“域安全策略”设置发生冲突，则域安全策略的设置优先于本地安全策略。

由于域安全策略的配置方法与本地安全策略的配置方法大致相同，下面重点介绍本地安全策略的设置。

通过使用预定义安全模板，管理员可以创建满足不同组织要求的自定义安全策略。“安全模板”管理单元可以用于自定义模板。执行“开始”→“程序”→“管理工具”→“本地安全策略”命令打开“本地安全设置”管理单元，如图5.8所示。

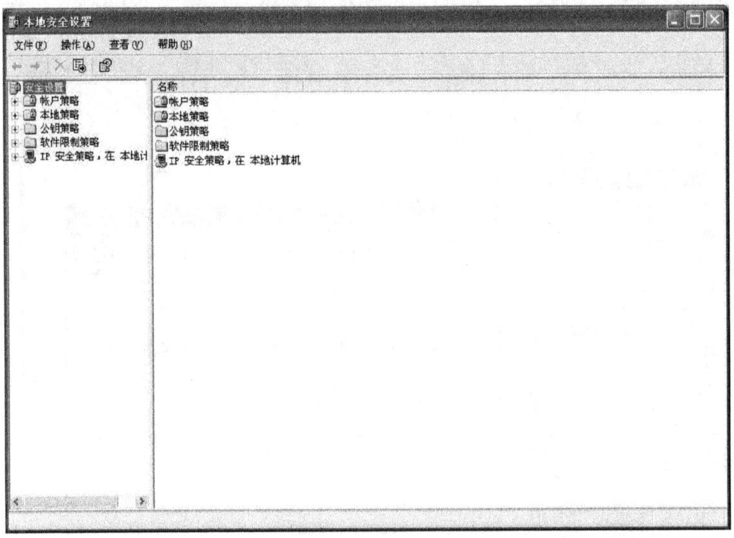

图5.8 “本地安全设置”管理单元界面

1．设置账户策略

账户策略包括密码策略和账户锁定策略。密码策略用来指定用户账户的密码设置规则；账户锁定策略用来设置用户登录计算机时账号的锁定规则。账户策略的设置对计算机中的所有用户都有效。

在“控制面板”中的管理工具组件中，双击“本地安全策略”图标，显示“本地安全设置”窗口。然后设置用户账号的“密码策略”和“账户锁定策略”。设置密码安全的目的是用账号安全策略来保护密码，防止密码被破解。

在 Windows 系统中，用户账号的安全策略在默认状态下是关闭的。但要想设定安全的桌面系统，必须开启用户账号的安全策略，在本地安全策略窗口中，单击“密码策略”项，显示右侧窗口中的密码策略信息，每项的功能如下。

密码长度：密码字符串的长度。

密码复杂性：密码由大写字母、小写字母、数字或特殊字符组成。密码复杂性要求至少组成密码的字符应该是大写字母、小写字母、数字和特殊字符这四种当中的三种。

密码生存周期：即密码有效期。例如 Windows Server 2003 操作系统的密码，默认是42天。

强制密码历史：指如果要更改密码，则密码不能是在此之前设置过的几个旧密码。例如在更改密码之前设置的3次密码从近到远依次是123,abc,xyz。如强制密码历史设置为2，那么密码就不能改成之前的2次密码，即123,abc。

在本例中要求设置本计算机账户的密码长度最小为 8 位，密码应满足复杂度要求，密码最短使用时间为8天，最长使用时间为15天，强制密码历史要求为5个，设置如图5.9所示。

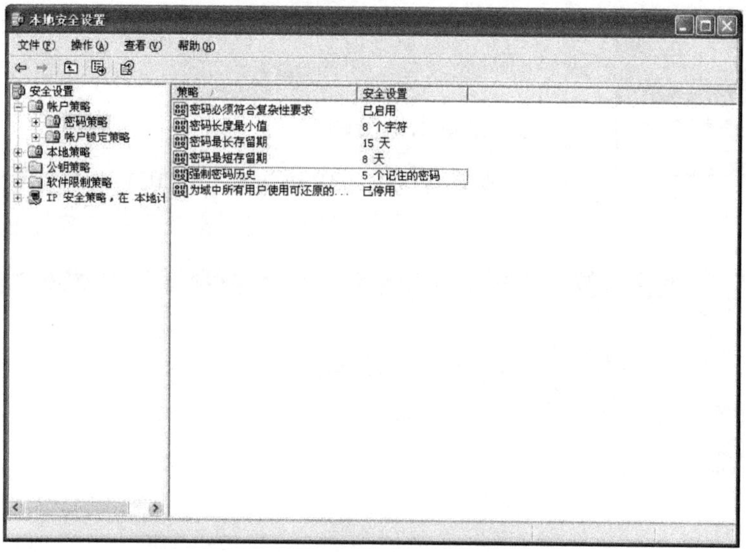

图 5.9　本地安全策略中的密码策略

2. 账户锁定策略

账户[①]锁定主要用于防止用户账号被非法盗用，即用禁止枚举账号的方法来限制非法用户进入我们的计算机系统。账户锁定策略是当用户登录计算机时，输入的用户名或密码会因不正确而导致登录失败。登录失败的次数被累计，当达到锁定阈值时，该用户账户即被锁定。在用户账户被锁定的时间里，任何用户都无法输入用户名和密码。

通过账户锁定策略来设置锁定账户的方式如图 5.10 所示。

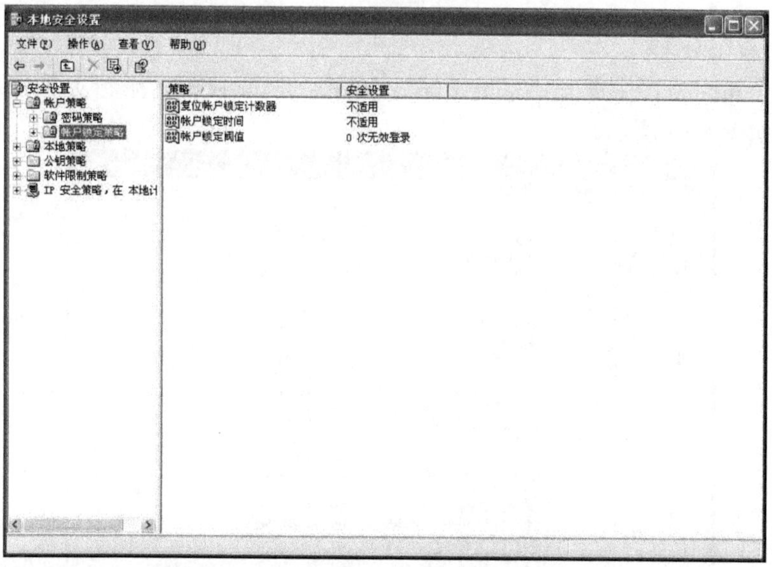

图 5.10　设置账户锁定策略的方式

例如，设置尝试登录的次数为 5 次，即账户锁定阈值为 5，账户锁定时间为 30 分钟，复位账户锁定计数器的值为 30 分钟，则设置如图 5.11 所示。[1]

[1] ① 系统界面中为“帐户”。—编者注

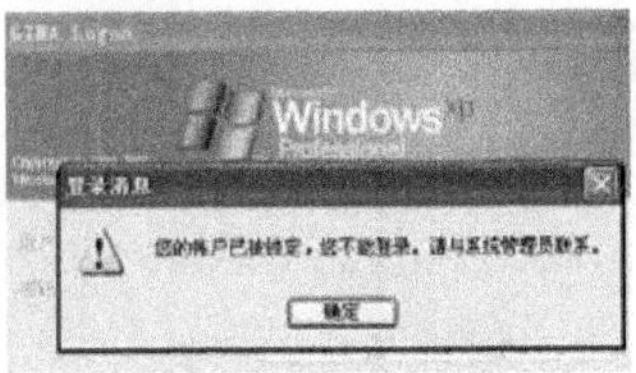

图 5.11 账户被锁定

登录时，若输入的用户名或密码错误次数累计到 5 次，登录界面即被锁定，如图 5.12 所示。

3．设置本地策略

本地策略包括“审核策略”、“用户权利指派”和“安全选项”，这里主要介绍“用户权利指派”和“安全选项”。

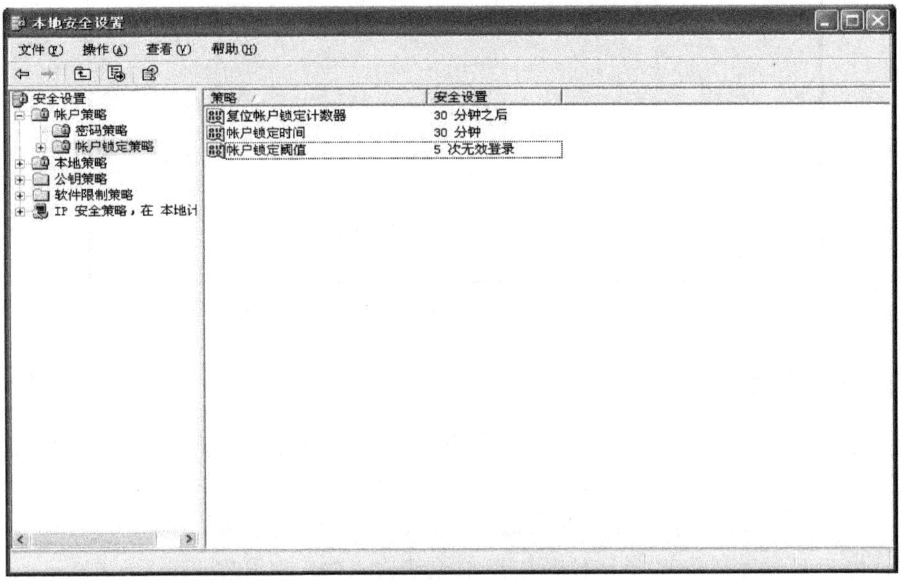

图 5.12 账户锁定策略设置实例

（1）用户权限分配。

在本地安全策略窗口中展开“本地策略”，单击“用户权利指派”文件夹，可以进行用户权限分配，如图 5.13 所示。

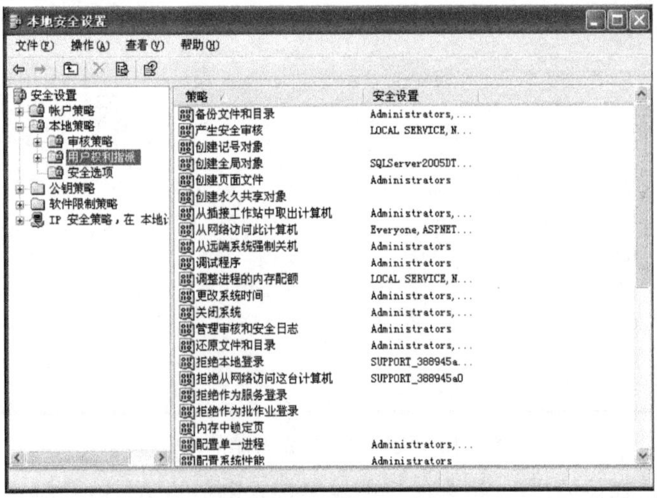

图 5.13 用户权利指派

要设置“用户权利指派”中的某个项目，可以双击策略列表中的某一项，在弹出的对话框中定义这个策略，并添加相应的用户和组，再单击“确定”按钮即可。下面主要介绍常用项目的设置。

允许在本地登录：设置允许某些用户直接在本台计算机上登录。

拒绝本地登录：设置拒绝某些用户直接在本台计算机上登录。该权限优先于“允许在本地登录”。

域中添加工作站：设置允许用户将 Windows Server 2003 和 Windows NT 等计算机加入域。

关闭系统：设置允许用户关闭该计算机。

从网络访问此计算机：设置允许用户通过网络上的其他计算机访问该计算机内的资源。

拒绝从网络上访问这台计算机：设置拒绝用户通过网络上的其他计算机访问该计算机内的资源。该权限优先于“从网络访问此计算机”权限。

从远程系统强制关机：设置允许用户从远程计算机关闭此计算机。

管理审核和安全日志：设置允许用户指定要审核的事件，也允许用户查询与清除安全日志。

更改系统时间：设置允许用户更改计算机系统的日期和时间。

装载和卸载设备驱动程序：设置允许用户加载和卸载外围设备驱动程序，也就是允许用户添加与删除硬件。

取得文件或其他对象的所有权：设置允许用户夺取其他用户拥有的文件、文件夹或其他对象的所有权。

（2）安全选项。

可以在本地安全策略窗口中展开“本地策略”，单击“安全选项”来设置策略中的各个项目，如图 5.14 所示。

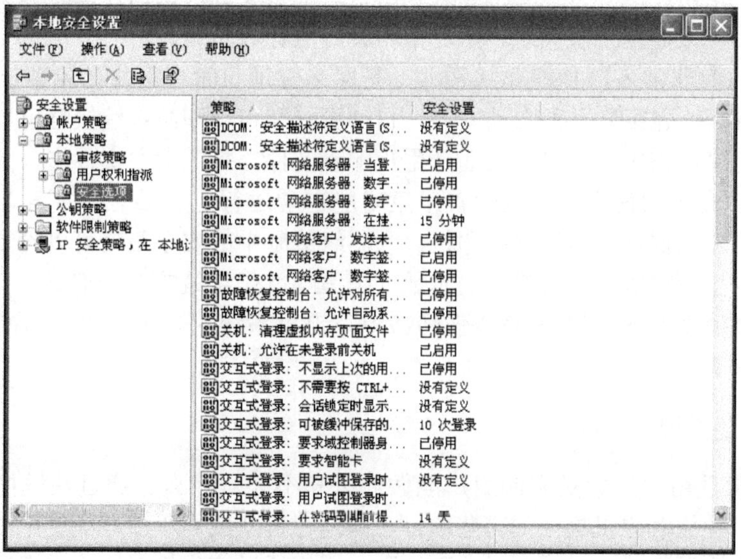

图 5.14　安全选项

安全选项中的常用设置项目如下。

“交互式登录：不需要按 Ctrl+Alt+Delete 键”：设置用户在登录计算机时，不需要按【Ctrl+Alt+Delete】组合键，而是直接出现“登录 Windows”的窗口。

“交互式登录：不显示上次登录的用户名”：设置用户登录时不显示上次登录的用户名。

“交互式登录：在密码到期前提示用户更改密码”：设置在用户密码过期的前几天提示用户更改密码。

“交互式登录：用户试图登录时的消息文字”和“交互式登录：用户试图登录时的标题”：设置每次登录时显示用户希望看到的消息。

“关机：允许系统在未登录前关机”：设置按【Ctrl+Alt+Delete】组合键后所出现的“登录 Windows”窗口中的“关机”按钮可以使用，以便在不需要登录的情况下就可以将计算机关闭。

5.2.2 使用组策略增强域内客户机的安全

1．组策略的概念

Active Directory 目录服务使用组策略管理网络中的用户和计算机，使用组策略工具，可以方便高效地管理网络环境。组策略设置可以在整个网络范围内应用，也可对特定的用户和计算机组应用。

组策略（Group Policy）是针对网络中的用户和计算机而定义的一系列规则，是用以控制用户的行为及网络资源使用的工具。组策略分为“计算机策略”和“用户策略”两种策略。计算机策略是针对计算机配置的组策略，被应用到特定的计算机上，在域控制器上设置组策略后，重启域中特定的应用策略的计算机后，计算机策略生效；用户策略是针对用户设置的组策略，无论用户从哪台计算机登录到网络，都将受到与该用户绑定的策略的限制。当计算机策略和用户策略发生冲突时，用户策略会覆盖计算机策略。

组策略的内容非常多，功能非常强大，是网络管理员管理网络的重要工具。通过组策略可实现软件部署，包括软件的自动安装、自动更新和自动卸载；组策略可以定义用户的工作环境，统一定义网络中客户机的桌面、用户配置文件，重定向主文件夹，限制网络中某些硬件资源或软件资源的使用；通过配置组策略能自动运行包含某些特定管理任务的脚本程序，如映射网络驱动器、映射网络打印机；利用组策略中的安全策略可以设置账户策略、密码策略和网络安全策略等，前面讲过的本地安全策略就是组策略的一部分。

下面主要讲述如何应用组策略增强网络中客户机系统的安全，组策略的其他使用方法请读者查阅相关文献。

2．组策略的配置

用组策略管理用户环境是限制用户能做什么和不能做什么。通过在域控制器上配置组策略能控制用户使用客户机桌面的哪些项目，能运行哪些应用程序，能使用哪些硬件资源，能访问哪些网络资源等。通过这些设置可以阻止用户通过客户机对网络中资源的非法访问和对配置进行更改，从而增强网络系统的安全性。下面举几个例子来说明。

组策略的配置方法一般包含以下两个步骤。

（1）创建组策略。

在域控制器的“管理工具”的“Active Directory 用户和计算机”对话框中对域或 OU 创建组策略。

（2）应用组策略。

计算机策略被应用到特定的计算机上，在域控制器上创建组策略后，重启准备应用策略的计算机，该组策略生效；用户策略是应用到特定用户，在域控制器上创建组策略后，无论用户从域中哪台计算机登录到网络，该组策略都会生效。

可以针对站点、域、OU 设置组策略，下面以在“物流部”OU 建立组策略为例，来介绍建立和应用组策略的过程。

执行“开始”→“程序”→“管理工具”→“Active Directory 用户和计算机”命令，在窗口中右击组策略要链接的对象，在这里为“物流部”组织单元，在弹出的“物流部属性”对话框中单击“新建”按钮，创建新的组策略对象，默认的名字为“新建组策略对象”，如图 5.15 所示。单击“编辑”按钮，可以对该组策略对象进行详细的设置。

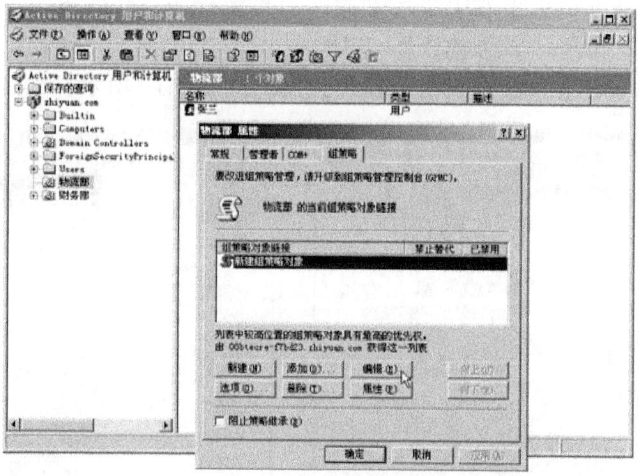

图 5.15 新建组策略对象

① 阻止“物流部”组织单元中用户修改注册表，设置如图 5.16 所示。

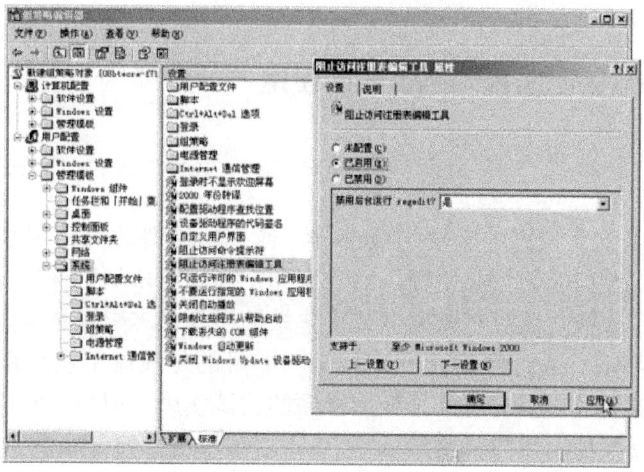

图 5.16 阻止用户修改注册表

② 拒绝“物流部”组织单元中用户访问控制面板，设置如图 5.17 所示。

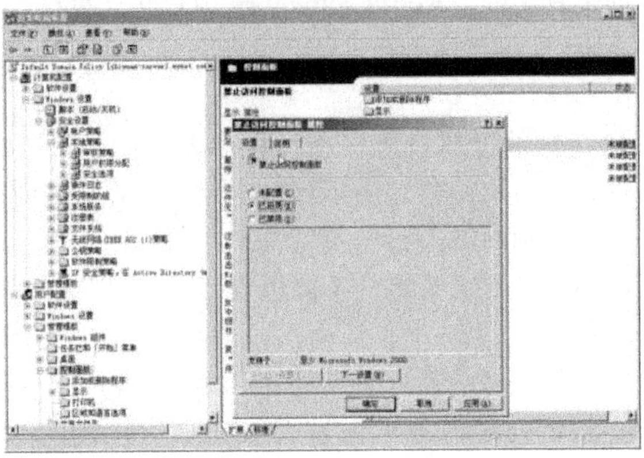

图 5.17　拒绝用户访问控制面板

③ 拒绝“物流部”组织单元中用户使用某个特定程序，在这里为“禁止使用 Windows Media Player 播放器”程序，设置如图 5.18 所示。

④ 拒绝“物流部”组织单元中用户使用光驱，如图 5.19 所示。

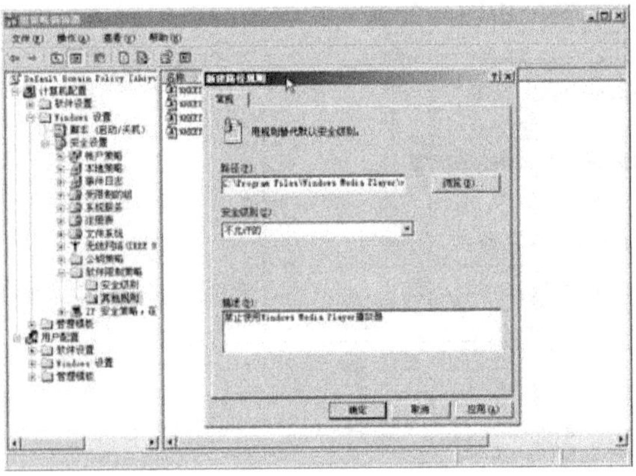

图 5.18　拒绝用户使用某个特定程序

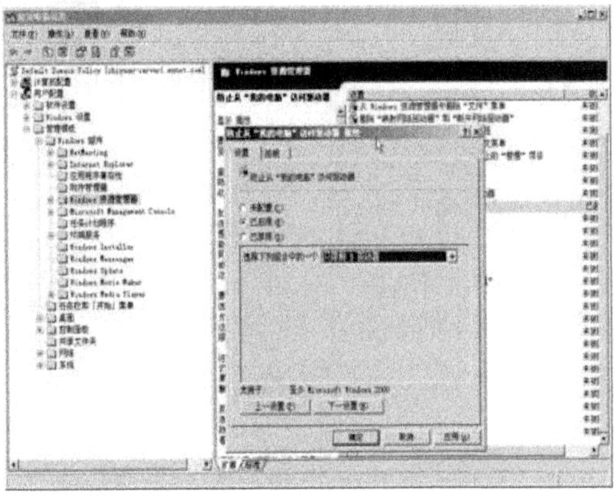

图 5.19　拒绝用户使用光驱

5.2.3 使用审核策略监视网络资源的使用

1. 审核策略

建立审核策略是安全设置的重要组成部分。监视网络资源的使用情况，可以为管理员提供一条跟踪潜在安全问题的可靠途径，并且有助于提高用户的责任感，以及提供有关违反安全规定的证据。审核就是通过在服务器或工作站的事件日志中记录选定类型的事件来跟踪用户和操作系统的活动。为计算机建立审核策略的目的是通过审核来跟踪事件的成功与失败，例如，记录尝试登录、用户对某个应用程序的尝试使用、用户对打印机等资源的尝试使用等，把资源的未授权使用风险降至最低。“组策略编辑器”窗口如图 5.20 所示。

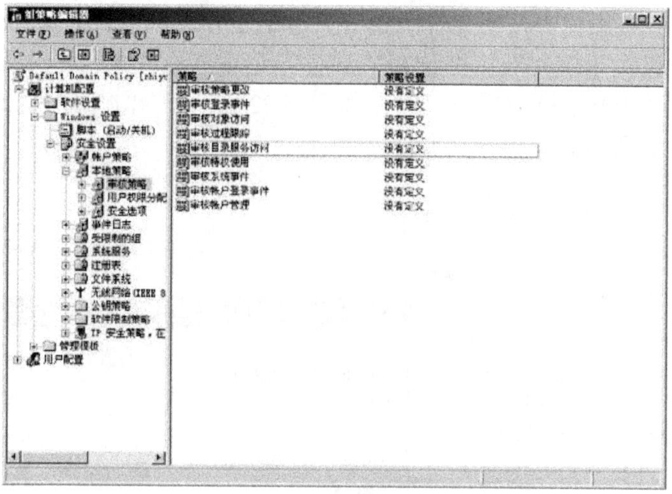

图 5.20　组策略编辑器

审核各个项目的功能。

① 审核策略更改：审核策略的变化。

② 审核登录事件：审核登录过程的任何改变，如运行登录脚本或用户配置文件等。

③ 审核对象访问：审核文件、文件夹和打印机的访问。必须先启用这个选项，之后才能对文件、文件夹和打印机设置审核事件。

④ 审核过程追踪：审核激活程序、访问对象和退出进程等低级进程的活动。

⑤ 审核目录服务访问：审核目录服务的访问。

下面以审核对文件的访问行为作为例子，来说明审核策略的配置过程。

2．审核对文件的访问行为

执行“控制面板”→“管理工具”→“本地安全设置”→“本地策略”，然后在审核策略中单击“审核对象访问”项，在弹出的“审核对象访问属性”对话框中，这里选择“成功”和“失败”复选项，如图 5.21 所示，即无论访问对象成功还是失败，均被记录到“安全日志”里。

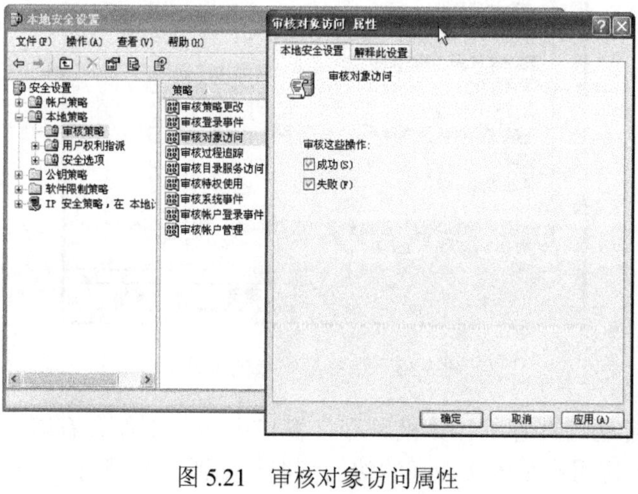

图 5.21　审核对象访问属性

在资源管理器中右击要审核的文件或文件夹，这里针对每个访问 C:\DATA 文件夹用户的读取和写入操作进行审核，右击并选择“属性”选项，依次单击“安全”、“高级”、“审核”、“添加”按钮添加要审核的用户、组，如图 5.22 所示。并在弹出的对话框中选择要审核的事件，如图 5.23 所示。

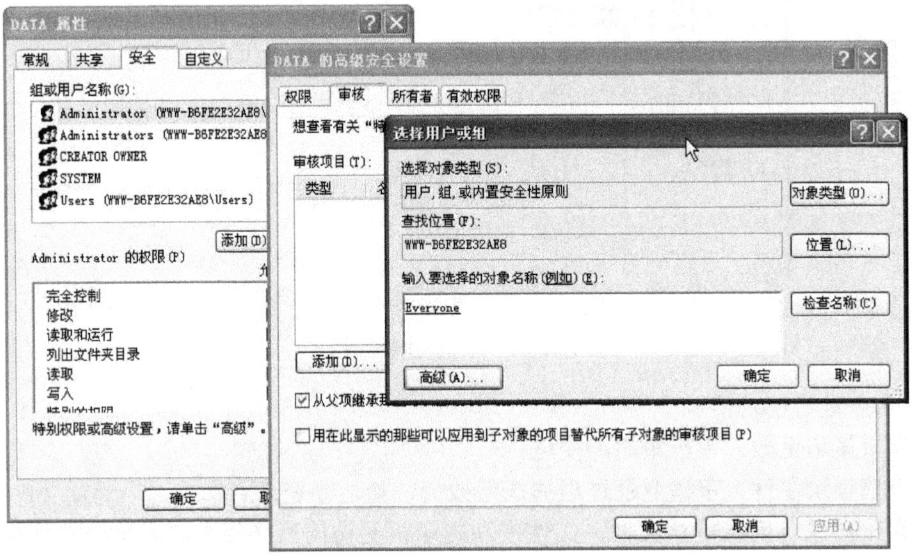

图 5.22 添加要审核的用户、组

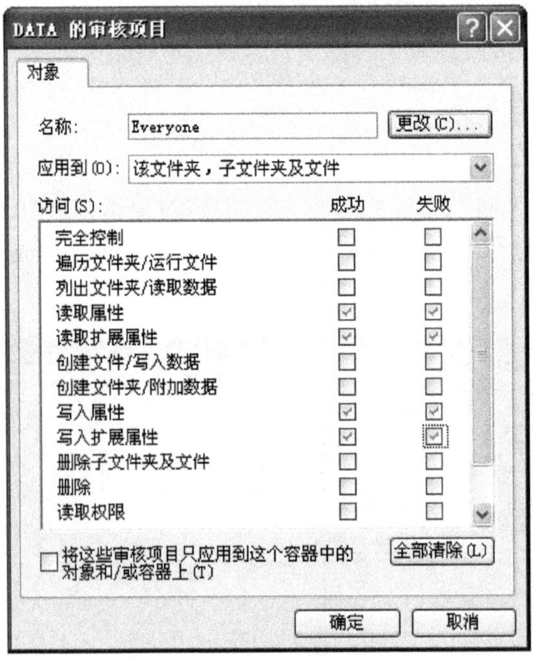

图 5.23 选择要审核的事件

查看审核结果可通过查看“计算机管理”窗口中的“事件查看器”的审核记录的属性对话框，来详细地了解用户对该文件夹的访问情况，如图 5.24 所示。

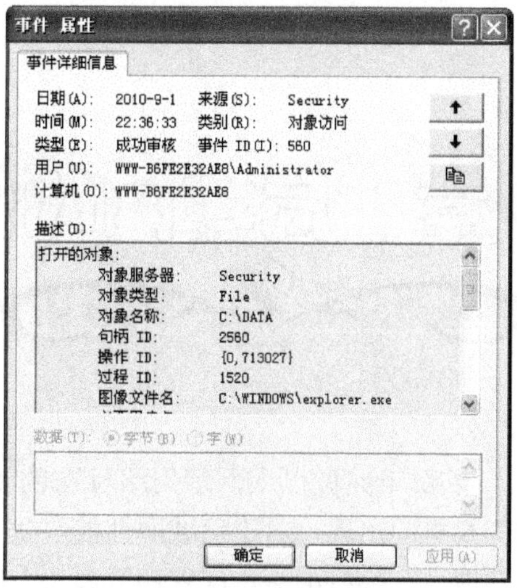

图 5.24 事件查看器

5.3 本章小结

一个实际运行的网络只有服务器是远远不够的，还必须有相当数量的客户机才能使用户使用网络上的资源。而为了保护原有的投资，Windows Server 2003 网络提供了对现今流行的各种操作系统的支持。

本章介绍的主要内容就是以 Windows XP 为例，介绍了客户机在连入网络后的常用配置，如客户机 IP 地址和子网掩码的设置、客户机 DNS 服务器的设置、从客户机映射网络驱动器、客户机资源共享等。与此同时，还介绍了局域网客户机的安全管理，包括采用操作系统中的本地安全策略和组策略等多种方法来增强客户机和网络的安全性。

习题 5

1. 什么是驱动器映射？
2. 按照安全策略作用的范围来分，主要有哪两种类型的安全策略？
3. 简述组策略的配置步骤。
4. 组策略中的计算机策略和用户策略有什么不同？
5. 为什么要使用审核策略？

第 6 章　局域网的优化

交换机逐步取代集线器，以及千兆位以太网等网络标准的相继问世，使局域网技术领域发生了巨大变化。高性能交换机的出现，对于局域网性能与功能优化发挥了重要的作用。本章主要介绍交换机的基本功能、交换机的基本配置和管理及 VLAN 技术。

6.1　交换机的功能

交换机是所有局域网的核心。它是将组件连接到网络、将一个数据单元发送到下一个目的地时选择路径的简单设备。交换机容量大、速度高，可用于网络连接，便于传输数据。

6.1.1　CSMA/CD

以太网是目前使用最为广泛的一种局域网组网技术，从本质看，以太网是一种共享介质网络，也是一个广播网络，网络中的每一台主机发出的数据帧都会在整个广播域中进行广播，所有的主机及网络设备都会收到这个数据帧。当两台或多台设备同时向网络发送数据时，就产生了冲突。当有冲突发生时，双方所发送的数据就不能成功传送到接收方。为了避免冲突的发生，以太网的主要访问控制技术就是 CSMA/CD（载波侦听多路访问/冲突检测）。

CSMA/CD 访问方式的基本设计要求是：尽量减少可能发生的冲突，当冲突发生时，可以通过某种机制保证设备的正常操作，确保被发送的信息成功到达目的地。

CSMA/CD 分成两个部分。一部分是 CSMA 载波侦听，也叫做先听后说。当一个节点要发送数据时，先要测试总线是否空闲，若总线空闲则可发送，否则等待一段时间后再去测试发送，直到发送成功为止，若等待时间过长，则发送失败。CSMA 不能完全避免冲突。另一部分是 CD 冲突检测。若两个节点同时发送，则在它们发送之前测试总线时，总线是空闲的，也就会出现冲突。CD 就是对冲突进行检测，使发生了冲突的两个节点及时停止发送，等待一段时间后重新进行发送，如图 6.1 所示。

CSMA/CD 的工作原理可概括成四句话，即先听后发，边发边听，冲突停止，随机延时后重发。

总之，CSMA/CD 采用的是一种“有空就发”的竞争型访问策略，因而会不可避免地出现信道空闲时多个节点同时争着发的现象，无法完全消除冲突，只能是采取一些措施减少冲突，并对产生的冲突进行处理。因此，采用这种协议的局域网环境不适于对实时性要求较高的网络应用。

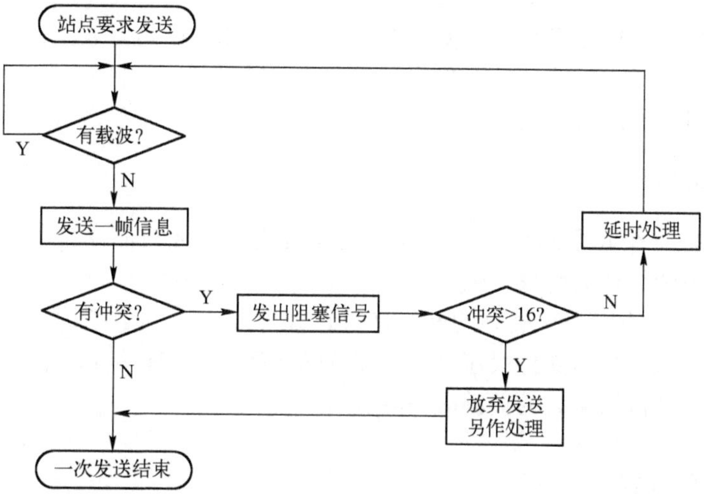

图 6.1　CSMA/CD 发送过程流程图

6.1.2　交换机的功能

在传统的共享式局域网中，所有节点共享一条公共通信传输介质，有冲突发生是不可避免的。随着局域网规模的扩大，网络节点数的不断增加，每个节点平均分配到的带宽也减小了。因此，当网络通信负荷加重时，冲突与重发现象将大量发生，网络效率将会急剧下降。为了克服网络规模与网络性能之间的矛盾，可以利用局域网交换机，将共享式局域网改为交换式局域网。

集线器是一种共享设备，其本身不能识别目的地址。数据帧在以集线器为架构的网络上是以广播方式传输的，由每一台终端通过验证数据包头的地址信息来决定是否接收。也就是说，在这种方式工作下的同一时刻，网络上只能传输一组数据包，如果发生碰撞就得重试。

交换机则采用一种与集线器完全不同的、独特的传输方式。无论是网卡还是交换机端口，都有独一无二的 MAC 地址，因此，MAC 地址便可作为识别其身份的号码，而交换机上的每个端口都能够在其地址表中记忆若干个 MAC 地址，从而建立一张端口号与 MAC 相对应的地址表。当交换机从某一端口收到一个数据包后，将立即在其地址表中进行查找，以确定该目的 MAC 的网卡连接在哪一个端口上，然后将该包转发至该端口。如果在地址表中没有找到该 MAC 地址，则广播到除本端口以外的所有其余端口，接收端口回应后，交换机会“学习”新的地址，并把它加入内部 MAC 地址表中。

交换机缩小了网络的冲突域，它的一个端口就是一个单独的冲突域。交换机具有如下基本功能。

1. 地址学习功能

以太网交换机能够学习到所有连接到其端口的设备的 MAC 地址。地址学习的过程是通过监听所有流入的数据帧，对其源 MAC 地址进行检验，形成一个 MAC 地址到其相应端口的映射，并将此映射放在交换机缓存中的 MAC 地址表中。

2. 帧的转发和过滤

当一个数据帧到达交换机后，交换机首先通过查找 MAC 地址表来决定如何转发该数据帧。如果目的地址在 MAC 地址表中有映射，它就被转发到连接目的节点的端口，否则将数据帧向除源端口以外的所有端口转发。

3. 环路避免功能

当交换机包含一个冗余回路时，以太网交换机通过生成树协议避免回路的产生，防止数据帧在网络中不断循环的现象发生，同时允许存在后备路径。

交换机除了能够连接同种类型的网络之外，还可以在不同类型的网络之间起到互联作用。如今许多交换机都能够支持快速以太网或 FDDI 等高速连接端口，用于连接网络中的其他交换机或者为带宽占用量大的关键服务器提供附加带宽。

6.1.3 交换方式

交换机的数据交换与转发方式可以分为直通转发式、存储转发式和碎片隔离式三类。

1. 直通转发式

在直通转发方式下，交换机边接收边检测。一旦检测到目的地址字段，便将数据帧传送到相应的端口上，而不管这一数据是否出错（出错检测任务由节点主机完成）。它的优点是延迟非常小，交换非常快。它的缺点是数据包内容并没有被以太网交换机保存下来，所以无法检查所传送的数据包是否有误，不能提供错误检测能力；由于没有缓存，不能将具有不同速率的输入/输出端口直接接通，而且容易丢包。直通转发式适用于网络链路质量较好，错误数据包较少的网络环境。

2. 存储转发式

存储转发技术要求交换机在接收到全部数据包后再决定如何转发。这样一来，交换机可以在转发之前检查数据包的完整性和正确性，把错误帧丢弃，最后才取出数据帧的源地址和目的地址，查找地址表后进行过滤和转发。其优点是没有残缺数据包转发，减少了潜在的不必要数据转发。其缺点是转发速率比直通转发技术慢。存储转发式是计算机网络领域应用最为广泛的方式。

3. 碎片隔离式

碎片隔离式是介于两者之间的一种解决方案。由于在正常运行的网络中，冲突大多发生在 64B 之前，所以碎片隔离方式在读取数据帧的前 64B 后，就开始转发该帧。这种方式也不提供数据检验，它的数据处理速度比存储转发方式快，但比直通转发式慢。

从三种转换方式可以看出，交换机的数据转发延迟和错误率取决于采用何种交换方式。存储转发的延迟最大，碎片隔离次之，直通转发最小；然而存储转发的帧错误率最低，碎片隔离次之，直通转发最高。采用何种交换方法，需要全面考虑。现在交换机可以做到在正常情况下采用直通转发方式，而当数据的错误率达到一定程度时，则自动转换到存储转发方式。

6.2 交换机的配置

作为一种可管理设备，如果不对交换机进行任何配置，那么交换机的使用方法与集线器类似，只是连接在交换机上的终端能够独享带宽，因此不会因为终端数量的增加，使得网络效率降低。但是在较为复杂的网络环境中，通过对交换机进行各种配置，便可以实现端口安全、VLAN 划分、端口状态配置等多种网络功能，满足复杂网络的需要。

6.2.1 设备管理与配置

1．交换机的组成

交换机相当于一台特殊的计算机，也由硬件和软件两部分组成，同样有 CPU、存储介质和操作系统，只不过这些都与 PC 有些差别而已。

（1）CPU。交换机的 CPU 与计算机的 CPU 一样，执行数据运算和数据处理工作。不同型号和系统的交换机，其 CPU 的处理能力不同，能够搭载的网络负载也不同。

（2）存储器。交换机包括多种存储器，主要有 Flash（闪存）、ROM（只读存储设备）、NVRAM（非易失性随机存储器）和 DRAM（动态随机存储器），每一种存储器执行不同的任务。ROM 相当于 PC 的 BIOS，交换机加电启动时，将首先运行 ROM 中的程序，以实现对交换机硬件的自检并引导启动 IOS。该存储器在系统掉电时不会使程序丢失。Flash 用于存储交换机的操作系统和启动配置，其内容可读可写，掉电时不丢失。NVRAM 用于存储交换机的配置文件，该存储器中的内容在系统掉电时不丢失。DRAM 是一种可读写存储器，相当于 PC 的内存，其内容在系统掉电时将完全丢失。

（3）端口。由于交换机的主要作用是构建交换式以太网，因此，交换机的端口主要包括快速以太网端口、高速以太网端口、光纤端口和控制端口（CONSOLE 口），如图 6.2 所示。

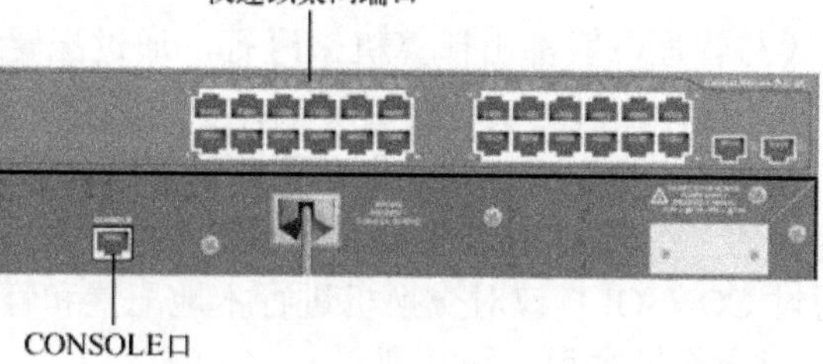

图 6.2　交换机端口

① 快速以太网端口：交换机的快速端口一般为 10/100Mbps 自适应端口，采用双绞线作为传输介质，用于主机、交换机或路由器之间的互联。

② 高速以太网端口：高速以太网端口的速度可以达到 1000Mbps，也可采用双绞线作为传输介质，主要用于大型复杂局域网中主干网的连接。

③ 控制端口：控制端口也叫 CONSOLE 口，它是专门用于对交换机进行配置和管理的。不同类型交换机的 CONSOLE 口所处的位置不同，通常模块化交换机大多位于前面板，而固定端口交换机则大多位于后面板。在该端口的上方或侧方都会有类似 CONSOLE 字样的标志。通常情况下，在交换机的包装箱中会随机赠送一条 CONSOLE 线。CONSOLE 线主要分为两种：一种是串行配置线，即两端均为串行接口，分别接到计算机的串口和交换机的 CONSOLE 口，如图 6.3 所示；另一种是 DB9-RJ45 接头配置线，其一端是 RJ-45 接口，另一端是 DB-9 接口，如图 6.4 所示，它是目前网络设备的主流控制线。

图 6.3 串行配置线

图 6.4 DB9-RJ45 接头配置线

（4）交换机软件系统。Cisco Catalyst 系列交换机使用的操作系统是 IOS 或 COS（Catalyst Operating System）。其中以 IOS 使用最为广泛，该操作系统和路由器所使用的操作系统都基于相同的内核和 Shell。COS 的优点在于命令体系比较易用。利用操作系统所提供的命令，可实现对交换机的配置与管理。

Cisco IOS 操作系统具有以下特点：

① 支持通过命令行（CLI）或 Web 界面，来对交换机进行配置。

② 支持通过交换机的控制端口或 Telnet 会话来登录连接访问交换机。

③ 提供用户模式和特权模式两种命令执行级别，并提供全局配置、端口配置、子端口配置和 VLAN 数据库配置等多种级别的配置模式，以允许用户对交换机的资源进行配置。

2. 交换机的管理方式

对交换机的配置与管理一般都由计算机来进行，通过配置线把交换机的 CONSOLE 口和计算机连接起来，并在计算机上安装仿真终端，也就是把一台计算机配置成为相连交换机的仿真终端设备，这样就可以通过计算机来配置和管理交换的参数。

一般来说，Cisco 交换机可以通过四种方式来进行配置。

① 使用 PC 通过 CONSOLE 口对交换机进行本地配置和管理。

② 通过 Telnet 对交换机进行远程管理。

③ 通过 Web 对交换机进行远程管理。

④ 通过 SNMP 网管工作站对交换机进行管理。

目前主要是通过 CONSOLE 口进行本地配置和通过 Telnet 进行远程配置。

（1）通过 CONSOLE 口进行本地配置。交换机在没有使用时，内容只有其自身的一些信息，需要用户对其进行相应的设置。设置方法通常是通过交换机的 CONSOLE 口，使用超级终端软件在交换机与 PC 之间建立终端会话，对交换机进行初始化设置，操作方法如下。

① 用 CONSOLE 线将交换机 CONSOLE 口与计算机进行物理连接，如图 6.5 所示。

图 6.5　将交换机 CONSOLE 口与计算机进行物理连接

② 启动计算机，进入系统。将交换机加电自检，通过自检后电源指示灯显示为绿色，交换机进入正常工作状态。

③ 在计算机上启动超级终端，执行“开始”→“程序”→“附件”→“通讯”→“超级终端”命令，打开“连接描述”窗口，如图 6.6 所示，此时用户可以开始建立与交换机的连接。

④ 连接描述。在该窗口的“名称”栏中输入连接的名称，如输入 cisco switch，并在“图标”栏选择代表该连接的图标。

⑤ 选择连接端口。根据控制线连接的实际 PC 端口进行选择。如果连接到 PC 的 1 号串口，就选择“COM1”，如图 6.7 所示。

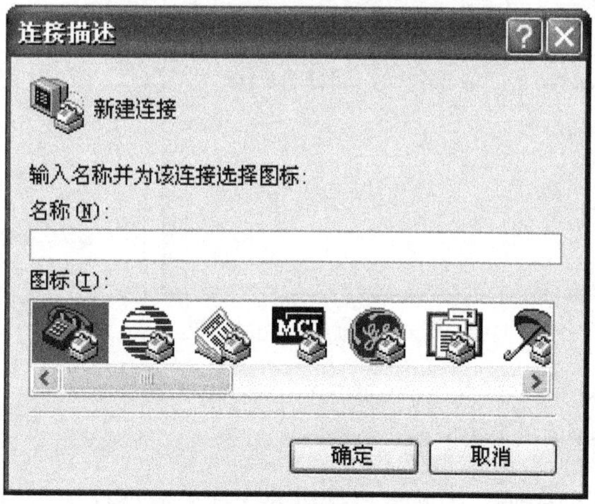

图 6.6　“连接描述”窗口

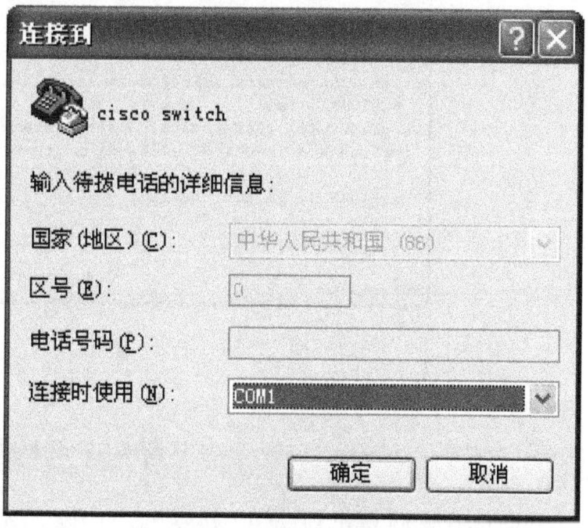

图 6.7　选择连接端口

⑥ 配置串口属性。如图 6.8 所示，在“每秒位数”栏中选择“9600”，在“数据流控制”栏中选择“无”，其他选项采用默认值。

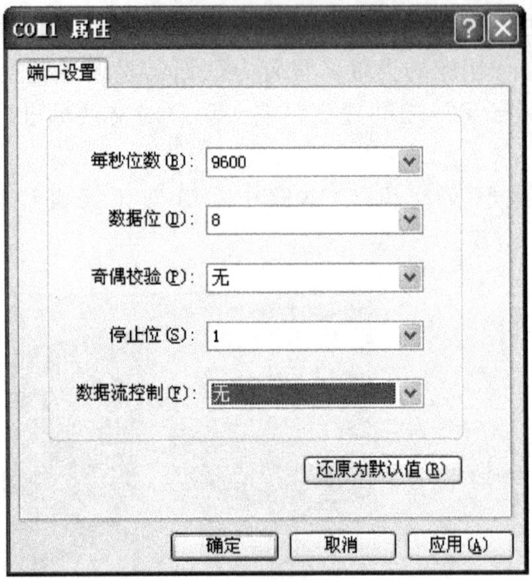

图 6.8　配置串口属性

⑦ 单击“确定”按钮后进入“超级终端”的连接会话。按【Enter】键几次后可看到交换机启动时的自检信息，如图 6.9 所示。

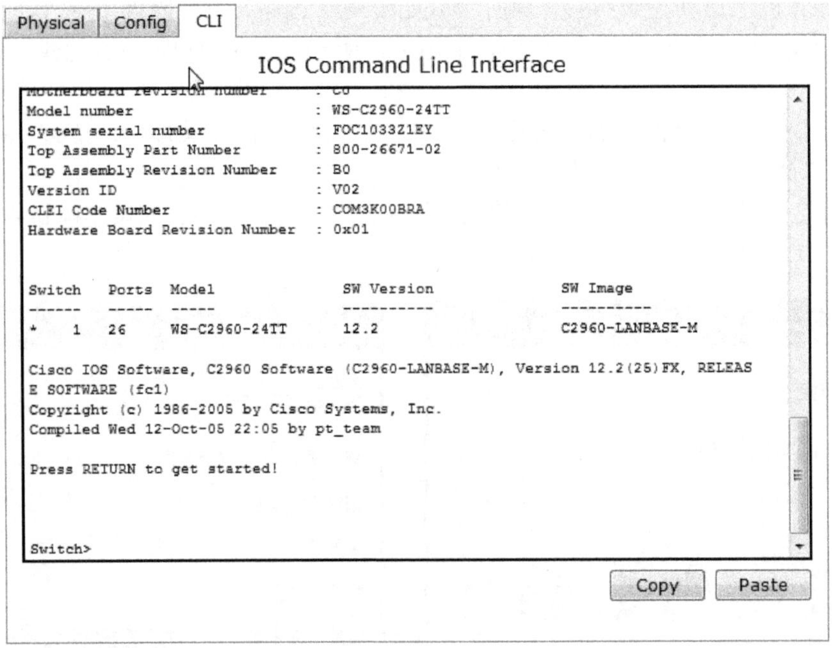

图 6.9　交换机启动时的自检信息

对于出厂后首次配置的交换机，由于没有任何密码，因此会直接进入交换机命令行状态。

（2）通过 Telnet 进行远程管理。

① 在首次通过 CONSOLE 口完成对交换机的配置，设置了交换机的管理 IP 地址和登录密码后，就可通过 Telnet 协议来连接登录交换机，从而实现对交换机的远程配置。

在使用 Telnet 连接至交换机之前，应当确认已经做好以下准备工作。

- 在用于管理的计算机中安装 TCP/IP 协议，并配置好 IP 地址信息。
- 在被管理的交换机上已经配置好 IP 地址信息。
- 在被管理的交换机上建立了具有管理权限的用户账户。如果没有建立新账户，则 Cisco 交换机默认的管理员账户为 admin。

② 假设计算机的 IP 地址为 192.168.1.1，交换机的管理 IP 地址为 192.168.1.2，进入 Windows 的 MS-DOS 方式，在 DOS 命令行输入并执行命令“telnet　192.168.1.2”，如图 6.10 所示。然后输入交换机的 Telnet 密码就可以登录交换机。

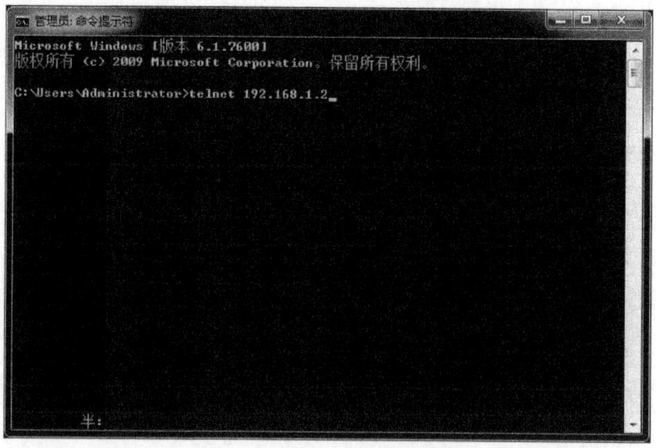

图 6.10　用 Telnet 方式登录交换机

6.2.2　配置模式

一般来说，交换机管理界面分为若干不同的配置模式，用户当前所处的配置模式决定了可以使用的命令。在命令提示符下输入问号（？），系统会列出每个命令模式可以使用的命令。各种交换机一般都会包括用户模式和特权模式等多个模式，下面以 Cisco IOS 为例，具体讲解交换机的 6 种常用配置模式。

1. 用户模式

当用户通过交换机的控制台端口或 Telnet 登录到交换机时，此时所处的命令执行模式就是用户模式。在该模式下，用户可以简单查看交换机的软、硬件版本信息，并进行简单的测试，但不能更改配置文件。用户模式下，命令的操作结果不会被保存。

用户模式的提示符是：Switch>

其中 Switch 是主机名，在 Cisco IOS 中，可随时使用“？”来获得帮助。输入命令时可只输入命令的前几个字符，然后按【Tab】键自动补齐。

2. 特权模式

在用户模式下执行 enable 命令，将进入特权模式。在该模式下可以对交换机的配置文件进行管理，查看交换机的配置信息，进行网络测试与调试等。

进入特权模式的过程为：

```
Switch>enable
!进入特权模式
password:
!输入密码
Switch#
!进入特权模式
```

返回用户模式，可执行 exit 或 disable 命令，重新启动交换机可执行 reload 命令。

3．全局配置模式

在特权模式下执行 configure terminal 命令，即可进入全局配置模式。在该模式下可以配置交换机的全局性参数，如主机名、登录信息等。

从特权模式进入全局配置模式的过程为：

```
Switch#configure   terminal
!进入全局配置模式
Switch(config)#
!全局配置模式
```

从全局配置模式返回特权模式，执行 exit、end 命令或按【Ctrl+Z】组合键。

4．接口配置模式

在全局配置模式下执行 interface 命令，即进入接口配置模式。在该模式下，可对选定的端口进行配置，并且只能执行配置交换机端口的命令。例如，进入快速以太网端口 0/1 的配置过程为：

```
Switch#
Switch#configure   terminal
Switch(config)#interface   fastethernet   0/1
!进入快速以太网端口0/1
Switch(config-if)#
!接口配置模式
```

从接口配置模式退回到全局配置模式，执行 exit 命令。若要退回特权模式，则执行 end 命令或按【Ctrl+Z】组合键。

5．Line 配置模式

在全局配置模式下，执行 line vty 或 line console 命令，将进入 Line 配置模式。该模式主要用于对虚拟终端（vty）和控制台端口进行配置。

```
Switch#
Switch#configure   terminal
Switch(config)# line   vty
!进入 Line 配置模式
```

```
Switch(config-line)#
! Line 配置模式
```

从 Line 配置模式退回全局配置模式，执行 exit 命令；若要退回特权模式，则执行 end 命令或按【Ctrl+Z】组合键。

6. VLAN 配置模式

在特权模式下执行 vlan　vlan-id 配置命令，即可进入 VLAN 配置模式，在此模式下可实现对 VLAN 的创建、修改或删除等配置操作，例如：

```
Switch#
Switch#configure   terminal
Switch(config)#vlan   1
!创建VLAN 1并进入VLAN配置模式
Switch(config-vlan)#
```

退出 VLAN 配置模式，返回到特权模式，可执行 exit 命令。

使用配置模式（全局配置模式、端口配置模式、VLAN 配置模式、线程工作模式）的命令对当前的配置产生影响。如果用户保存了配置信息，这些命令将被保存下来，并在系统重新启动时再次执行。要进入各种配置模式，首先必须进入全局配置模式。从全局配置模式出发，可以进入接口配置模式等各种配置子模式。图 6.11 所示为交换机不同工作模式及各模式之间的关系。

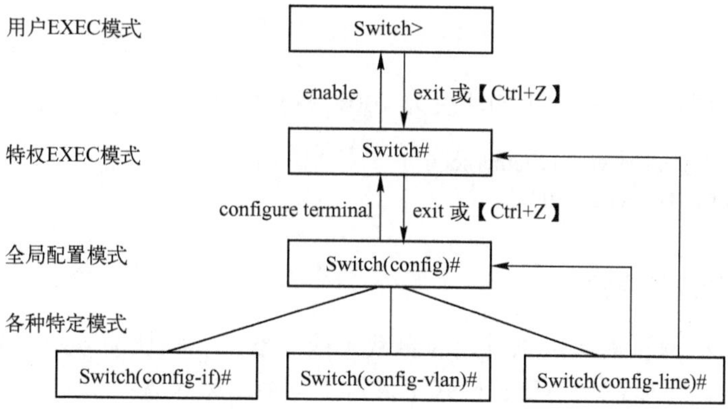

图 6.11　交换机配置模式

6.2.3　端口配置

在对端口进行配置之前，应先选择所要配置的端口。

1. 选择交换机的端口

交换机的端口分为 Ethernet（10Mbps）、Fast Ethernet（10/100Mbps）、GigabitEthernet（10/100/1000Mbps）几种类型。在实际配置时，交换机端口的类型一定要写正确。一般可

先用 show vlan 查看一下各端口的类型。在实现配置时，各端口类型可采用前 3 个字符的缩写。例如，配置 GigabitEthernet 第一个模块的第一个端口的命令为：

```
Switch(config)#interface  gig1/1
```

如果要配置的是一个范围的端口，可以使用“range”关键字来直接选择一个端口范围，例如，若要选择交换机的第 1～24 口的快速以太网端口，则配置命令为：

```
Switch(config)#interface  range  fa0/1-24
```

2．配置端口描述

交换机上有很多端口，在管理上可为交换机的每个端口设置一个名字，方便记忆。可使用 description 命令来描述各个端口，例如，GigabitEthernet 第一个模块的第一个端口描述名为 test，具体配置如下：

```
Switch(config)#interface  gig1/1
Switch(config-if)#description  test
```

3．设置端口速度

默认情况下，交换机的端口速度为 auto（自动协商），一条链路两端的端口会自动选择双方都支持的最大速度。如果想通过配置选择交换机的端口速度，可以在端口配置模式下通过命令来设置：

```
speed {10|100|1000|auto}
```

例如，配置快速以太网端口 1 的速度为 100，具体命令如下：

```
Switch(config)#interface  fastethernet 0/1
Switch(config-if)#speed  100
```

4．设置端口的双工模式

以太网交换机的双工模式可以设定为全双工或半双工（默认为半双工），如果要通过配置来决定双工模式，可以在端口配置模式下通过下列命令来设置：

```
duplex{full|half|auto}
```

例如，配置快速以太网端口 1 为全双工模式，具体命令如下：

```
Switch(config)#interface  fastethernet 0/1
Switch(config-if)#duplex  full
```

5．启用或禁用端口

交换机端口默认配置为关闭（shutdown）状态，需输入命令来启用。配置方法如下：

```
Switch(config)#interface  fastethernet 0/1
```

```
Switch(config-if)#no  shutdown
!启用端口
Switch(config-if)#shutdown
!禁用端口
```

6.3　交换机的管理

可以通过对交换机进行各种配置和管理，实现交换机的系统文件管理、IOS 和设备配置文件的备份等多种操作功能，满足复杂网络的需求。

6.3.1　交换机的基本配置

交换机有很多基本配置命令，如设置口令、主机名等，本节介绍交换机的常用配置命令。

1．配置交换机主机名

默认情况下，交换机的主机名通常为“switch”。当网络中存在多个交换机时，为便于区分，可根据交换机的实际应用设置一个具体的主机名。可以在全局模式下通过“hostname”命令来实现，例如：

```
Switch(config)#hostname  switch2960
!设置主机名为 switch2960
Switch2960(config)#
```

2．配置管理 IP 地址

在二层交换机中，IP 地址仅用于远程登录管理交换机，对于交换机的正常运行不是必需的。若没有配置管理 IP 地址，则交换机只能采用控制端口进行本地配置和管理。默认情况下，交换机的所有端口均属于 VLAN 1，VLAN 1 是交换机自动创建和管理的。每个 VLAN 只有一个活动的管理地址，因此，对二层交换机配置管理地址之前，应选择 VLAN1 接口，然后再利用 ip address 配置命令设置管理 IP 地址，其配置命令为：

```
Switch(config)#interface  vlan 1
!进入 VLAN 1 接口配置模式
Switch(config-if)#ip  address  192.168.1.2  255.255.255.0
!设置 IP 地址和子网掩码
```

3．配置交换机的默认网关

当交换机作为中转设备与其他网络相连时，为了使交换机将网络间的数据正确地上传给网关，需要为交换机配置默认网关。假设默认网关的地址为 192.168.1.254，则配置命令为：

```
Switch(config)#ip  default-gateway  192.168.1.254
```

4．设置相关口令

为保证交换机的安全，一般在交换机进行初次配置时会为交换机设置不同级别的密码，以限制不同用户对交换机的登录。

（1）控制台登录口令设置。

交换机 CONSOLE 口的编号为 0，通常需要利用该端口进行本地登录，以实现对交换机的配置和管理。安全起见，应为该端口的登录设置密码。配置命令为：

```
Switch(config)#line  console 0
!进入控制端口的 Line 配置模式
Switch(config-line)#password  123abc
!设置本地登录密码为 123abc
Switch(config-line)#login
!使密码生效
```

（2）远程登录口令设置。

交换机支持多个虚拟终端，一般为 16 个（0～15）。设置了密码的虚拟终端，就允许远程登录；没有设置密码的，则不能进行远程登录。例如，如果对 0～3 条虚拟终端线路设置了登录密码，则交换机就允许同时有 4 个 telnet 登录连接，其配置命令为：

```
Switch(config)#line  vty  0  3
!对 0～3 条虚拟终端线路进行设置
Switch(config-line)#password  123abc
!设置远程登录密码为 123abc
Switch(config-line)#login
!使密码生效
```

（3）特权模式的口令设置。

特权模式是进入交换机的第二个模式，比用户模式拥有更大的操作权限，也是进入全局模式的必由之路。设置特权模式口令的命令有 enable password 和 enable secret。

```
Switch(config)#enable  password  123abc
!设置特权模式密码为 123abc
Switch(config)#enable  secret  123abc
!设置特权模式密码为 123abc
```

两者的区别在于：第一种方式下所设置的密码是以明文方式存储的，在 show run 命令中可见；第二种方式所设置的密码是以加密方式存储的，在 show run 命令中不可见。建议使用第二种方式设置特权模式口令。

5．保存配置

在交换机上配置的文件首先保存在 DRAM 中，文件名为 running-config，断电后信息将丢失，所以必须把配置文件保存在 NVRAM 中，文件名为 startup-config。

保存配置信息命令如下：

```
Switch#write  memory
```

或

```
Switch#copy   running-config   startup-config
```

6．查看交换机的配置

在特权模式下可以根据需要，通过“show”命令来查看交换机的配置。

```
Switch#show   running-config
!显示当前正在运行的配置
Switch#show   startup-config
!显示 Flash 中保存的配置
Switch#show   version
!查看交换机的版本信息
Switch#show   interface   fastethernet0/6
!查看以太网端口 0/6 的端口信息
Switch#show   mac-address-table
!查看交换机的 MAC 地址表
Switch#show   vlan
!查看交换机上 VLAN 的情况
Switch#show   vlan   id   1
!查看交换机的管理 IP
```

7．如何使用帮助

（1）使用“？”获得帮助。

交换机管理界面分为不同的模式，用户当前所处的命令模式决定了可以使用的命令。在命令提示符下，通过输入“？”，系统会列出每个命令模式可以使用的命令。可以通过不同的方式获得不同的帮助。

（2）使用【Tab】键获得帮助。

用户也可以使用【Tab】键获得帮助，按下【Tab】键可以自动补齐命令剩余的字母。

（3）使用命令简写获得帮助。

交换机的操作命令可以使用命令的前几个字母，然后按【Enter】键可以自动执行对应的操作。

（4）使用历史缓冲区加快操作。

交换机的操作系统支持历史缓冲区技术，该缓冲区记录了当前提示符下最近使用的命令，可以使用【↓】和【↑】方向键将以前操作过的命令重新调出来使用。利用该技术可以避免重新输入长而且复杂的命令。

6.3.2　系统文件管理

Cisco 使用的操作系统称为 IOS——Internetworking Operating System，存储在 Cisco 设备的 Flash 存储器上，除了 IOS 外，还有一个重要的文件：设备配置文件。为了方便用户对 Flash 进行有效的管理，以太网交换机提供了文件系统模块。文件系统为用户提供了文件和目录的访问管理功能：用户可以显示指定目录下的文件和目录信息，复制和删除文件等。下面介绍常用的文件系统管理命令。

1. 查看文件信息

在对具体文件进行操作之前，可以先查看与文件相关的信息。例如，在复制一个配置文件之前，可以先验证文件系统中是否存在这个配置文件，是否有与要复制的目的文件同名的文件，等等。

命令格式：

```
Switch#dir   flash
!用来显示 Flash 下所有的文件
```

2. 复制文件

copy 命令用来复制文件。

命令格式：

```
Switch#copy   fileurl-source    fileurl-dest
```

fileurl-source：Flash 中源文件的路径名或文件名。

fileurl-dest：Flash 中目标文件的路径名或文件名。

若目标文件名与已经存在的文件重名，操作成功后，原有同名文件将被覆盖。

如果只指定目标文件的路径，而没有指定文件名称，则系统默认使用源文件名作为目标文件名。

举例：

```
Switch#copy   running-config   startup-config
```

将当前运行的参数保存到 Flash 中，用于系统初始化时初始化参数。

3. 删除 Flash 中的文件

delete 命令用来删除以太网交换机 Flash 中的文件。

命令格式：

```
Switch#delete   flash:filename
Switch#delete   flash:test.txt
!删除 Flash 中名为 test.txt 的文件
```

4. 清除配置信息

如果希望对交换机重新进行配置，就需要清除配置信息。如果清除了启动配置文件，则当交换机重新启动时，它将进入设置程序，这样就能为交换机重新配置新设置。命令格式：

```
Switch#erase   running-config
!删除交换机的当前配置文件
Switch#erase   startup-config
!删除交换机的保存配置文件
```

或

```
Switch#erase  nvram
```

注意：清除启动配置文件之后，便不可再将其恢复，因此请确保留有该配置的备份，以备以后需要时将其恢复。

6.3.3　TFTP 服务器

为了方便管理，可以通过 TFTP 服务器把交换机内的 IOS 系统及设备配置文件备份在本地计算机上，当出故障时，可以把 IOS 系统或配置文件恢复到 Cisco 设备上。

1. TFTP 简介

TFTP（Trivial File Transfer Protocol，简单文件传输协议）是 TCP/IP 协议族中的一个用来在客户机与服务器之间进行简单文件传输的协议，提供不复杂、开销不大的文件传输服务。相对于另一种文件传输协议 FTP，TFTP 不具有复杂的交互存取接口和认证控制，适用于客户端和服务器之间不需要复杂交互的环境。

TFTP 配置示意图如图 6.12 所示，此协议传输是由客户端发起的。

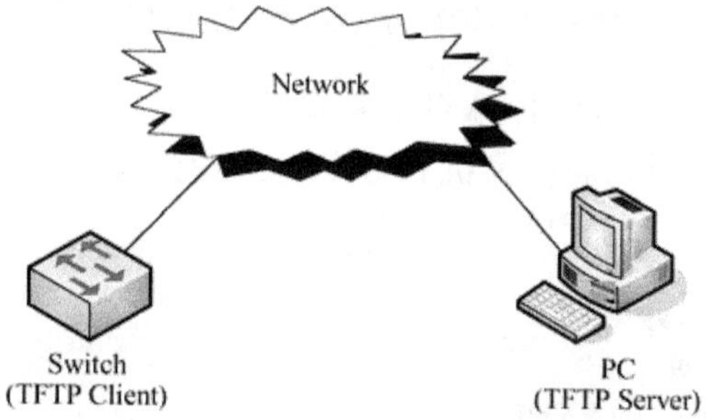

图 6.12　TFTP 配置示意图

（1）当需要下载文件时，由客户端向 TFTP 服务器发送读请求包，然后从服务器接收数据，并向服务器发送确认数据。

（2）当需要上传文件时，由客户端向 TFTP 服务器发送写请求包，然后向服务器发送数据，并接收服务器的确认数据。

TFTP 传输文件有两种模式。

（1）二进制模式，用于传输程序文件。

（2）ASCII 码模式，用于传输文本文件。

可以通过配置 TFTP 服务器，将交换机 IOS 和设备配置文件备份到 TFTP 服务器，或通过 TFTP 服务器实现 IOS 升级。

配置 TFTP 之前，网络管理员需要首先配置好 TFTP 客户端和服务器的 IP 地址，并且确保客户端和服务器路由可达。

交换机只能作为 TFTP 客户端。

2. 将交换机中的 IOS 文件备份到 TFTP 服务器

在此以 Cisco TFTP Server 服务器软件为例，实现交换机中的 IOS 文件备份到 TFTP 服务器。

若要将交换机中的 IOS 备份到 TFTP 服务器，可使用 copy flash tftp 命令。

步骤 1：用配置线连接交换机的 CONSOLE 口与计算机的 COM1 口，用网线连接交换机 F0/1 口与计算机的以太网口。计算机的 IP 设为 192.168.0.1。

步骤 2：将计算机作为 TFTP 服务器，打开 TFTP 服务器软件，并将其根目录设为 IOS 文件所在目录，如图 6.13 所示。

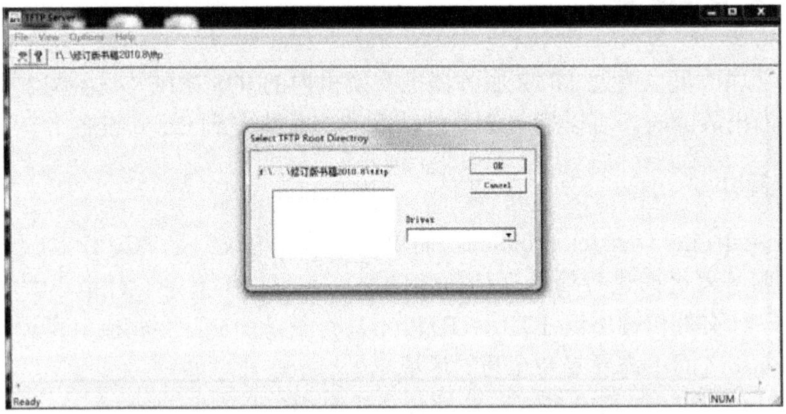

图 6.13　设置为 IOS 文件所在目录

步骤 3：为使交换机能与 TFTP 服务器相互通信，需要为交换机设置 IP 地址。使用 Windows 自带的超级终端软件，将交换机 F0/1 的地址设为与计算机的 IP 地址同网段。

具体操作如下（进入全局配置模式）：

```
Switch(config)# vlan   99
!创建并进入 VLAN 99
Switch(config)#interface   vlan 99
!进入 VLAN 99 接口配置模式
Switch(config-if)#ip   address   192.168.0.2    255.255.255.0
!为 VLAN 99 添加 IP 地址
Switch(config-if)#no   shutdown
!启用端口
Switch(config-if)#exit
!退回全局配置模式
```

这时，如果能够在超级终端界面上 ping 通 192.168.0.1，就表明交换机和 TFTP 服务器连接正常了。

步骤 4：在特权模式下输入“show　flash”可以查看当前交换机 Flash 内 IOS 的文件名及相关信息。

步骤 5：使用以下命令复制交换机 Flash 中的 IOS 文件到 TFTP 服务器。

```
Switch#copy   flash   tftp
!复制文件从 Flash 到 tftp
Source filename []?c2950-c3h2s-mz.120-5.3.WC.1.bin
!输入要备份的 IOS 文件名
```

```
Address or name of remote host []? 192.168.0.1
!输入 TFTP 服务器的 IP 地址
Destination filename [c2950-c3h2s-mz.120-5.3.WC.1.bin]?
!输入备份后的 IOS 文件名，也可以使用默认文件名
```

3．恢复或升级交换机的 IOS

如果需要将交换机的 IOS 文件复制到交换机 Flash 中以替换已破坏的原文件，或需要升级 IOS，可以使用 copy　tftp　flash 命令将文件从 TFTP 服务器下载到交换机 Flash 中，主要操作步骤如下。

步骤 1：保证 TFTP 服务器与交换机的连通性，步骤同备份交换机 IOS。

步骤 2：将需要恢复或升级到 Flash 中的 IOS 文件放置在 TFTP 服务器默认的目录下。

步骤 3：在全局配置模式下使用如下命令。

```
Switch#copy   tftp   flash
!从 TFTP 复制文件到 Flash
Address or name of remote host []? 192.168.0.1
!输入 TFTP 服务器的 IP 地址
Source filename []? c2950-i6k2l2q4-mz.121-22.EA**in
!输入要恢复或升级的 IOS 文件名
Destination filename [c2950-i6k2l2q4-mz.121-22.EA**in]?
!输入恢复或升级后的 IOS 文件名
```

4．备份和恢复交换机配置文件

（1）备份交换机配置文件。

使用 copy 命令把交换机配置文件备份到 TFTP Server 上，操作如下。

步骤 1：保证 TFTP 服务器与交换机的连通性，步骤同备份交换机 IOS。

步骤 2：在全局配置模式下使用如下命令。

```
Switch#copy   nvram:startup-config tftp:[[[//location]/directory]/filename]
!备份交换机的当前配置文件
```

或

```
Switch#copy   system:running-config tftp:[[[//location]/directory]/filename]
!备份交换机的保存配置文件
Address or name of remote host []? 192.168.0.1
!输入 TFTP 服务器的 IP 地址
Destination filename [sw3550-confg]?
!输入备份后的配置文件名，也可以使用默认文件名
```

其中，[[[//location]/directory]/filename]为配置文件所在的 TFTP 目录及文件名。

（2）恢复交换机配置文件。

步骤 1：如果 TFTP 目录中还没有配置文件，请先将配置文件复制到 TFTP 服务器上相应的 TFTP 目录中。

步骤 2：保证 TFTP 服务器与交换机的连通性。

步骤 3：从 TFTP 服务器上下载配置文件以配置交换机。

```
Switch#copy  tftp:[[[//location]/directory]/filename]  system:running-config
```

或

```
Switch #copy  tftp:[[[//location]/directory]/filename]  nvram:startup-config
```

6.4 VLAN 技术

VLAN（虚拟局域网）是目前应用非常广泛的一种局域网技术。VLAN 是由一些网段构成的与物理位置无关的逻辑组。利用 VLAN 技术，可将大的局域网划分成若干较小的虚拟工作组，以缩小广播域，减少广播风暴，并提高网络通信的速度与效率。利用以太网交换机，可以方便地实现虚拟局域网。

6.4.1 VLAN 概述

随着以太网技术的普及，以太网的规模也越来越大，从小型的办公环境到大型的园区网络，网络管理变得越来越复杂。首先，在采用共享介质的以太网中，所有节点都处于同一个冲突域和同一个广播域中，即一个节点向网络中某些节点的广播会被网络中所有的节点所接收，这样会造成很大的带宽资源和主机处理能力的浪费。为了解决传统以太网的冲突域问题，我们采用了交换机对网段进行逻辑划分。交换机虽然能解决冲突域问题，却不能克服广播域问题。例如，一个 ARP 广播会被交换机转发到与其相连的所有网段中，当网络上有大量这样的广播存在时，不仅是对带宽的浪费，还会因过量的广播产生“广播风暴”。其次，在传统的以太网中，同一个物理网段中的节点就是一个逻辑工作组，不同物理网段中的节点是不能直接相互通信的。这样，当用户由于某些原因在网络中移动，但同时还要继续留在原来的逻辑工作组时，就必须进行新的网络连接甚至重新布线。

为了解决上述问题，VLAN 技术应运而生。VLAN 是一种通过将局域网内的设备逻辑地而不是物理地划分成一个个网段，从而实现虚拟工作组的新兴技术。其最大的特点是在组成逻辑网时无须考虑用户或设备在网络中的物理位置。VLAN 可以在一个交换机或者跨交换机中实现。

VLAN 技术允许网络管理员将一个物理的 LAN 逻辑地划分成不同的广播域（或称虚拟 LAN，即 VLAN），每一个 VLAN 都包含一组有着相同需求的计算机工作站，与物理上形成的 LAN 有着相同的属性。但由于它是逻辑地而不是物理地划分，所以同一个 VLAN 内的各个工作站无须被放置在同一个物理空间里，即这些工作站不一定属于同一个物理 LAN 网段。一个 VLAN 内部的广播和单播流量都不会转发到其他 VLAN 中，从而有助于控制流量，减少设备投资，简化网络管理，提高网络的安全性，如图 6.14 所示。

既然 VLAN 隔离了广播风暴，同时也隔离了不同 VLAN 之间的通信，所以不同 VLAN 之间的通信需要路由来完成。

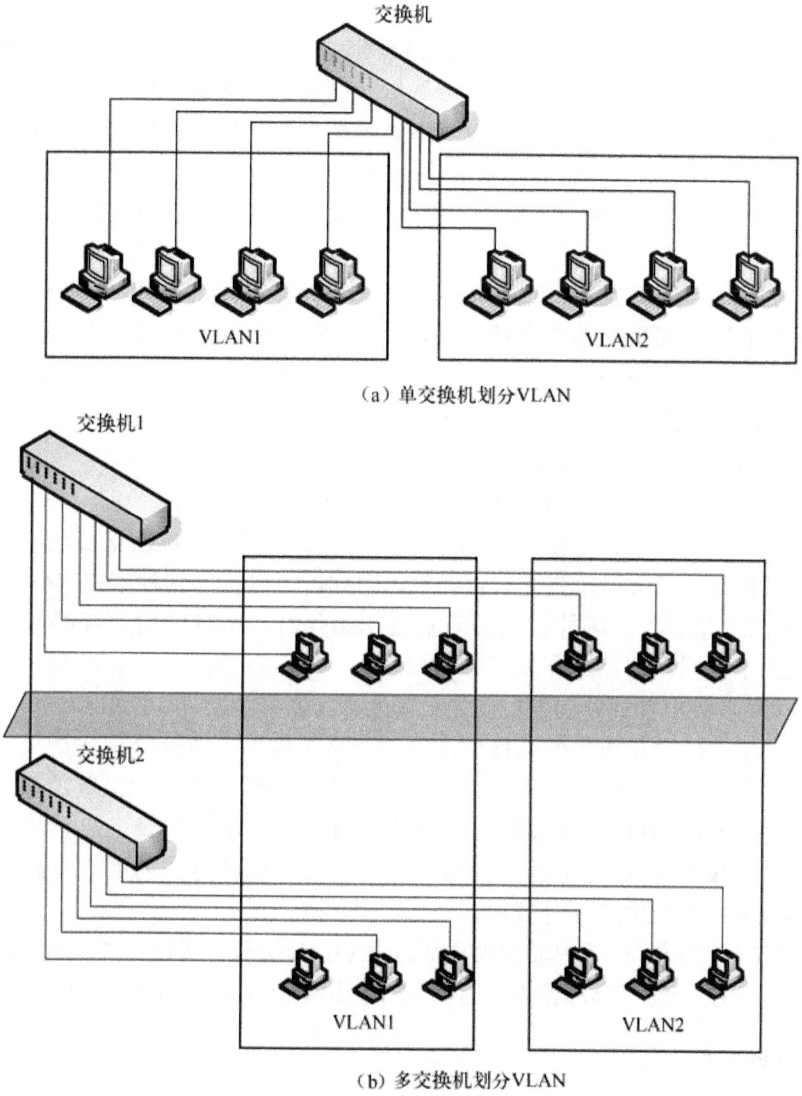

图 6.14　VLAN 的划分

1．VLAN 的划分方法

VLAN 的划分可以根据功能、部门或应用，而无须考虑用户的物理位置。以太网交换机的每个端口都可以分配给一个 VLAN。分配在同一个 VLAN 的端口共享广播域（一个站点发送希望所有站点接收的广播信息，同一 VLAN 中的所有站点都可以收到），分配在不同 VLAN 的端口不共享广播域。虚拟局域网既可以在单台交换机中实现，也可以跨多个交换机实现。

从实现方式看，所有的 VLAN 均是通过交换机软件实现的；从实现的机制或策略看，VLAN 分为静态 VLAN 和动态 VLAN 两种。静态 VLAN 主要是根据交换机的端口来划分的，动态 VLAN 的划分方法有很多种，常用的主要是根据 MAC 地址划分 VLAN 和根据网络层划分 VLAN。

（1）基于交换机端口划分的 VLAN。

这种方式是把局域网交换机的某些端口的集合作为 VLAN 的成员。这些集合成员有时只在单个局域网交换机上，有时则跨越多台局域网交换机。例如，可以指定交换机 1 的 1～6 端口和交换机 2 的 1～4 端口为同一 VLAN。虚拟局域网的管理应用程序根据交换机端口的标志 ID，将不同的端口分到对应的分组中。分配到同一个 VLAN 的各个端口上的所有站点都在一个广播域中，它们之间可以相互通信，不同的 VLAN 站点之间进行通信需要经过路由器来进行。

这种划分方法的优点是简化了 VLAN 成员管理的复杂性。定义 VLAN 成员时非常简单，只要将所有的端口都指到某个合适的 VLAN 中就可以了。它的缺点是如果 VLAN 的用户离开原来的端口，移到一个新交换机的某个端口，就必须重新定义。从目前来看，这种根据端口来划分 VLAN 的方法仍然是最常用的一种方法。

（2）基于 MAC 地址划分的 VLAN。

这种划分 VLAN 的方法是根据每个主机的 MAC 地址来划分的，即对每个 MAC 地址的主机都配置属于哪个组。这种划分方法的最大优点就是当用户物理位置移动时（即从一个交换机到其他交换机时），VLAN 不用重新配置，因此，可以认为这种根据 MAC 地址的划分方法是基于用户的 VLAN。这种方法的缺点是初始化时，所有的用户都必须进行配置，如果有几百个或上千个用户的话，配置就非常烦琐。

（3）基于网络层协议划分的 VLAN。

这种划分 VLAN 的方法是根据每个主机的网络层地址或协议类型（如果支持多协议）划分的，目前主要是 IP 地址。这种划分方法的优点是当用户的物理位置改变时，不需要重新配置所属的 VLAN，而且可以根据协议类型来划分 VLAN。另外，这种方法不需要附加的帧标志来识别 VLAN，这样可以减少网络的通信量。这种方法的缺点是效率低，因为检查每一个数据包的网络层地址十分费时。

以上划分 VLAN 的方式中，基于交换机端口的 VLAN 划分方式建立在物理层上；基于 MAC 地址的 VLAN 划分方式建立在数据链路层上；基于网络层协议的 VLAN 划分建立在网络层上。

2. VLAN 的优点

采用 VLAN 后，在不增加设备投资的前提下，可在许多方面提高网络的性能，并简化网络的管理。其具体表现在如下。

（1）简化网络管理，减少管理开销。

当 VLAN 中的用户从一个位置移动到另一个位置时，不需要或只需要少量的重新布线、配置和调试即可，因此网络管理员能借助于 VLAN 技术轻松地管理整个网络，减少了在移动、添加和修改用户时的开销。

（2）控制网络广播风暴。

一个 VLAN 就是一个逻辑广播域，通过对 VLAN 的创建，可以隔离广播，缩小广播范围，控制广播风暴的产生。

（3）提高了网络的安全性。

通过将可以相互通信的网络节点放在一个 VLAN 内，或将受限制的应用和资源放在一个安全 VLAN 内，并提供基于应用类型、协议类型、访问权限等不同策略的访问控制表，就可以有效限制进入或离开 VLAN 的数据流；属于不同 VLAN 的主机，即便是在同一台交换机上的用户主机，也不能通信。

VLAN 能将重要资源或应用放在一个安全的 VLAN 内，限制用户的数量与访问。而且 VLAN 能控制广播组的大小和位置，甚至能锁定某台设备的 MAC 地址。由于 VLAN 之间不能直接通信，并且通信流量被限制在 VLAN 内，所以 VLAN 间的通信必须通过路由器。通过在路由器上设置访问控制，使得可以控制访问有关 VLAN 的主机地址、应用类型、协议类型等信息。因此 VLAN 能够提高网络的安全性。

总之，虚拟局域网是交换式网络的灵魂，其不仅从逻辑上为网络用户和资源进行有效、灵活、简便的管理提供了手段，同时提供了极高的网络扩展性和移动性。

3. 配置静态 VLAN

配置静态 VLAN 有 3 个主要步骤。

（1）创建 VLAN。

在全局配置模式下使用 vlan 命令创建，命令格式如下：

```
Switch(config)#vlan   vlan-id
```

其中 vlan-id 是配置要被添加的 VLAN 的 ID，如果安装的是增强型软件版本，范围为 1～4096，如果安装的是标准的软件版本，范围为 1～1005。其中，有几个 VLAN 是特殊的，包括 VLAN1、VLAN1002、VLAN1004 和 VLAN1005，这几个 VLAN 为交换机中的默认 VLAN，不能够被创建或删除。

创建好 VLAN 后，VLAN 就会以编号的形式被保存在交换机中，由于时间长了以后，有可能会忘记不同 VLAN 的功能和范围，所以可以通过命名的方式识别不同 VLAN 的功能和范围。命令为在 VLAN 配置模式下输入 name vlan-name，即：

```
Switch(config-vlan)#name   vlan-name
```

（2）将端口划入相应 VLAN。

默认情况下，交换机的所有端口都属于 VLAN1，因此，在创建完一个 VLAN 后，可以手工为 VLAN 分配端口。其划分过程主要分为两步：选中端口；将端口划入 VLAN。

例如：

```
Switch(config)#interface   fastethernet   0/5
!选中快速以太网端口
Switch(config-if)#switchport   access   vlan   2
!将端口划分到 VLAN 2
```

（3）查看 VLAN 信息。

在特殊模式下，可以查看 VLAN 配置信息，常用的命令如下：

```
Switch#show   vlan
!显示所有 VLAN 的配置信息
Switch#show   vlan   vlan-id
!显示指定 VLAN 的配置信息
```

6.4.2 在单交换机上组建安全隔离的部门间网络

在此还以第 2 章任务一的小型办公局域网为例，通过 VLAN 划分与配置，实现在单个交换机上组建安全隔离的部门间网络。

1．任务背景

公司现有员工 50 人，办公集中于单独的一层。整个公司包括行政部、市场部、技术部三大部门及财物办公室、经理办公室，各部门在开放的大开间办公区域内分布。该区域采用隔断式办公家具组成工位，可满足各方面业务人员的办公空间要求，各业务人员按所属部门集中分布。

2．任务分析

在第 2 章进行网络规划与设计时，综合考虑经济性和可扩展性，将经理办公室、行政部和财务部门连接到同一个可管理部门级交换机中。为方便管理，同时保证各部门数据的安全性，现在对这个部门级交换机进行配置，将不同部门划分到不同的 VLAN 中，现以经理办公室 2 台计算机，财务部 1 台计算机，行政部 3 台计算机为例，具体实现通过 VLAN 隔离 3 个不同部门的业务网络，端口连接状况和 IP 地址分配情况如表 6.1 所示。

表 6.1　端口和 IP 地址分配表

计算机名称	所属 VLAN	交换机端口	计算机 IP 地址
caiwu	Caiwubu (vlan2)	F0/22	192.168.1.1/24
jingli1	Jingli (vlan3)	F0/10	192.168.2.1/24
jingli2	Jingli (vlan3)	F0/11	192.168.2.2/24
xingzhengbu1	Xingzhengbu (vlan4)	F0/2	192.168.3.1/24
xingzhengbu2	Xingzhengbu (vlan4)	F0/3	192.168.3.2/24
xingzhengbu3	Xingzhengbu (vlan4)	F0/4	192.168.3.3/24

3．具体实现

步骤 1：硬件连接。

在交换机和计算机断电的状态下，按照如图 6.15 所示拓扑图进行硬件连接。通过 CONSOLE 线将交换机与 PC 相连，用直通线将 6 台 PC 按照表 6.1 连接到交换机的相应端口。

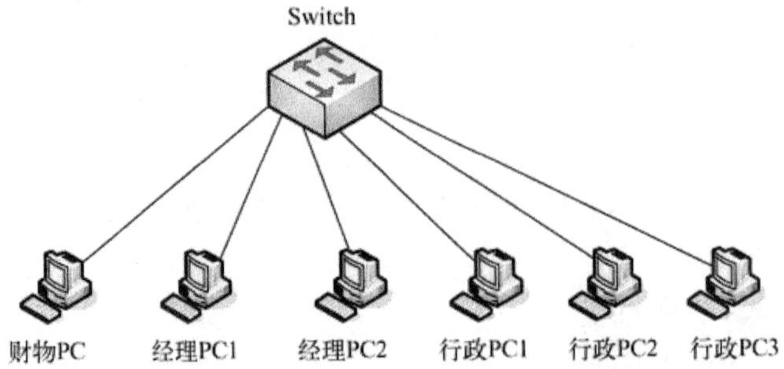

图 6.15　单一交换机 VLAN 划分网络拓扑图

步骤 2：启动设备。

分别打开设备，给设备加电，设备都处于自检状态，直到连接交换机的指示灯显示为绿灯，表示网络处于稳定连接状态。

步骤 3：配置 IP 地址。

按照表 6.1 所示，为 6 台 PC 配置相应的 IP 地址和子网掩码。

步骤 4：测试连通性。

分别测试 6 台计算机的连通性。

步骤 5：配置交换机。

交换机 Switch1 的配置：

```
Switch#config  terminal
!进入全局配置模式
Switch(config)#hostname  switch1
!设置交换机主机名为 Switch1
Switch1(config)#enable  secret  abc123
!设置特权模式密码为 abc123
Switch1(config)#vlan  2
!创建 VLAN 2
Switch1(config-vlan)#name  caiwubu
!将 VLAN 2 命名为 caiwubu
Switch1(config)#vlan  3
!创建 VLAN 3
Switch1(config-vlan)#name  jingli
!将 VLAN 3 命名为 jingli
Switch1(config)#vlan  4
!创建 VLAN 4
Switch1(config-vlan)#name  xingzhengbu
!将 VLAN 4 命名为 xingzhengbu
Switch1(config-vlan)#exit
!退出 VLAN 配置模式，返回到特权模式
Switch1(config)#interface  range f0/2-4
!选择 2～4 号端口
Switch1(config-if-range)#switchport  mode  access
!将端口配置为 access 模式
Switch1(config-if-range)#switchport  access  vlan  4
!将端口划分给 VLAN 4
Switch1(config)#interface  range f0/10-11
!选择 10～11 号端口
Switch1(config-if-range)#switchport  mode  access
!将端口配置为 access 模式
Switch1(config-if-range)#switchport  access  vlan  3
!将端口划分给 VLAN 3
Switch1(config)#interface  f0/23
!选择 23 号端口
Switch1(config-if)#switchport  mode  access
!将端口配置为 access 模式
Switch1(config-if)#switchport  access  vlan  2
!将端口划分给 VLAN 2
```

```
Switch1(config-if)#end
!返回特权模式
Switch1#write  memory
!保存配置信息
Switch1#show vlan
!查看所有 VLAN 信息
```

步骤 6：对 VLAN 进行测试。

为所有的 PC 按要求配置 IP 地址，用 xingzhengbu1 进行如下测试。

（1）ping 192.168.3.2

（2）ping 192.168.2.1

（3）ping 192.168.1.1

结果表明，xingzhengbu1 上只能 ping 通 192.168.3.2，说明 VLAN 有效隔离了不同子网，不同 VLAN 间的主机是不能通信的。

6.4.3 在多交换机上组建安全隔离的部门间网络

在规划企业网络时，很有可能会遇到隶属于同一部门的用户分散在同一座建筑物的不同楼层中，这时可能就不同于在同一个交换机上划分 VLAN 的方法，需要跨越多台交换机的多个端口划分 VLAN。如图 6.16 所示，需要将不同楼层的用户主机 A、C 和 B、D 设置为同一个 VLAN。

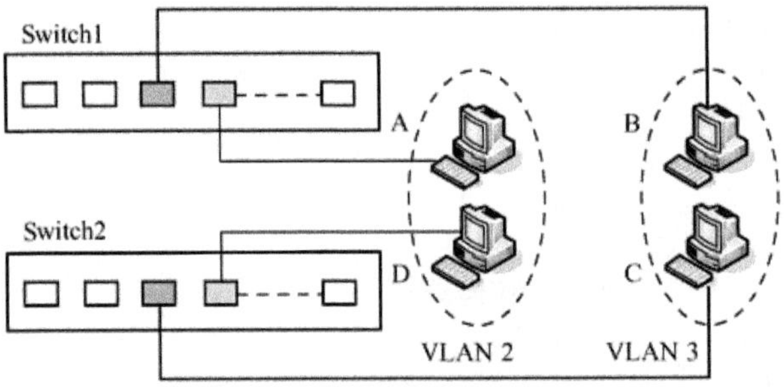

图 6.16 跨多台交换机的 VLAN

当 VLAN 成员分布在多台交换机的端口上时，VLAN 内的主机间应如何自由通信呢？最简单的解决方法是在交换机 1 和交换机 2 上各拿出一个端口，用于将两台交换机级联起来，专门提供该 VLAN 内的主机跨交换机相互通信，如图 6.17 所示。

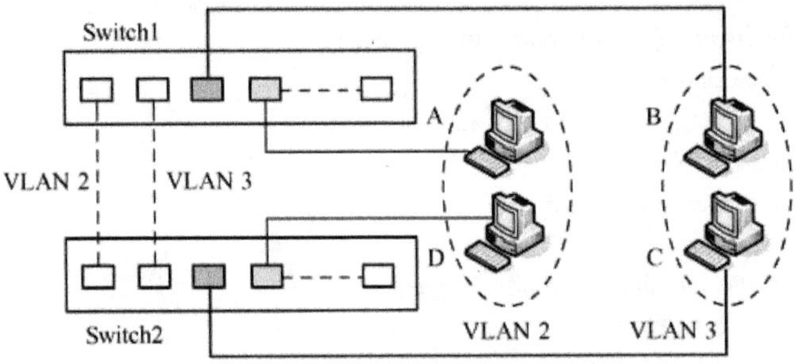

图 6.17 VLAN 内的主机跨交换机的通信

这种方法虽然解决了 VLAN 内主机间的跨交换机通信，但每增加一个 VLAN，就需要在交换机间添加一条互联链路，并且还要额外占用交换机端口，扩展性和管理效率都很差。

为了避免这种低效率的连接方式和对交换机端口占用的浪费，人们想办法让交换机间的互联链路汇聚到一条链路上，让该链路允许各个 VLAN 的通信流经，称为交换机的汇聚链接（trunk link）或主干链路，如图 6.18 所示。提供汇聚链路的端口称为汇聚端口，汇聚端口的通信流量大，一般只有 100Mbps 的端口才能作为汇聚端口使用。

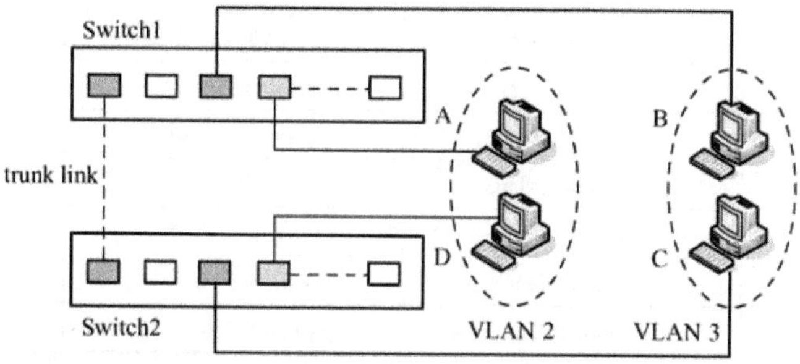

图 6.18　汇聚链接

为交换机建立汇聚链接的方法是将链路两端的端口设置为 Trunk 模式。默认情况下，交换机的 Trunk 链路是允许所有 VLAN 使用的。

配置 Trunk 端口的步骤如下。

（1）进入指定的接口配置模式：

```
Switch(config)#interface  端口
Switch(config-if)#
```

（2）将端口配置为 trunk 模式：

```
Switch(config-if)#switchport  mode  trunk
```

（3）指定允许通过的 trunk 的 VLAN：

```
Switch(config-if)#switchport  trunk  allowed  vlan  vlan-id
```

在此还是以一个小型公司办公局域网为例，通过 VLAN 实现跨交换机的网络连通。

1. 任务背景

一个公司有 20 台计算机，各属于不同部门，并且分别放置在不同的楼层，网络拓扑图如图 6.19 所示。

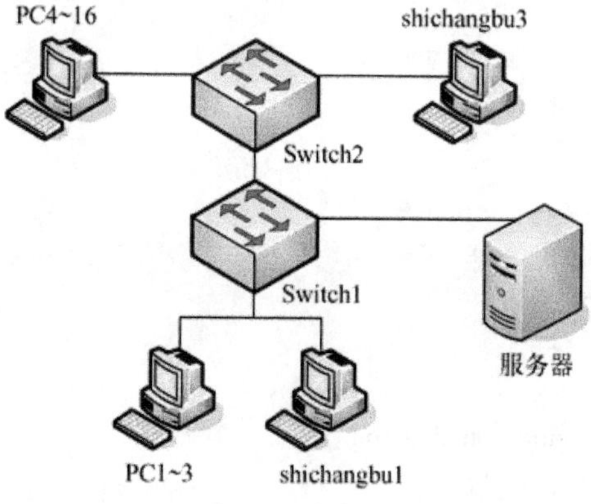

图 6.19　多交换机 VLAN 网络拓扑图

2．任务分析

为方便管理，网络管理员将不同部门的计算机划分到不同的 VLAN 中。为了实现同 VLAN 成员之间的通信，在两台交换机的 F0/1 端口之间建立 trunk 链路。端口连接状况和 IP 地址分配情况如表 6.2 所示。

表 6.2 端口和 IP 地址分配一览表

计算机名称	所属 VLAN	交换机端口	计算机 IP 地址
Server	Server (vlan2)	Switch1 F0/24	192.168.1.1/24
shichangbu1	Shichangbu (vlan3)	Switch1 F0/9	192.168.2.1/24
shichangbu2	Shichangbu (vlan3)	Switch1 F0/10	192.168.2.2/24
shichangbu3	Shichangbu (vlan3)	Switch2 F0/2	192.168.2.3/24
PC1～3	Jishubu (vlan4)	Switch1 F0/2-F0/4	192.168.3.1-3/24
PC4～16	Jishubu (vlan4)	Switch2 F0/4-F0/16	192.168.3.4-16/24

3．具体实现

步骤 1：硬件连接。

在交换机和计算机断电的状态下，按照图 6.19 所示拓扑图进行硬件连接。通过 CONSOLE 线将交换机与 PC 相连，用直通线将几台 PC 按照表 6.2 连接到交换机的相应端口。

步骤 2：启动设备。

分别打开设备，给设备加电。

步骤 3：配置 IP 地址。

按照表 6.2 所示为几台 PC 配置相应的 IP 地址和子网掩码。

步骤 4：测试连通性。

分别测试几台计算机的连通性。

步骤 5：配置交换机。

（1）交换机 switch1 配置：

```
Switch#config   terminal
!进入全局配置模式
Switch(config)#hostname   switch1
!设置交换机主机名为 switch1
Switch1(config)#enable   secret   abc123
!设置特权模式密码为 abc123
Switch1(config)#vlan   2
!创建 VLAN 2
Switch1(config-vlan)#name   server
!给 VLAN 2 命名为 server
Switch1(config)#vlan   3
!创建 VLAN3
Switch1(config-vlan)#name   shichangbu
!给 VLAN 3 命名为 shichangbu
Switch1(config)#vlan   4
```

```
!创建 VLAN 4
Switch1(config-vlan)#name  jishubu
!给 VLAN 4 命名为 jishubu
Switch1(config-vlan)#exit
!退出 VLAN 配置模式，返回到特权模式
Switch1(config)#interface  range f0/1-3
!选择 1～3 号端口
Switch1(config-if-range)#switchport  mode  access
!将端口配置为 access 模式
Switch1(config-if-range)#switchport  access  vlan  4
!将端口划分给 VLAN 4
Switch1(config)#interface  range f0/9-10
!选择 9～10 号端口
Switch1(config-if-range)#switchport  mode  access
!将端口配置为 access 模式
Switch1(config-if-range)#switchport  access  vlan  3
!将端口划分给 VLAN 3
Switch1(config)#interface  f0/24
!选择 24 号端口
Switch1(config-if)#switchport  mode  access
!将端口配置为 access 模式
Switch1(config-if)#switchport  access  vlan  2
!将端口划分给 VLAN 2
Switch1(config-if)#exit
!返回全局配置模式
Switch1(config)#int  f0/1
!选中端口 f0/1
Switch1(config-if)#switchport  mode  trunk
!将端口配置为 trunk 链路
Switch1(config-if)#switchport  trunk  allowed  vlan  all
!trunk 链路允许所有 VLAN 的数据通过
Switch1(config-if)#end
!返回特权模式
Switch1#write  memory
!保存配置信息
```

（2）交换机 switch2 配置：

```
Switch#config  terminal
!进入全局配置模式
Switch(config)#hostname  switch2
!设置交换机主机名为 Switch2
Switch2(config)#enable  secret  456123
!设置特权模式密码为 456123
Switch2(config)#vlan  2
```

```
!创建 VLAN 2
Switch2(config-vlan)#name    server
!给 VLAN 2 命名为 server
Switch2(config)#vlan    3
!创建 VLAN 3
Switch2(config-vlan)#name    shichangbu
!给 VLAN 3 命名为 shichangbu
Switch2(config)#vlan    4
!创建 VLAN 4
Switch2(config-vlan)#name    jishubu
!给 VLAN 4 命名为 jishubu
Switch2(config-vlan)#exit
!退出 VLAN 配置模式，返回到特权模式
Switch2(config)#interface    range f0/2
!选择 2 号端口
Switch2(config-if-range)#switchport    mode    access
!将端口配置为 access 模式
Switch2(config-if-range)#switchport    access    vlan    3
!将端口划分给 VLAN 3
Switch2(config)#interface    range f0/4-16
!选择 4～16 号端口
Switch2(config-if-range)#switchport    mode    access
!将端口配置为 access 模式
Switch2(config-if-range)#switchport    access    vlan    4
!将端口划分给 VLAN 4
Switch2(config-if)#exit
!返回全局配置模式
Switch2（config）#int    f0/1
!选中端口 f0/1
Switch2(config-if)#switchport    mode    trunk
!将端口配置为 trunk 链路
Switch2(config-if)#switchport    trunk    allowed    vlan    all
!trunk 链路允许所有 VLAN 的数据通过
Switch2(config-if)#end
!返回特权模式
Switch2#write    memory
!保存配置信息
```

步骤 6：任务测试。

在 PC1 上进行测试。

```
ping    192.168.3.5
ping    192.168.2.1
```

结果表明，通过 trunk 链路，不同交换机上的相同 VLAN 可以自由通信，而不同 VLAN 仍然被有效隔离。

6.5　本章小结

交换机是一种工作在数据链路层的网络互联设备，它具有地址学习、过滤和转发及避免环路等基本功能。对交换机的配置方式有本地控制台登录方式和远程配置方式，其中远程配置方式又包括 telnet 登录、Web 访问和 SNMP 远程管理方式。交换机提供了用户模式、特权模式两种基本的命令执行级别，同时还提供了全局配置、接口配置、Line 配置、VLAN 数据库配置等多种级别的模式，允许用户对交换机进行配置与管理。

VLAN 是一项以局域网交换机为基础，通过将局域内的设备逻辑地而不是物理地划分成一个个网段，从而实现虚拟工作组的技术。其最大特点是在组成逻辑网时无须考虑用户或设备在网络中的物理位置。VLAN 在交换机上的实现方式，可以大致划分为基于交换端口、基于 MAC 地址、基于网络层协议等。

习题 6

一、填空题

1．交换机常用的配置线有________和________两种。

2．交换机的硬件构成包括______________、______________和______________。

二、选择题

1．访问一台新的交换机可以（　　）进行访问。

A．通过微机的串口连接交换机的控制台端口

B．通过 Telnet 程序远程访问交换机

C．通过浏览器访问指定 IP 地址的交换机

D．通过运行 SNMP 协议的网管软件访问交换机

2．在下面关于 VLAN 的描述中，不正确的是（　　）。

A．VLAN 把交换机划分成多个逻辑上独立的计算机

B．主干链路（trunk）可以提供多个 VLAN 之间通信的公共通道

C．由于包含了多个交换机，所以 VLAN 扩大了冲突域

D．一个 VLAN 可以跨越交换机

3．哪一条命令用于把端口指派到一个 VLAN 上？（　　）

A．access　vlan　vlan-id　　　B．switchport　access　vlan-id

C．vlan　vlan-id　　　D．set　port　vlan　vlan-id

4．下列哪项是配置 VLAN 的方式？（　　）

A．静态地将端口分配给 VLAN

B．将 MAC 地址分配给特定的 VLAN

C．让 DHCP 动态地将 PC 分配给 VLAN

D．使用 DVTP 协议

三、简答题

1．解释 CSMA/CD 的工作原理。
2．简述 Cisco 交换机的几种配置方式。
3．简述可网管交换机的几种不同工作模式。

四、实操题

某公司为了更好地管理局域网，购买了可网管的交换机，现需要对可网管交换机进行基本配置和管理。用直通线把交换机的端口 1 和计算机连接起来，用配置线把交换机的 CONSOLE 口和计算机的 COM 口连接起来，如图 6.20 所示。

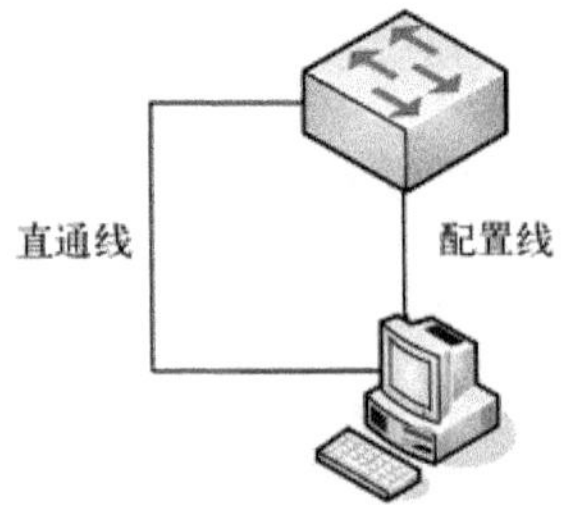

图 6.20　交换机的基本配置与管理

请实现：
1．按照图 6.20 所示进行物理连接。
2．规划设计计算机的 IP 地址、子网掩码。
3．在计算机上配置超级终端，启动交换机进行配置。
4．配置交换机的名称、口令（终端口令、远程登录口令、特权用户口令、进行加密）。
5．查看各种信息（版本信息、配置信息、端口信息、CPU 状态、MAC 地址表等）。
6．配置交换机的端口（速率、双工模式、启用和禁用等）。
7．配置交换机后，使用计算机通过 Telnet 方式对交换机进行配置。
8．保存交换机的配置。

第 7 章 无线局域网技术

无线局域网与有线网络相比，最大的特点就是连接方便、可移动性强。这类局域网结构特别适合于有笔记本的环境，而且整个无线局域网的组建和硬件连接也非常简单。本章将详细介绍无线局域网的基本概念、通信标准、拓扑结构、硬件安装及软件配置等方面的内容，以期对无线局域网技术的应用有一个全面了解与基本掌握。

7.1 无线局域网的特点与应用范围

无线局域网（Wireless Local Area Network，WLAN）是利用无线通信技术在一定的局域范围内建立的网络，是计算机网络与无线通信技术相结合的产物。它以无线多址信道作为传输媒介，提供传统有线局域网的功能，能够使用户真正实现随时、随地、随意的宽带网络接入。

按照与有线局域网的关系，无线局域网可分为独立式无线局域网和非独立式无线局域网两种。独立式无线局域网指整个网络都使用无线通信的无线局域网，非独立式无线局域网指局域网中无线网络设备与有线网络设备相结合使用的局域网。

目前非独立式无线局域网居于无线局域网的主流，在有线局域网的基础上通过无线接入点、无线网卡等设备使无线通信得以实现，其本身还要依赖于有线局域网，是有线局域网的扩展和补充，而不是有线局域网的替代产品。

7.1.1 无线局域网的特点

无线局域网与有线网络相比，两者各有其特色。有线局域网有传输速度快、产品种类全和价格低廉等优点，但是在实际使用中也存在一定的问题，如双绞线、光纤等铺设费用高、施工周期长、移动困难、变更余地小、维护成本高等问题。与此相对照，无线局域网具有以下特点。

1．移动性

终端的可移动性是无线局域网最为显著的特征。无线局域网允许用户在信号覆盖范围内的任何地点访问网络，而无须指定明确的访问地点。移动性使得用户可通过便携式计算机、掌上计算机或数据采集器等终端设备，在自由变换地点的过程中访问网络，这样极大地方便了工作时需要不断移动位置的人员，如仓储管理、现场施工和实地勘测等。

2．突破地理环境的限制

在一些特殊的地理位置和环境下，如山地、港口和开阔地带等，将极大地制约有线网络的布线施工。若坚持采用有线局域网，将造成施工周期长、后期维护困难等问题。如果采用无线局域网，用户就可以在距离为几十千米的范围内与服务器或其他计算机进行通信。

3．低成本

无线局域网可以节省费用、降低成本。这一优点表现在两个方面：一是无线局域网可以避免有线网络铺设线缆的高昂费用，因而降低组网成本；二是在一些特殊情况下，如建筑、公路铺设、煤矿和油田等企业，其工作地点并非长久不变，如果使用有线网络就意味着每到一处都要进行一次布线施工，造成资金浪费，而使用无线网络，便可以极大地节省资金、降低费用了。

4．扩展方便

在有线网络的规划设计中，由于种种原因，原有的网络布线所预留的端口不够用，因而在新增用户端口时，必须为新用户铺设线缆，这时往往会出现施工困难、施工周期长和可能会破坏原有线路等诸多问题。但是，如果采用无线网络产品，只需为每个新用户配置一个无线网卡即可解决问题，简便易行。

5．可靠性高

线缆故障是有线网络的可靠性出现问题甚至引起网络瘫痪的主要原因。而使用无线局域网技术由于没有线缆，就彻底避免了由于线缆故障造成的网络瘫痪问题。

目前无线网络技术已日趋成熟，高速无线网络的带宽已达数十兆，完全能满足一般的网络传输要求，包括传输文字、图像、音频、视频等。无线网络的最大传输距离也可达到几十千米。此外，无线网络产品价格的下降，也使得无线局域网的应用越来越广泛。

7.1.2 无线局域网的应用范围

无线局域网是网络发展的大势所趋，随着无线设备产品价格的降低和技术的发展，越来越多的人们在组建局域网时会选择无线局域网。目前，从无线局域网的应用范围来看，主要应用于以下场合。

1．移动办公

公司中有了无线局域网，可以充分享受无线的自由，即可摆脱双绞线的束缚，在公司内自由移动办公。

2．公共场合

如航空公司、机场、展会和交易会等，在这些地方进行网络布线是最让人头痛的。如果使用双绞线在这些场合中布线，既不美观，也不方便。通过架设无线局域网，这些问题就可迎刃而解。

3. 难以布线的场合

如石油工业，油矿的地形起伏不平，铺设电缆后不易传导，而且电缆穿过炼油厂有潜在危险。

4. 作为有线局域网络的备用系统

有线网络线路会随使用时间的增长，表面绝缘层、屏蔽层老化，逐渐失去原有性能。如果使用无线网络作为备用系统，则不存在这些问题，不仅可以随时更新升级，而且可以方便地安装与维护。

5. 扩充网络

传统的有线网络扩充性较差。由于一些原因，原有布线所预留的端口不够用，增加新用户时就会遇到重新布置线缆较烦琐、施工周期长等麻烦。而无线网络的扩充性则较好，只需要增加无线适配卡和接入点即可方便地实现网络扩充。

7.2 无线局域网的通信协议

和有线局域网一样，无线局域网在组建和连接的过程中，同样需要对网络协议标准有所考虑。不同的无线局域网结构、无线局域网硬件产品，都有一定的协议标准支持，不能混用，否则容易出现传输障碍。

7.2.1 无线局域网标准

目前支持无线网络的技术标准主要有 IEEE 802.11 标准、家庭网络（home RF）技术及蓝牙技术（bluetooth）。

1. IEEE 802.11 标准

IEEE 802.11 是 IEEE 最初制定的一个无线局域网标准，主要用于难以布线的环境或移动环境中计算机的无线接入，业务主要限于数据访问。经过演变，目前已拥有 802.11a、802.11b、802.11g 等众多升级型标准。

（1）IEEE 802.11。

IEEE 802.11 是 IEEE 802 委员会于 1997 年 6 月正式颁布的。该标准规定无线局域网工作频段为 2.4～2.4835GHz，数据传输速率最高只能达到 2Mbps。由于它在速率和传输距离上都不能满足人们的需要，所以被 IEEE 802.11b 所取代。

（2）IEEE 802.11b。

IEEE 802.11b 标准是对 IEEE 802.11 的一个补充，于 1999 年 9 月被正式批准，该标准规定无线局域网工作频段为 2.4～2.4835GHz，数据传输速率达到 11Mbps，传输距离控制为 15.24～45.72 米。可根据环境变化，在 11Mbps、5.5Mbps、2Mbps、1Mbps 之间切换，且在 2Mbps、1Mbps 速率时与 IEEE 802.11 兼容。

目前 IEEE 802.11b 标准已成为主流标准，被多数厂商采用，所推出的产品广泛应用于办公室、家庭、宾馆、车站、机场等众多场合，但是随着众多新标准出现，802.11a 和 802.11g 更是备受业界关注。

（3）IEEE 802.11a。

IEEE 802.11a 规定使用 5GHz 的频段，理论上最大传输速率为 54Mbps，是 IEEE 802.11b 的 5 倍。IEEE 802.11a 由于工作频率较高而使其性能得到了改进。因为频率越高，在空间传播的损耗越大，所以，在发射功率和编码方案相同的情况下，IEEE 802.11a 产品比 IEEE 802.11b 产品发射距离短。IEEE 802.11a 标准规定所有的产品都必须支持 6Mbps 和 24Mbps 等基本数据速率，此外还要支持 36Mbps、48Mbps 和 54Mbps 的数据速率。

IEEE 802.11a 除了具有较高的传输速率外，由于它使用 5GHz 的专有频段，所以相对 IEEE 802.11b 的 2.4GHz 频段而言几乎没有干扰，此外 5GHz 处比 2.4GHz 有更多的波段，也即意味着更多的信道。

虽然 IEEE 802.11a 在技术上占有优势，但由于技术成本过高，缺乏价格竞争力。此外，5GHz 并非免费频段，在许多国家和地区面临通信管制的问题。最后，由于 OFDM 与 DSSS 技术上的不兼容，IEEE 802.11a 产品和现在已经安装的 IEEE 802.11b 不能互通。

（4）IEEE 802.11g。

IEEE 802.11g 的最大特点是可以与 IEEE 802.11a 和 IEEE 802.11b 同时兼容，而且 IEEE 802.11g 在 IEEE 802.11b 及 IEEE 802.11a 的 MAC 层追加了 QoS 功能及安全功能的标准。IEEE 802.11g 通常被看做 IEEE 802.11b 的高速版，两者都使用 2.4GHz 频段，只是 IEEE 802.11g 的最大传输速度为 54Mbps（不过，由于 2.4GHz 频段干扰较多，故在实际传输速率上低于 IEEE 802.11a）。为了兼容 IEEE 802.11b 和 IEEE 802.11a，IEEE 802.11g 同时支持 IEEE 802.11b 的 CCK 和 IEEE 802.11a 的 OFDM，此外 IEEE 802.11g 还支持“分组二进制卷积码”（PBCC）技术。

（5）IEEE 802.11n。

IEEE 802.11n 是 2004 年 1 月 IEEE 宣布组成一个新的单位来发展新的 IEEE 802.11 标准，该标准于 2009 年 9 月正式批准。其传输速率理论值为 300Mbps，因此需要在物理层产生更高速度的传输率。此新标准要比 IEEE 802.11b 快 50 倍，比 IEEE 802.11g 快 10 倍左右。IEEE 802.11n 的传送距离也将会比目前的无线网络的传送距离更远。IEEE 802.11n 增加了对于 MIMO 的标准，使用多个发射和接收天线来允许更高的数据传输率，并使用了新技术来增加传输范围。

2. 家庭网络（home RF）技术

home RF 无线标准是由 home RF 工作组开发的，旨在家庭范围内使计算机与其他电子设备之间实现无线通信的开放性工业标准。2001 年 8 月推出的 home RF2.0 版，集成了语音和数据传送技术，工作频段在 10GHz，数据传输速率达到 10Mbps，在 WLAN 的安全性方面主要考虑访问控制和加密技术。

home RF 主要为家庭无线网络设计，虽然目前不能成为无线局域网的主流，只能处在补充的地位，但 home RF 技术仍有自身独特的优势，它是 IEEE 802.11 与数字无线电话标准的结合，旨在降低语音数据通信时，采用 IEEE 802.11 规范中的 TCP/IP 传输协议，进行语音通信时，则采用数字增强型通信标准。

3. 蓝牙技术

所谓蓝牙（bluetooth）技术，实际上是一种短距离无线数字通信的技术标准，其目标是实现最高数据传输速度为 1Mbps 和传输距离为 10cm～10m，通过增加发射功率可达到 100m。从目前的蓝牙产品看，蓝牙主要应用于手机、笔记本式计算机等数字终端设备之间的通信和以上设备与互联网的连接。目前，蓝牙技术也嵌入了微波炉、洗衣机、电冰箱、空调等传统家用电器中。

7.2.2 无线局域网的安全机制

无线局域网的安全机制采取多重保护的方式来实现。以下介绍无线局域网 IEEE 802.11b 的安全机制。

在 IEEE 802.11b 标准中，为了保证数据传输的安全性，IEEE 802.11b 制定了一个共享密钥加密机制 WEP（Wired Equivalent Privacy），WEP 运行在 MAC 层，提供存储控制及信息加密的机制。下面就针对其提供的保密机制加以探讨。

1. 服务集标识符 SSID

通过对多个无线接入点 AP 设置不同的 SSID，并要求无线工作站出示正确的 SSID 才能访问 AP，这样就可以允许不同群组的用户接入，并对资源访问的权限进行区别限制。SSID 作为一个简单的口令，在一定程度上保障了无线网络的安全，但如果配置 AP 向外广播其 SSID，那么安全程度将下降。

2. 访问控制列表

因为每一张无线网络卡都有一个唯一的 MAC 地址，只要将它们一一输入 AP，即可得到一张访问控制列表（Access Control Lists）。利用这一存储控制机制，即便外来的不速之客得知 AP 使用的 SSID，也一样会遭到拒绝。

3. WEP 密钥

IEEE 802.11b 的 WEP 采用对称性加密算法 RC4，在加密与解密端，均使用同一个 40 位长度的密钥。该密钥将会被输入每一个客户端及 AP 之中，而所有信息的传送与接收，都使用这把共享密钥来加密与解密。WEP 也提供客户端使用者的认证功能，当加密机制功能启用，客户端尝试连接上 AP 时，AP 会发出一个测验挑战值封包给客户端，客户端再利用共享密钥将此值加密后送回 AP 以进行认证比对，如果核准无误，才能获准接入网络。

4. Wi-Fi 保护接入（WPA）

WPA（Wi-Fi Protected Access）是继承了 WEP 的基本原理而又弥补了 WEP 缺点的一种新技术。加强了生成加密密钥的算法，要想破解出原始的通用密钥几乎是不可能的。WPA 还追加了防止数据中途被篡改的功能和认证功能。WPA 不仅加密方法比 WEP 更为强大，而且有更为丰富的内涵。

尽管 IEEE 802.11b 标准能够提供一定的安全机制，但是在使用中必须注意以下问题。

（1）关于 SSID。使用 AP 的 SSID 来进行访问控制，确实是一项有效的保护机制。但是，如果用户在无线网卡上设定其 SSID 为“ANY”时，它便可以自动地搜寻信号范围内的所有 AP 并试图与其进行连接。

（2）关于 40 位的加密密钥。WEP 提供 40 位长度的加密密钥，在一般情况下尚可起到防范作用，但对于专业的网络黑客，破解 40 位密钥并不困难。以目前 RSA 破解的速度，40 位长度的密钥在 5 分钟之内便可破解。因此，一些厂商已经推出了 128 位长度的加密密钥。

（3）关于共享密钥的失窃。由于 IEEE 802.11b 没有提供密钥的管理机制，如果无线网卡被偷，密钥的内容流失，整个公司内部的无线局域网络就不再受到保护。此时网络管理人员必须重新将新的共享密钥传送给每一个客户端及 AP，这将是一项既费时又麻烦的工作。因此必须妥善保管密钥。

（4）关于采用 Access Control List。如果无线局域网络终端数量不多，采用访问控制列表是一项很有效的措施。但是，如果无线局域网的终端数量较多，这一方法将大量增加管理人员的工作负担。

7.3 无线局域网的常用网络设备

组建无线局域网的网络设备主要包括无线网卡、无线 AP、无线路由器和天线。

7.3.1 无线网卡

无线网卡也称无线网络接口卡（NIC），它的作用类似于以太网中的网卡，作为无线网络的接口，实现与无线网络的连接。常用的无线网卡主要有两种，即 PCMCIA 接口无线网卡和 USB 接口无线网卡。

PCMCIA 接口无线网卡仅适用于笔记本式计算机，支持热插拔，可以非常方便地实现移动式无线接入，如图 7.1 所示。

USB 接口无线网卡适用于笔记本式计算机和台式计算机，支持热插拔。如果网卡外置有无线天线，那么，USB 接口将是一种非常好的选择，如图 7.2 所示。

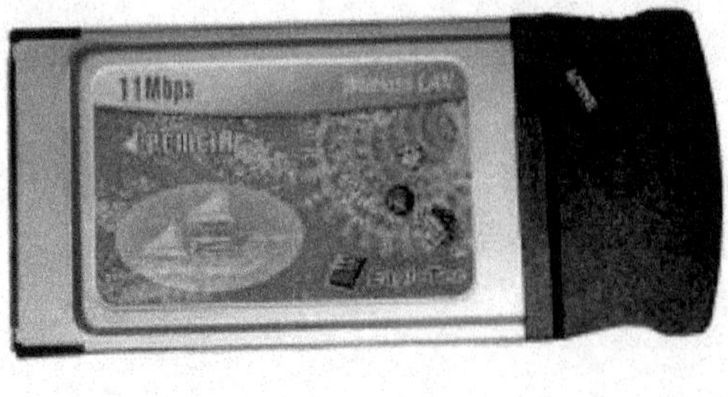

图 7.1 PCMCIA 接口无线网卡

图 7.2 USB 接口无线网卡

7.3.2　无线接入点

无线接入点（Access Point）即无线 AP，也称无线网桥或无线网关。它的作用类似于以太网中的集线器。无线接入点的主要作用有两个：一是作为无线局域网的中心点，供其他装有无线网卡的计算机通过它接入该无线局域网；二是通过对有线局域网络提供长距离无线连接，或对小型无线局域网提供长距离有线连接，从而达到延伸网络范围的目的。当网络中增加一个无线 AP 之后，即可成倍地扩展网络覆盖直径。另外，也可使网络中容纳更多的网络设备。理论上，一个 AP 可支持 256 个终端用户接入，但为了保证各个终端有相对充足的带宽，建议一台 AP（802.11b 型接入点，共享 11MB 带宽）最多提供 20～30 个终端用户的支持。

无线 AP 基本上都有以太网接口，用于实现无线与有线的连接。值得注意的是，接入无线 AP 的客户端与有线局域网传输距离最大为 100m。另外，许多无线 AP 还拥有代理服务器的功能，从而借助于 ADSL 或 Cable Modem 等连接，实现 Internet 接入。

如图 7.3 所示为一种无线 AP 产品，其基本特性和功能如下。

（1）提供接入点间的无缝漫游功能；

（2）根据信号的强弱自动调整连接速率；

（3）允许多用户共享宽带连接；

（4）带有自适应的 10M/100M 的 LAN 端口；

（5）支持 VPN（虚拟专用网），允许设置 VPN 服务器与客户端；

（6）支持打印机共享，可直接接入打印机；

（7）内置防火墙功能，有效保护内部网络；

（8）DHCP 服务器功能，可以为网络上的计算机动态分配 IP 地址；

（9）访问列表控制功能，可以为不同的用户指定不同的访问权限；

（10）虚拟局域网功能，允许内部网络对外开展如 WWW、FTP 等服务。

图 7.4 所示为其后面板图。

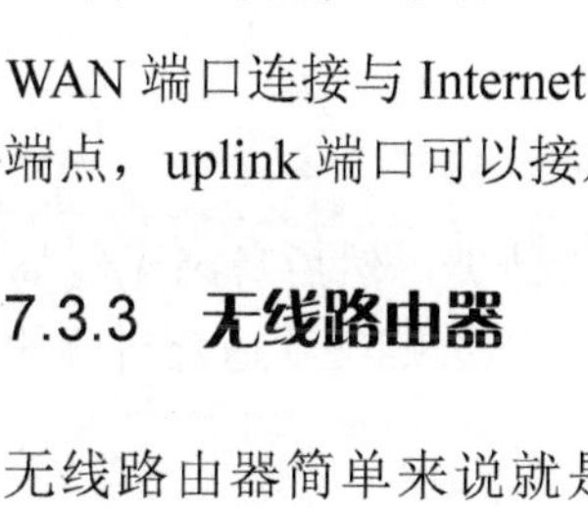

图 7.3　无线 AP 产品

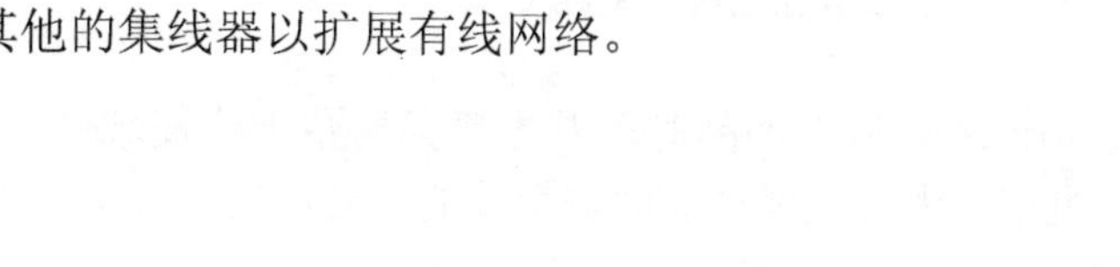

图 7.4　AP 后面板

WAN 端口连接与 Internet 相通的 Cable Modem/ADSL Modem，RJ-45 端口用于接入有线网络端点，uplink 端口可以接入其他的集线器以扩展有线网络。

7.3.3　无线路由器

无线路由器简单来说就是带有无线覆盖功能的路由器，它主要应用在家庭及小企业中。无线路由器具备无线 AP 的所有功能，如支持 DHCP、防火墙、WEP/WPA 加密等，除此之外还包括了路由器的部分功能，如网络地址转换 NAT 功能，通过无线路由器能够实现

图 7.5　无线路由器

跨网段数据的无线传输，如实现 ADSL 和小区宽带的无线共享接入；另外，无线路由器通常包含一个有若干端口的交换机，可以连接若干台使用有线网卡的计算机，从而实现有线和无线网络的顺利过渡，如图 7.5 所示。

7.3.4　无线天线

当计算机与无线 AP 或其他计算机相距较远时，随着信号的减弱，传输速率会明显下降，或者根本无法实现与 AP 或其他计算机之间的通信，此时，就必须借助于无线天线对所接收或发送的信号进行增益。

无线天线主要分为室内天线和室外天线，图 7.6 所示为一种室内天线。

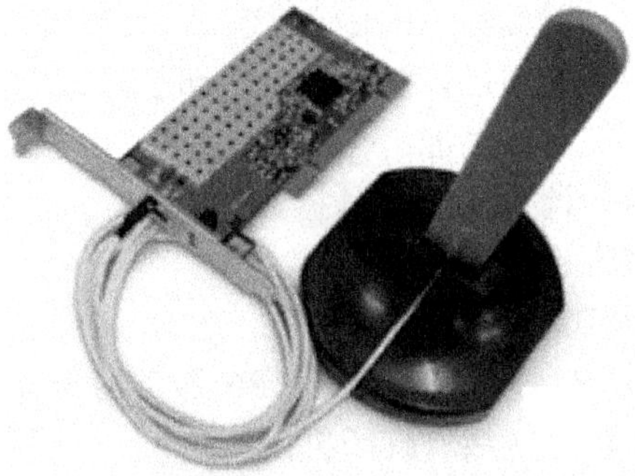

图 7.6　室内天线

室外天线有多种，一种是锅状的定向天线，它的信号指向性很强，可在一个方向上发射和接收大部分的信号，适用于距离较远、角度方位集中的情形；另一种则是棒状的全向天线，它在所有水平方位上发射和接收的信号都相等，适用于距离较短、分布角度较大的情形；还有一种是扇面天线，它具有一定的能量定向功能，适用于距离适中、分布角度比较集中的情形。

在安排天线的位置时，应考虑使两点之间距离最短，或水平高度最高，或设置在最佳可视效果处。

当通信的两点间的天线距离较远时，为了取得更好的连接效果，可在每一点的 AP 与天线之间安装双向功率放大器，双向功率放大器具有增益接收信号和放大输出功率的作用，从而显著提高传输距离。

7.3.5　无线局域网设备选择

选购无线局域网产品时，首先要弄清楚无线局域网的协议种类，然后考虑无线局域网网关的性能，考虑无线产品的安全性能，最后结合价格等因素才能选购一款适合自己的无线局域网产品。

在选择无线局域网设备时应注意如下几个方面。

（1）选择什么协议的产品。

无线局域网的发展历程上标准比较多，从 IEEE 802.11b、IEEE 802.11a 到 IEEE 802.11g

再到 IEEE 802.11n 等，IEEE 802.11b 与 IEEE 802.11a 不兼容，IEEE 802.11g 在性能方面与 IEEE 802.11a 相似，其设备价格比 IEEE 802.11a 更便宜，并可兼容 IEEE 802.11b，故应该优先选购 IEEE 802.11g 的产品。

（2）选择 AP 设备还是无线路由器。

如果是小范围内的集中方式组网，则应选择 AP 设备。

如果范围较大（覆盖两个或多个建筑物），而且涉及点到多点的分布式连接，则应该选择无线路由器。

（3）考察设备传输距离的限制。

（4）考察设备的传输速率。

（5）考察设备的 MAC 技术、物理编码方式及安全加密认证等标准。

7.4　无线局域网的拓扑结构

在 IEEE 802.11 标准中，一般将无线局域网的结构划分为 AD Hoc“对等”（Peer to Peer，点对点）和“主从”（Infrastructure，基础结构）两种方式。在对等结构中，各个终端可在无线网络所覆盖的范围内移动，自动建立点到点的连接以实现信息交换；在基础结构中，所有客户端都直接与接入点 AP 连接，通过 AP 实现各站点的通信与管理，以及无线网络与有线网络的连接。无线终端在 AP 所覆盖的范围内工作时，无须为寻找其他站点而耗费大量的资源，是理想的低功耗工作方式。基础结构支持 TCP/IP 和 IPX 等多种网络协议，是 IEEE 802.11 无线网络的主要应用方式。

7.4.1　Ad hoc 对等结构

对等结构是一种最简单的应用方式，只要给每台工作站安装一块无线网卡，所有的工作站便都能对等地相互通信。但是，对等结构网络中的工作站只能一对一互相交换信息，而不能同时进行多点访问。这种模式不支持 TCP/IP 协议，比较适合组建临时性的网络，如野外作业、临时流动会议等，如图 7.7 所示。

需要指出的是，并非所有兼容 IEEE 802.11 标准的产品都支持这种工作模式，只有标明支持 Ad hoc 模式的无线产品方可组建对等结构网络。在 Ad hoc 模式的局域网中，一个工作站会自动设置为初始站，对网络进行初始化，为所有站点设定相同的 BSS（Basic Service Set），即可自成一个 Group。这样，在 MAC 帧中就同时有源地址、目的地址和初始站地址。

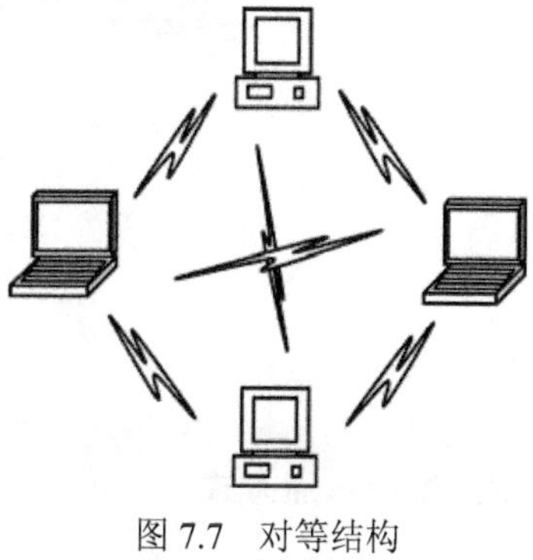

图 7.7　对等结构

7.4.2　Infrastructure 基础结构

基础结构以接入点 AP 为中心，形成星型网络结构，AP 相当于有线网络中的集线器，所有站点之间的通信均需通过 AP 接转。相应地，在 MAC 帧中同时有源地址、目的地址和接入点地址。接入点 AP 能在内部建立一个像"路由表"那样的"桥连接表"，将各个客户端和端口一一联系起来。当接转信号时，AP 就通过查询"桥连接表"进行。

当网络规模较大，超过了单个 AP 的覆盖半径时，可以采用多个 AP 分别与有线网络相连，从而形成以有线网络为主干的多接入点的无线网络，所有无线终端可以通过就近的接入点来接入网络，并访问整个网络的资源。

基础接入方式还有另外一种用途，可以采用两个接入点实现"无线中继"，以扩大无线网络的覆盖范围。无线中继通过两个 AP 点之间的链接，可以实现两个局域网的远距离互联（架设高增益定向天线后，传输距离可达到 50 千米），局域网既可以是有线局域网，也可以是无线局域网。采用中继方式的无线网络模式称为无线分布系统（Wireless Distribution System）。在这种模式下，MAC 帧使用了四个地址，即源地址、目的地址、中转发送地址、中转接收地址。

1．单接入点方式

当网络规模较小时，通常采用单接入点方式，如图 7.8 所示。这种接入方式以星型拓扑为基础，以接入点 AP 为中心（相当于有线网络中的集线器），所有站点之间的通信要通过 AP 转接。实际应用时，一方面可以 AP 为中心独立建立一个无线局域网；另一方面可通过 AP 作为有线网的扩展，使整个无线网的终端都能访问有线网络的资源，并可进一步访问 Internet。

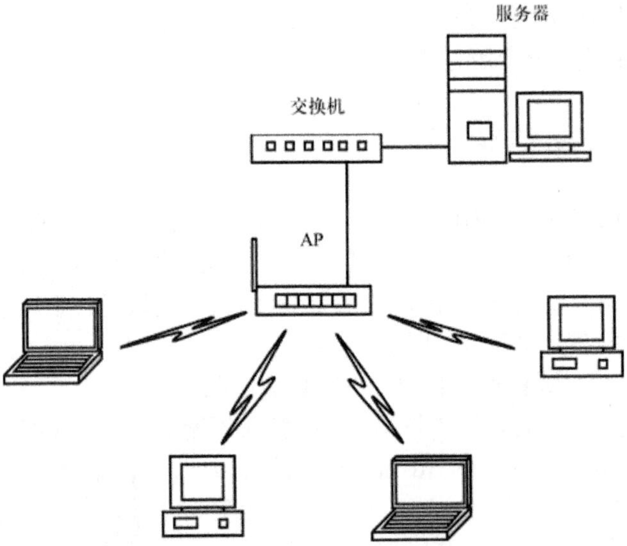

图 7.8　单接入点方式

2．多接入点方式

当网络规模较大，超过了单个接入点的覆盖半径时，可以采用多个接入点分别与有线网络相连，从而形成以有线网络为主干的多 AP 的无线网络，所有无线终端可以通过就近的 AP 接入网络，访问整个网络的资源，从而突破无线网覆盖半径的限制。在这种模式下，多个接入点可以构建自己的独立域，也可以组建为一个大的统一域，各站点可在域内无缝漫游。多接入点方式如图 7.9 所示。

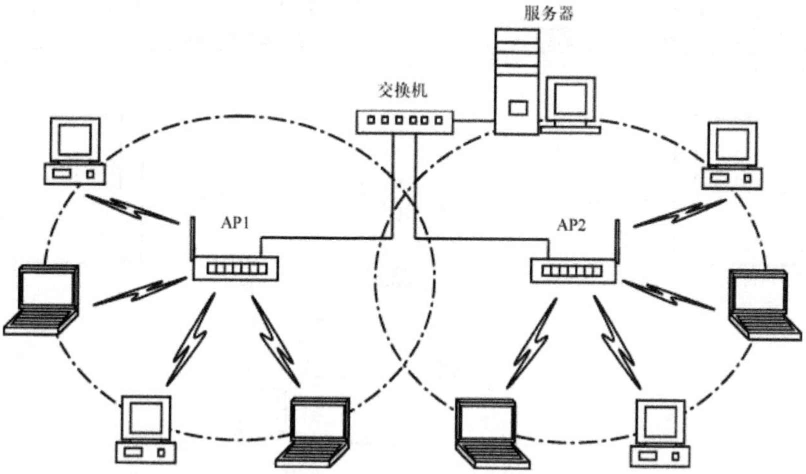

图 7.9　多接入点方式

3．室外点对点方式

室外点对点方式可以用来连接分别位于不同地点的两个网络，如图 7.10 所示。A 网与 B 网分别为两个有线局域网，现通过一对无线 AP 及定向天线，可以将两个有线网络连接起来（这一对 AP 设置成相同的频道）。当距离较远时，为了取得更好的连接效果，可在 AP 与天线之间安装双向功率放大器，双向功率放大器具有增益接收信号和放大输出功率的作用，从而显著提高了传输距离，最大距离可达 50 千米。

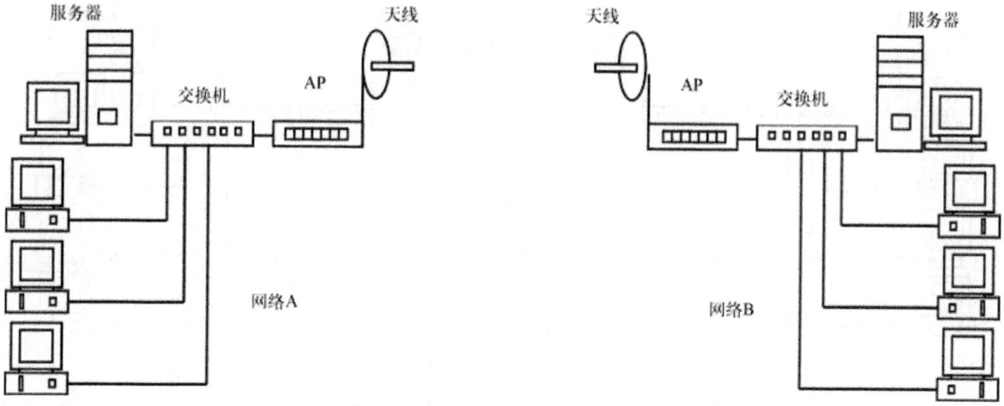

图 7.10　室外点对点方式

4．室外中继方式

当点对点的两个网络之间距离过大，或者中间有障碍建筑物时，可以采用中继方式进行网络的连接，如图 7.11 所示。无线中继点应当选择在可以同时看到网络 A 和网络 B 的位置。无线中继点的 AP 连接两个定向天线，分别对准网络 A 和网络 B 的定向天线。

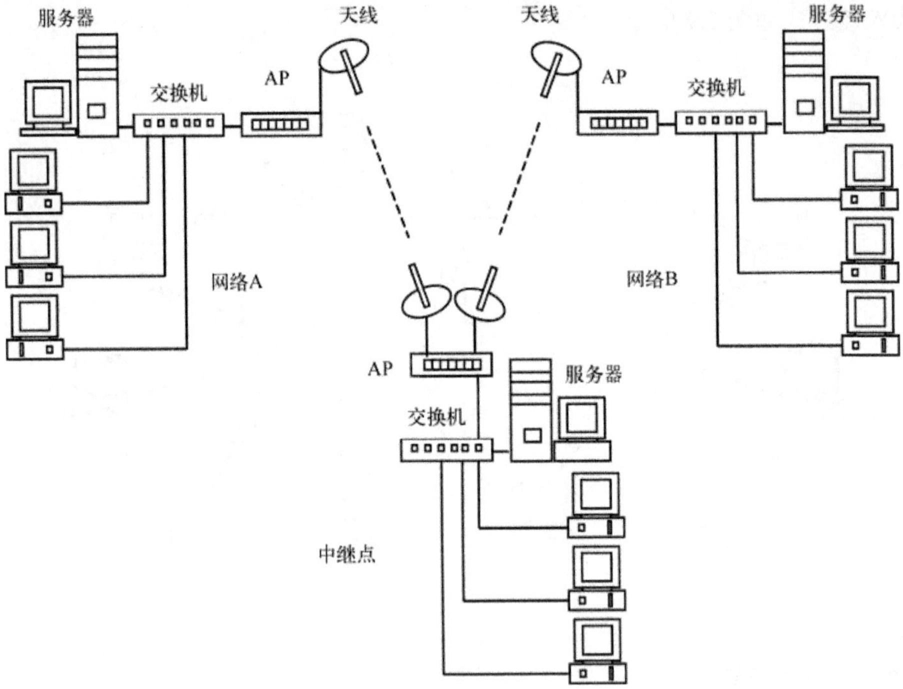

图 7.11 室外中继方式

5．室外点对多点方式

室外点对多点方式可以将多个分散的远程网络连接起来，如图 7.12 所示。点对多点方式中通常以一个有线网络（如网络 A）为中心点，B、C、D 分别为其周围的三个有线网络，中心点处 AP 连接一个全向天线。

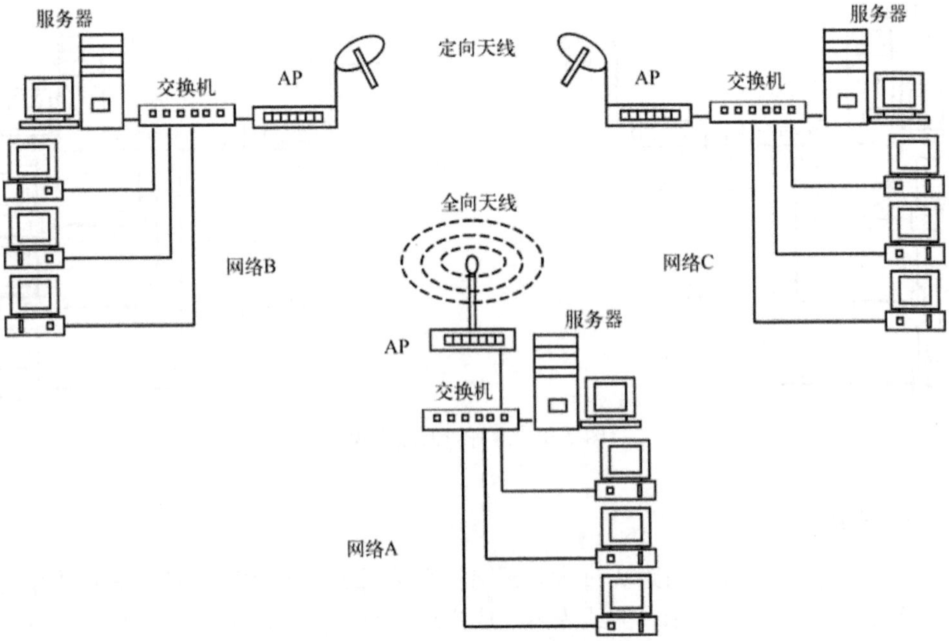

图 7.12 室外点对多点方式

7.5　无线局域网的架构

7.5.1　无线局域网的规划设计

无线局域网的规划工作主要包括以下内容。

1．需求分析

（1）依据楼层结构及建筑类型确定合理的接入点位置；
（2）分析用户应用（上网浏览，E-mail，文件传输）的主要特征；
（3）了解终端用户设备与环境（硬件及操作系统）；
（4）定义信息类型（Data，Voice，Video）；
（5）估算用户数量，并确定用户是固定的还是移动的，是否包括漫游；
（6）确定有效覆盖范围；
（7）计算吞吐量及数据速率；
（8）根据用户应用确定用户安全等级及相应措施；
（9）根据项目规模估计投资成本；
（10）编制项目进度表。

2．无线局域网的损耗估算

（1）基本损耗换算：1dB=10log（输入信号功率/输出信号功率）。
（2）估算公式：一般 100dB 损耗/61 米。
（3）常见障碍物的损耗估算可参见表 7.1。

表 7.1　常见障碍物的损耗估算值

障　碍　物	损耗估算值
石膏板墙	3dB
金属框的玻璃墙	6dB
煤渣块墙	4dB
办公室窗户	3dB
金属门	6dB
墙	12.4dB

3．规划网络带宽

（1）数据速率：仅当一帧发送时的速率，对 IEEE 802.11b 约为 11Mbps，多帧时由于路由协议开销及共享媒体接入延时，每个用户不能连续发送数据。

（2）吞吐量：不计协议、管理帧的发送信息速率，对 IEEE 802.11b 约为 6Mbps。

（3）应用所需带宽：用户浏览为 100kbps；高质量视频流为 2Mbps。因此，一个 AP 支持浏览用户 60 个（6Mbps/100kbps）或视频用户 3 个。

7.5.2 组建基础结构无线小型办公局域网

在实际应用中，如果需要把无线局域网和有线局域网连接起来，或者有数量较多的计算机需要进行无线连接，最好采用以无线 AP 为中心的基础结构模式。

基础结构网络模式是一种整合有线与无线局域网架构的应用模式。在这种模式中，无线网卡与无线 AP 进行无线连接，再通过无线 AP 与有线网络建立连接。

在此还以第 2 章任务一的小型办公局域网为例，利用无线 AP 扩展有线办公局域网。

1．任务背景

现在公司会议室要临时举行一个重要会议，目前该会议室内只有一台台式计算机，采用 ADSL 方式接入 Internet 网络，此次参加会议的成员有 15 人，每人一台笔记本式计算机，现要求为参会成员提供上网环境。

2．任务分析与网络规划

目前会议室内有一台通过有线网络可以上网的计算机，考虑到会议室成员的移动性，不宜重新布线进行有线联网，因此会议室内的笔记本需要通过现有环境的有线网络实现上网，因此通过 AP 采用基础网络结构组建无线局域网，将会议室中与会者的笔记本连接到公司的有线网络中，从而实现无线网络与有线网络的资源共享和 Internet 共享，网络拓扑结构如图 7.13 所示。

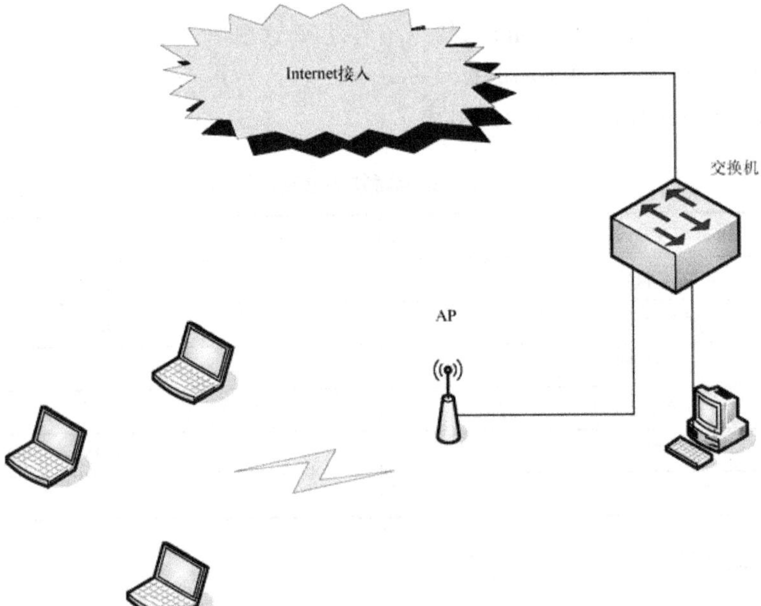

图 7.13　网络拓扑结构图

3．任务实现

在安放无线 AP 之前，需要进行一定的配置，使其能够正常工作，并和现有网络良好地匹配。对于无线 AP，需要将其连接到计算机上，然后在计算机上配置 SSID、WEP 和 Channel 参数即可。

（1）无线 AP 连接与配置。

步骤 1：硬件连接。

① 首先用一条直通双绞线将 AP 的 RJ-45 端口与台式计算机网卡相连，这样就可以用计算机对 AP 进行配置，在此以思科 WAP54G-CN 型号 AP 为例。

② 开启计算机电源和 AP 电源。

步骤 2：安装 AP 管理软件。

许多厂商的 AP 自动安装程序已经把驱动程序和客户端应用程序整合在一起。

① 把 AP 管理软件光盘插入光驱，程序进入自动安装界面，如图 7.14 所示。

图 7.14 AP 管理软件安装界面

② 单击“Setup”按钮开始安装，按自动安装向导提示完成基本配置，管理软件安装完成，如图 7.15 所示，在此我们可以看到 AP 默认的管理 IP 地址为 192.168.1.245。

图 7.15 管理软件安装完成界面

③ 管理软件安装完成之后，就可以对 AP 进行基本配置了，如设置 IP 地址、SSID、安全配置等。

步骤 3：无线 AP 的基本配置。

一般情况下，无线 AP 都提供了 2 种配置方式，一种在安装管理软件时进行基本配置，另一种方式是通过 Web 网页方式进行配置。在此，我们通过 Web 网页方式对 AP 进行基本配置。

① 将台式计算机的 IP 地址设置成与无线 AP 默认管理 IP 地址在同一网段，在此设置成 192.168.1 网段（因为无线 AP 的管理地址为此网段）。

② 在台式计算机上启动浏览器，对 AP 进行配置。在浏览器地址栏中输入无线 AP 的默认管理 IP 地址 http://192.168.1.245（不同品牌和型号的 AP 地址可能不一样，这可从产品说明书中获得）。

③ 进入默认页面后，按要求输入 AP 默认用户名和密码（默认情况下，用户名和密码都是 admin），如图 7.16 所示。

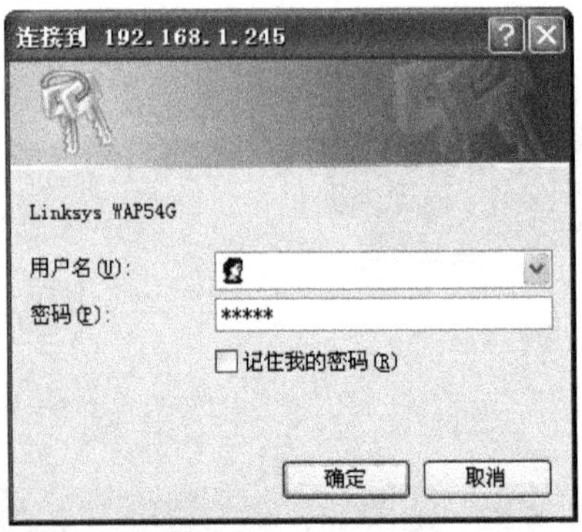

图 7.16 输入 AP 用户名和密码

④ 单击“确定”按钮，进入无线 AP 的网络配置界面，如图 7.17 所示，在此设置 AP 的 IP 地址、子网掩码、默认网关，注意将 AP 的 IP 地址设置为局域网规划好的 IP 地址，并保存配置。

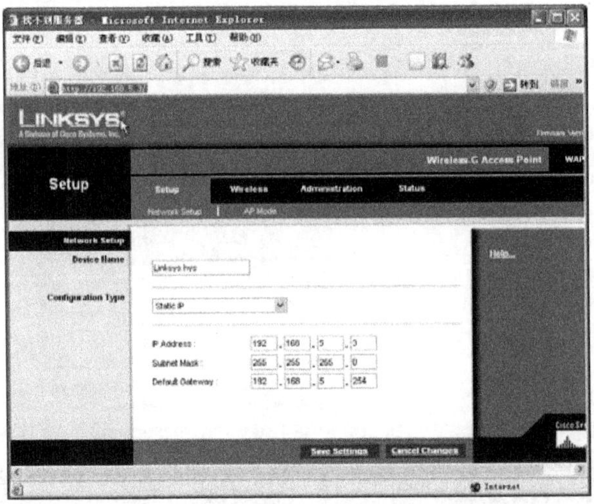

图 7.17 无线 AP 的网络配置界面

⑤ 进入 AP Mode 页面，设置无线接入点的工作模式，如图 7.18 所示。无线接入点提供了四种工作模式。

- Access Point （无线接入点）：这种模式可将无线网络连接到有线网络，此模式为默认设置，大多数情况下，不需要进行修改。
- AP Client （AP 客户机）：AP 客户机能够与其范围内的一台远程无线接入点进行对话，这种模式允许 AP 客户机充当远程无线接入点的客户机。
- Wireless Repeater （无线中继器）：无线中继器用来扩大无线网络的范围。
- Wireless Bridge （无线网桥）：无线桥接模式用于连接两座不同建筑内的两个有线网络。

在此选择默认的 Access Point 模式，如工作在中继器和网桥模式，要确保与其他无线 AP 设备的 SSID、信道及安全设置相同，并保存配置。

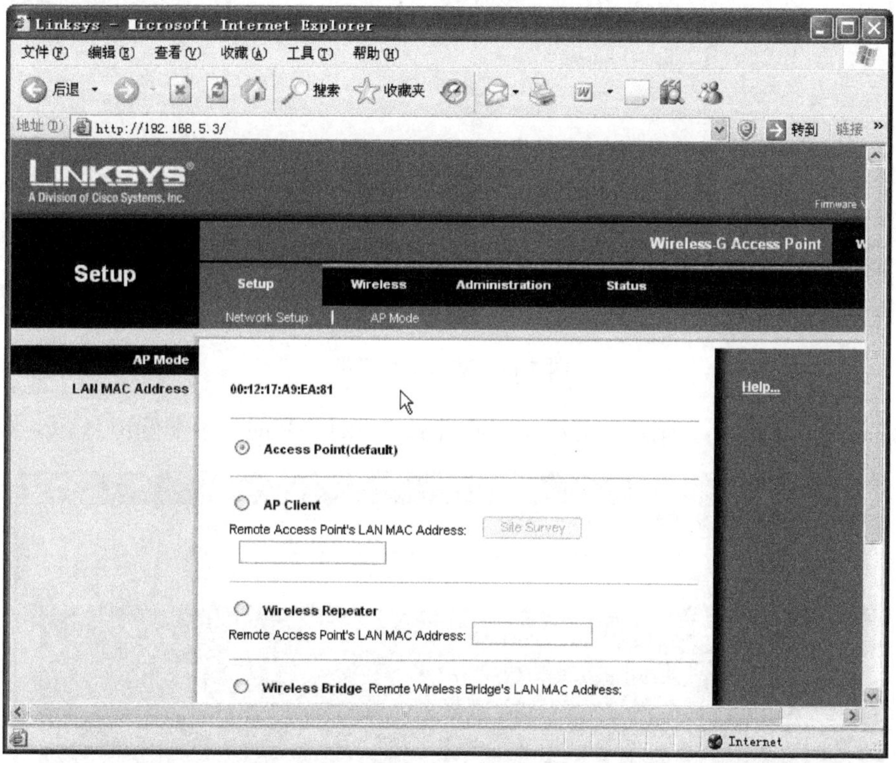

图 7.18 设置无线接入点的工作模式

⑥ 进入 Wireless 窗口，选择“Basic Wireless Settings”选项卡，设置基本无线配置，如图 7.19 所示，包括 SSID Broadcast、信道等，并保存配置。

- SSID Broadcast：输入无线网络的名称。
- Channel （信道）：选择无线网络使用的信道。所有无线设备将使用该信道进行通信。
- Mode （网络模式）：选择网络上运行的无线标准。如果网络中同时拥有 802.11g 和 802.11b 设备，请保持默认设置 Mixed（混合模式）；如果只有 802.11g 设备，请选择 G-Only；如果只有 802.11b 设备，请选择 B-Only ；如果要禁用无线网络，请选择 Disable （禁用）。

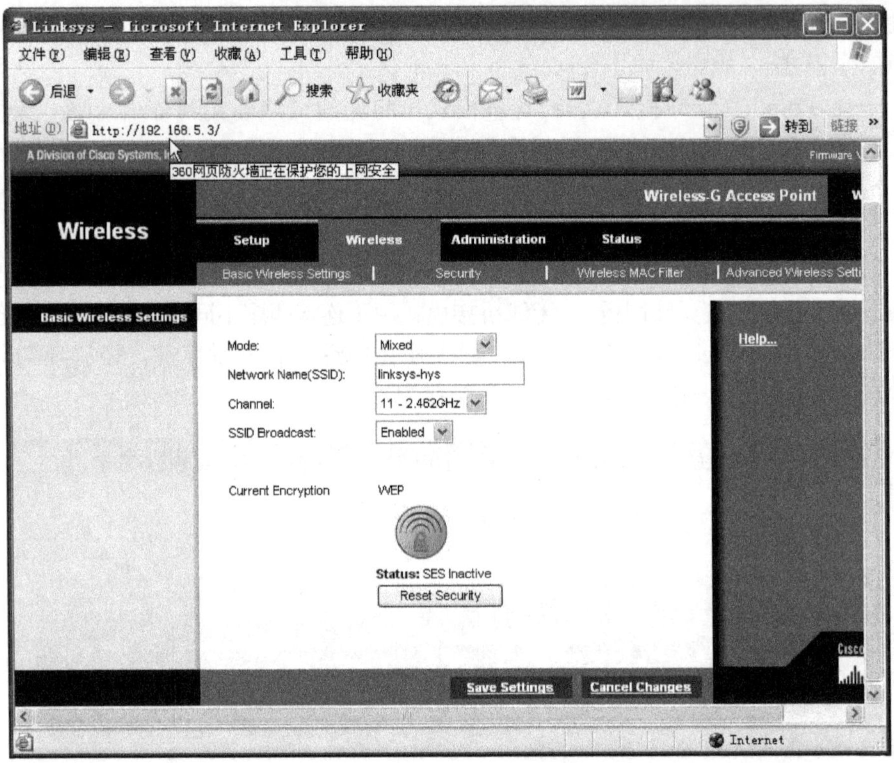

图 7.19　基本无线配置

⑦ 进入 Status 窗口，如图 7.20 所示，在此查看无线 AP 的基本配置信息。

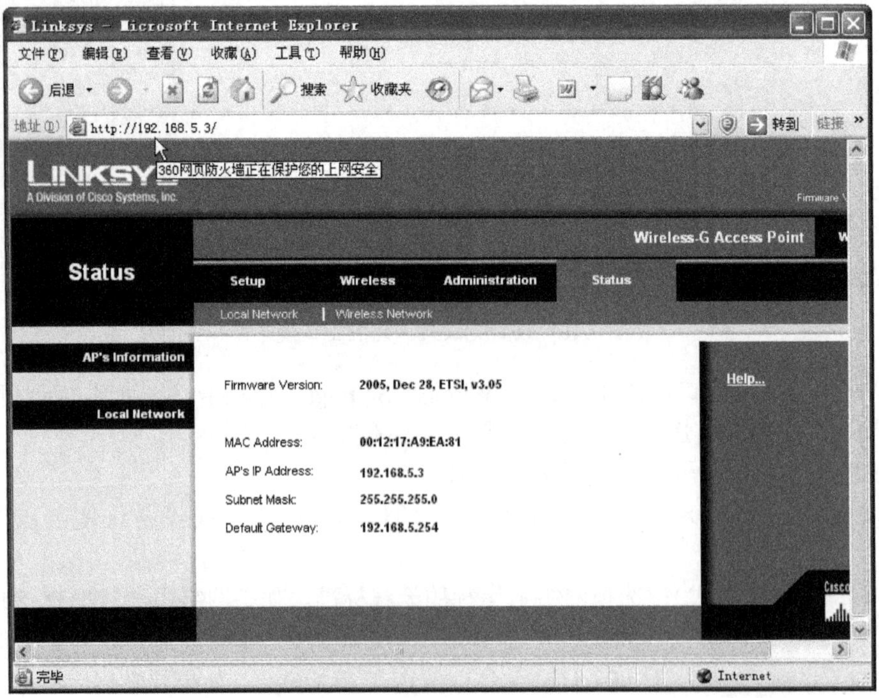

图 7.20　查看无线 AP 的基本配置信息

步骤 4：无线网络安全设置。

完成上述无线网络基本配置后，要想保证无线局域网的安全，必须进行网络安全设置。

① 关闭“广播 SSID”（见图 7.21）。

SSID 是英文 Service Set Identifier 的缩写，即服务设置标志。它代表无线网络的名称，相当于以太网中的工作组，该名称可以任意设定。如果用户希望多台计算机组成一个无线局域网，则要求 SSID 名称设置必须相同。

SSID 是无线网卡发现无线网络的第一要素，开启广播 SSID 以后，笔记本式计算机通过无线网卡会自动找到该网络，并尝试与之连接。出于安全考虑，可以把广播 SSID 关闭。

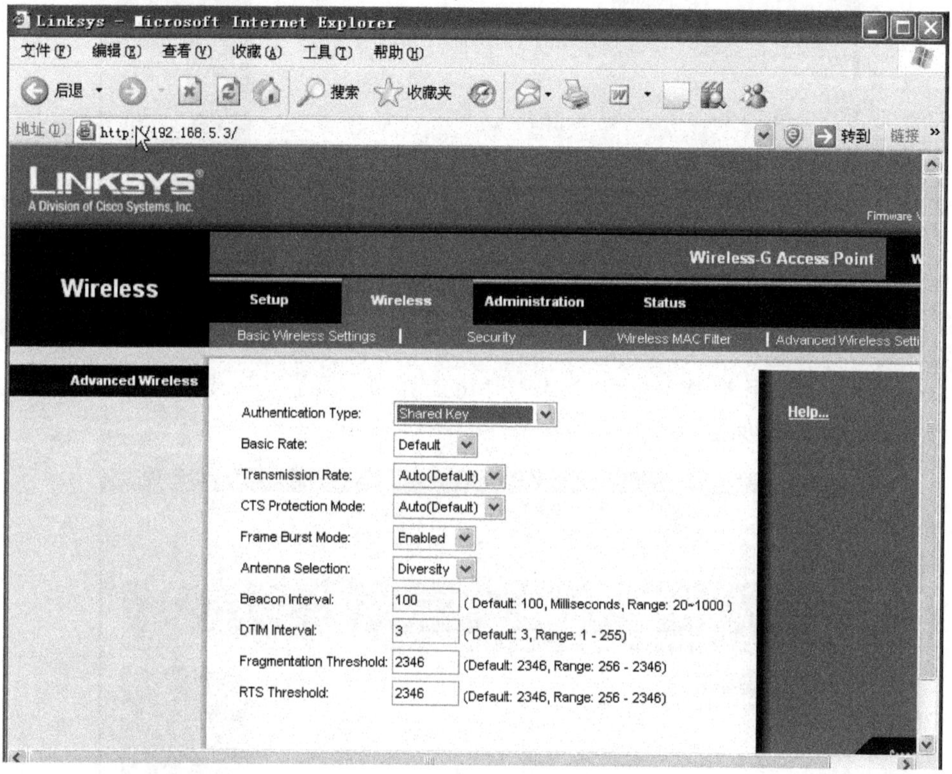

图 7.21　关闭“广播 SSID”

② 启动加密功能。

因为无线传输的数据容易被截获，因此可通过加密保证数据的安全；加密后，传输速率将有所降低。不同的无线 AP 设备提供的加密方式也是不同的，但基本上都支持 WEP 和 WPA 两种加密方式。下面以启动 WEP 安全方式为例介绍启动加密功能的方法。

进入 Sectuity 窗口，进行 AP 安全设置。

WEP：有线等值安全协议，用于设置数据加密方式。

WPA/WPA2 Personal：表示 Wi-Fi 保护的接入。

WPA-Enterprise ：如果想要使用 WPA-Enterprise 则应选择 Disabled （禁用），然后使用无线接入点 Web 实用工具来配置无线网络的安全设置。

在此使用 128 位 WEP 加密，同时设置 Passphrate（无线接入密语），如图 7.22 所示。

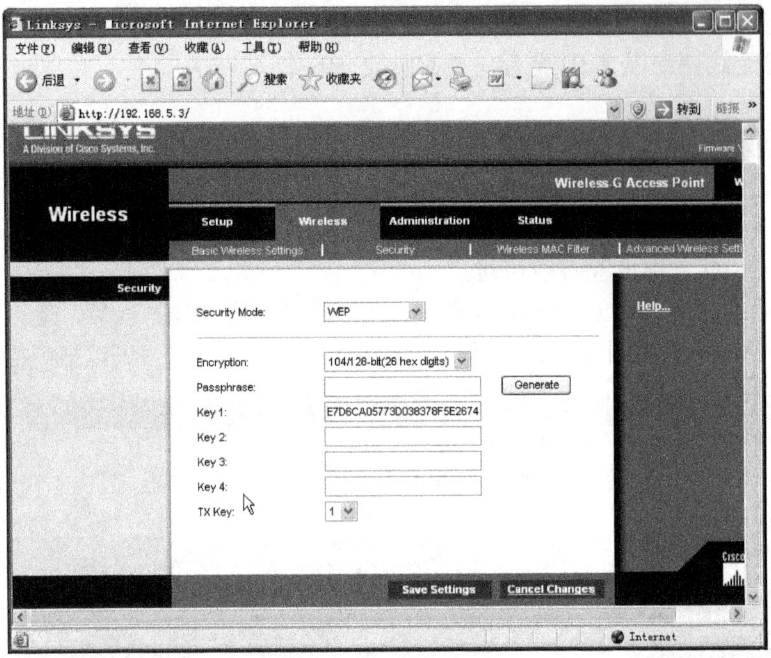

图 7.22 启动加密功能

③ 设置访问控制。

在 Wireless 窗口下的 Wireless MAC Filter 界面，添加允许或拒绝接入此 AP 的无线网卡的 MAC 地址，来保证无线网络的安全，如图 7.23 所示。

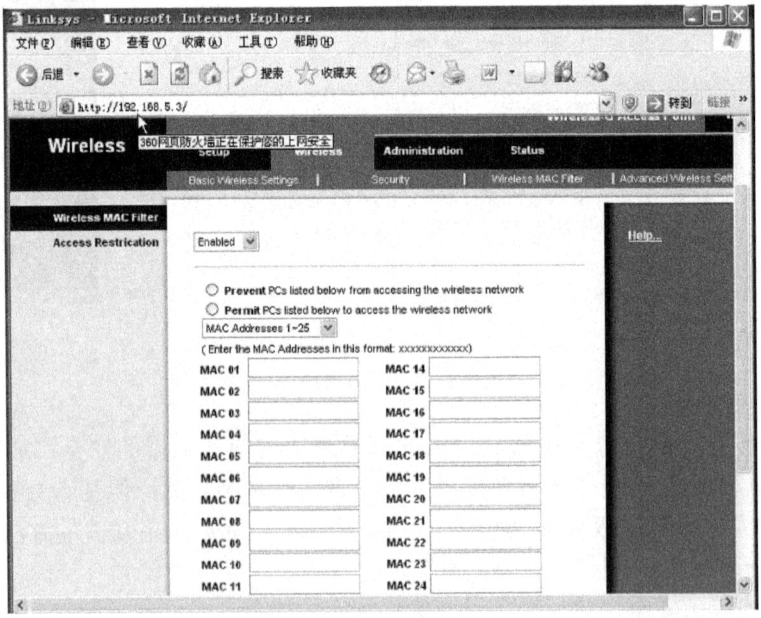

图 7.23 设置访问控制

④ 更改 AP 密码。

无线 AP 出厂时含有默认 admin 的访问密码，进入 Administration 窗口，如图 7.24 所示，可重新设置 AP 管理员密码。

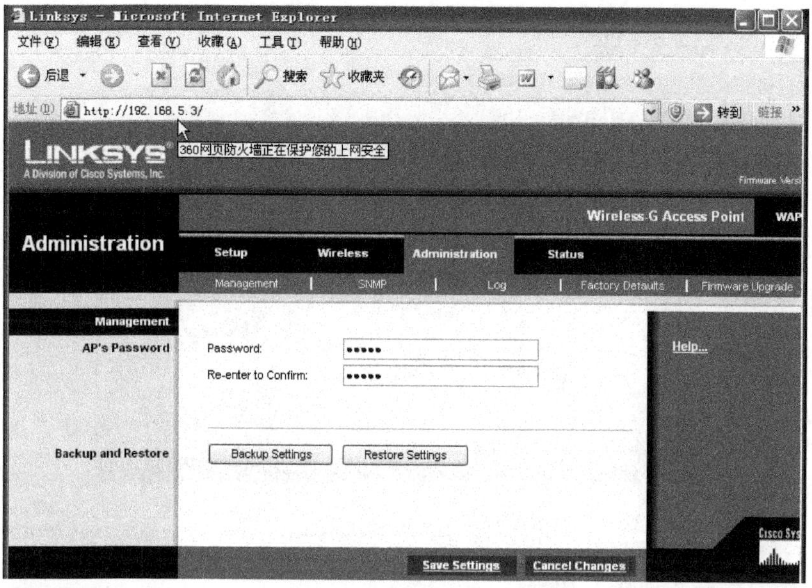

图 7.24　重新设置 AP 管理员密码

同样，在为无线 AP 设置完各安全选项后，将配置结果进行保存。

步骤 5：将配置好的 AP 连接到有线网络。

配置好 AP 后，从计算机上取下无线 AP，按拓扑结构图用双绞线将无线 AP 连接到有线局域网的交换机上，并将 AP 放置在会议室一个最佳的位置，即将 AP 放置于无线网络环境的中心位置，且放在较高处，以达到比较好的信号收发效果。

（2）笔记本无线网卡的安装与配置。

步骤 1：安装无线网卡。

① 硬件安装：将 PCMCIA 接口或 USB 接口无线网卡直接插入计算机对应的接口中，在此以思科 WUSB54G 型号无线网卡为例，如图 7.25 所示。

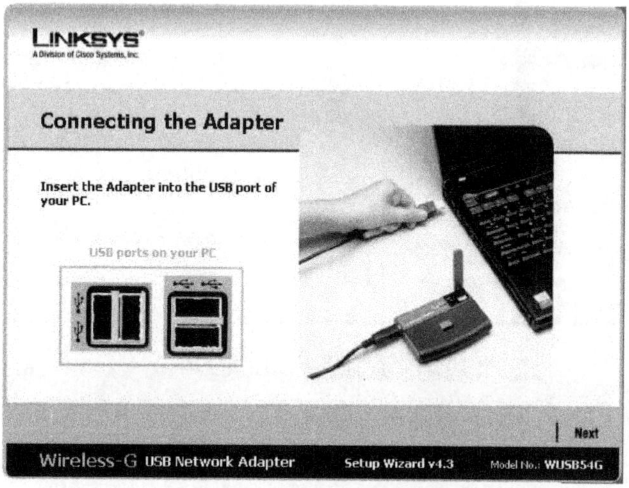

图 7.25　无线网卡硬件安装

② 安装网卡驱动，接受许可协议，开始安装网卡驱动程序。

③ 网卡驱动安装完成后，无线网卡会自动搜索无线信息，如图 7.26 所示。

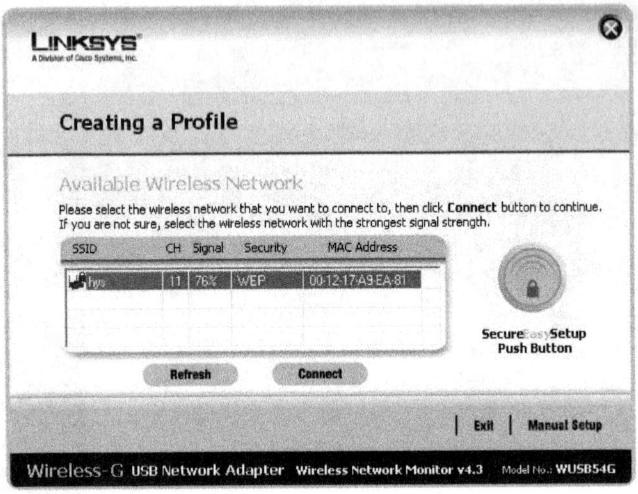

图 7.26　自动搜索无线信息

步骤 2：查看“无线连接”图标。

无线网卡安装成功后，打开“网上邻居”中的“本地连接”窗口。“无线网络连接”已经在“网络连接”窗口，如图 7.27 所示，只不过没有连接上网络，这需要配置才行。

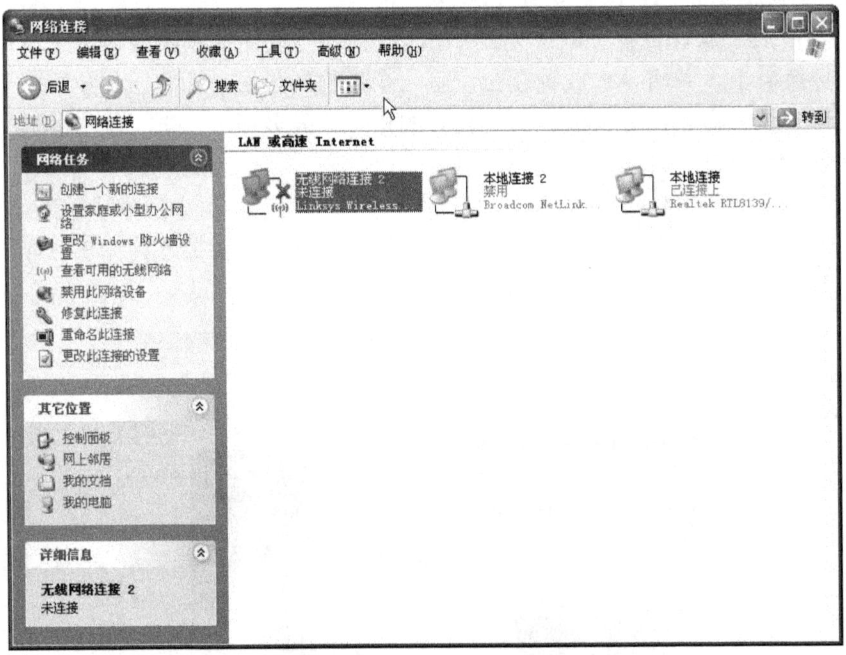

图 7.27　查看“无线连接”图标

步骤 3：安装配置无线网卡客户端管理软件。

通过无线网卡客户端管理软件，可以对无线网卡进行配置。

① 安装管理软件：将无线网卡管理软件光盘插入光驱，双击“Setup”文件自动安装管理软件。

② 选择要连接的 AP：无线网卡会自动搜索信号较强的无线 AP，选择要连接的 AP 的

SSID 名称，并单击“Next”按钮，进入网络配置界面。

③ 网络配置：在网络配置界面，选择通过“手动设置”配置相应的 IP 地址和子网掩码，如图 7.28 所示。

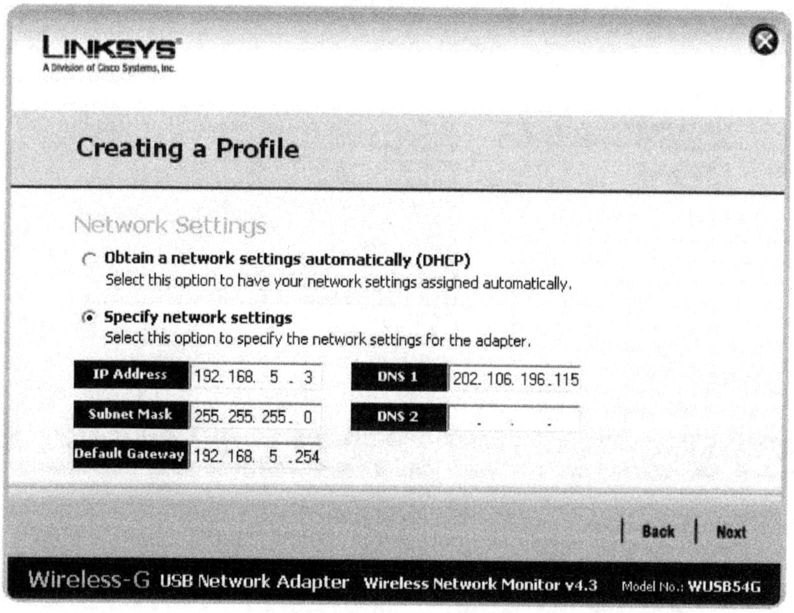

图 7.28　无线网卡网络配置界面

④ 选择无线网络模式：在此选择“Infrastructure Mode”（基本模式）如图 7.29 所示。

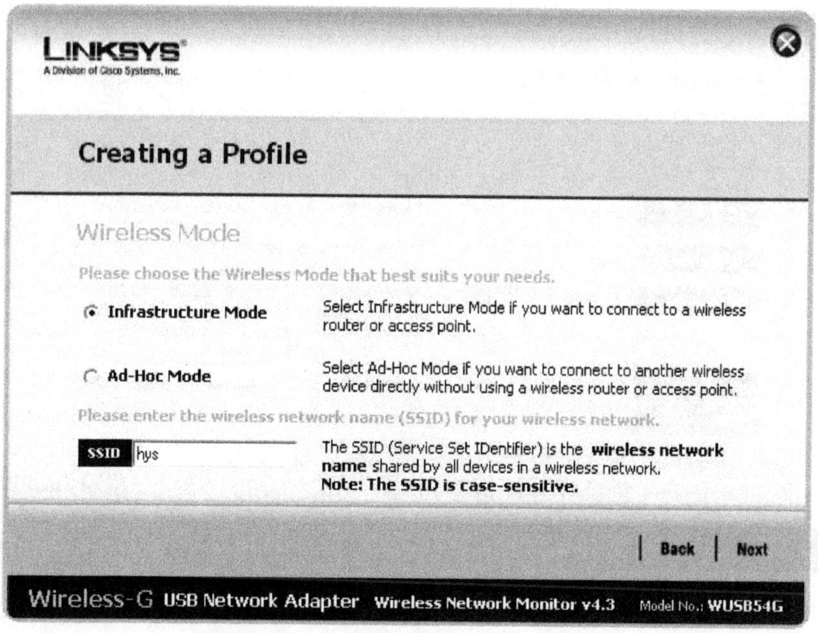

图 7.29　选择无线 AP 的网络模式

⑤ 设置安全模式，如图 7.30 所示，在此选择“WEP”模式。

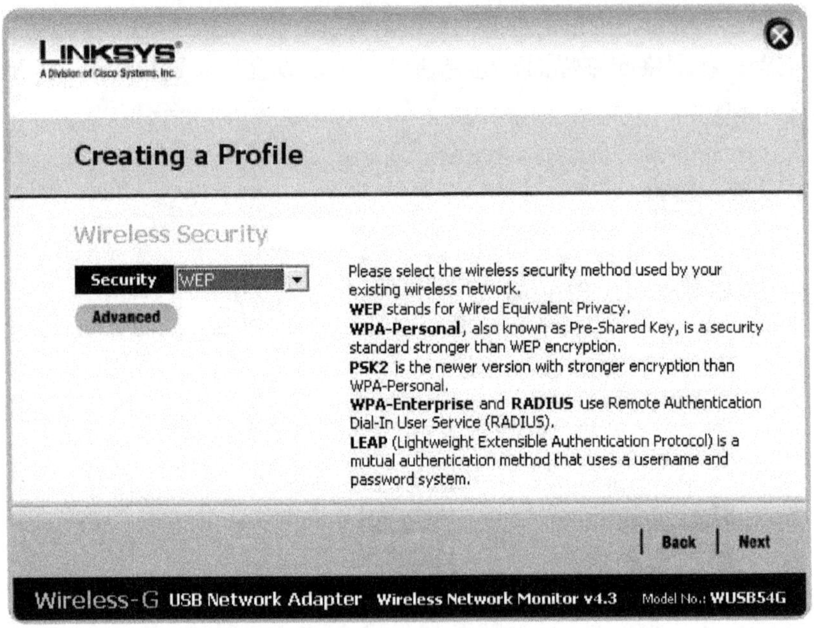

图 7.30 设置安全模式

⑥ 设置无线接入密语：如图 7.31 所示，在此处的设置要与 AP 的无线接入密语设置相一致。

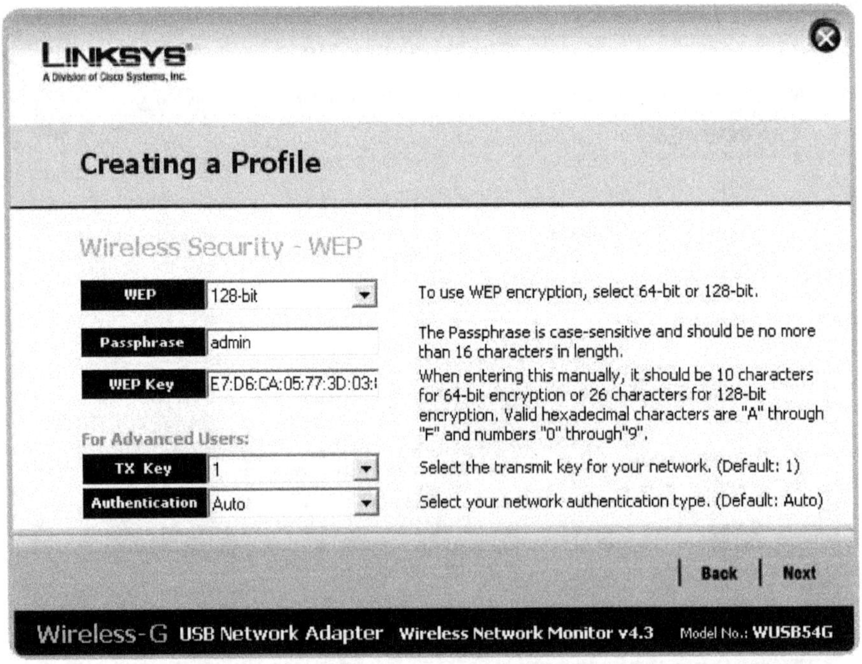

图 7.31 设置无线接入密语

⑦ 网卡配置完成，便显示本无线网卡的基本配置信息，单击右下角的“Save”按钮，将配置信息保存，系统会进入如图 7.32 所示无线网卡配置完成界面。

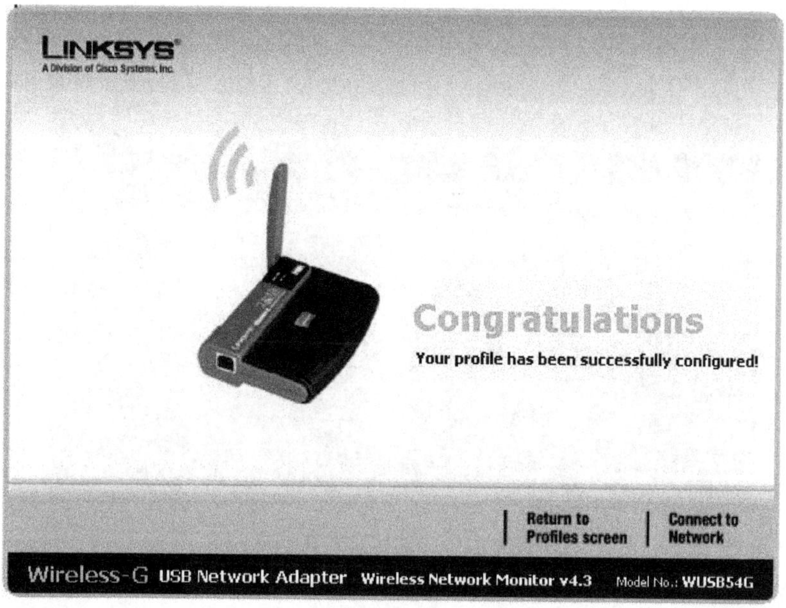

图 7.32　无线网卡配置完成

⑧ 单击“Connect to Network”按钮，选择本组 SSID，单击“Connect”按钮，将无线网卡与 AP 进行连接，如图 7.33 所示。

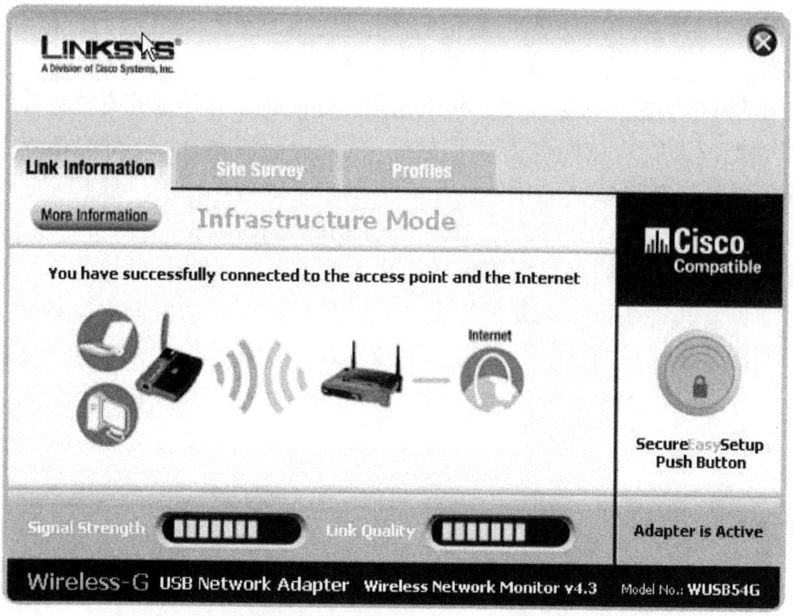

图 7.33　无线网卡连接成功

（3）测试无线网络连通情况。

当无线网络接好后，可以通过 ping 命令来检查网络的连通情况，如图 7.34 所示。

① ping　无线 AP 地址。

② ping　局域网内其他计算机 IP。

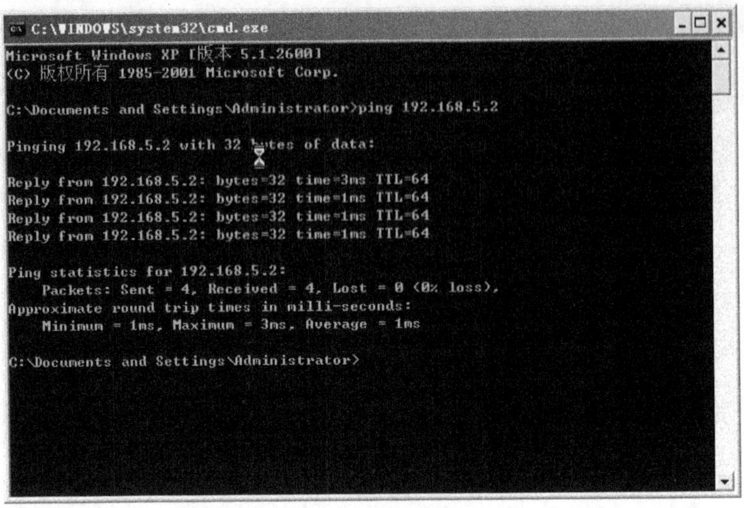

图 7.34　无线网络连通测试

7.6　本章小结

本章分别介绍了无线局域网的基本概念、主要特点、IEEE 802.11 通信协议、常用网络产品及无线局域网拓扑结构等知识，同时结合实例介绍了无线局域网在架构过程中的规划设计与安装配置等内容。随着移动通信及无线接入技术的发展，人们对无线局域网的认识也在不断深入。无线局域网的网络结构、传输速度、传输距离、性能特点等使得其有着自身的市场空间。

此外，正确把握无线局域网与有线局域网、移动通信等技术之间的相互关系同样非常重要。无线局域网是有线局域网的延伸；无线信号的有效传输距离一般超不过 150 米，其覆盖范围无法与移动通信相比；移动通信支持的是广域的高速的移动性，而无线局域网只能支持局部的慢速的移动性；无线局域网提供的速率大大高于目前的移动通信；无线局域网目前主要面向数据业务，其终端设备主要是笔记本式计算机，而移动网同时支持数据与语音。应该说，无线局域网与有线局域网、移动通信等技术是一种互补的关系，而不是取代的关系。

习题 7

一、填空题

1．IEEE 802.11b 标准规定无线局域网数据传输速率达到__________Mbps，IEEE 802.11a 标准规定无线局域网工作频段在__________，数据传输速率达到__________ Mbps。

2．无线 AP，也称无线网桥，主要提供________对________和从有线局域网对________的访问。

二、选择题

1．无线网络属于（　　）类型的网络。

A．LAN　　B．WAN　　C．VLAN　　D．以上选项都不是

2．组建对等模式无线自组网络（　　）。

A．只需要无线网卡　　B．需要无线网卡和无线 AP

C．需要无线网卡、无线 AP 和交换机　　D．需要无线网卡、无线 AP 和相关软件

3．组建基础模式的无线局域网（　　）。

A．只需要无线网卡　　B．需要无线网卡和无线 AP

C．需要无线网卡、无线 AP 和交换机　　D．需要无线网卡、无线 AP 和相关软件

三、简答题

1．什么是无线局域网？它与有线局域网相比有哪些特点？

2．常用的无线局域网设备有哪些？简述这些设备的功能。

3．安装基础模式无线局域网需要哪些设备？

4．试分析比较 IEEE 802.11a 、IEEE 802.11b 和 IEEE 802.11g 三种产品的优缺点。

5．试简述 IEEE 802.11 的安全机制。

6．WLAN 的常用网卡有哪些种类？

7．WLAN 的常用拓扑结构有哪些，特点如何？

8．试简述 WLAN 的规划与设计的主要内容。

四、实操题

某办公室有五台计算机，安装的操作系统均为 Windows XP，每台笔记本式计算机上都配置了无线网卡，现有一台无线 AP，请组建一个基础模式局域网，实现各笔记本式计算机的网络连通并进行资源共享，请设计并完成：

1．画出网络拓扑图。

2．规划工作组名称、各计算机名称。

3．规划并设计各计算机无线网卡的 IP 地址、子网掩码等。

4．配置无线 AP。

5．连通并测试网络。